基礎自動控制

Basic Automatic Control

黃中彥 著

五南圖書出版公司 印行

序

本書書名「基礎自動控制」，顧名思義是一本供自動控制初學者入門或工作需要而編寫的。自動控制在電機、機械、自動化等專業領域上均有其重要應用，因此內容上極為廣泛，同時研習本課程也要有一定之數理底子，如何「基礎」地完成本書確實是一大挑戰。

作者認為自動控制這門課程不論如何「入門」，它的每一個公式、每一個式子背後都有相當數理知識之支撐，讀者惟有在推論之過程中才能體認出理論之精髓，若只列公式然後一堆例子或考古題，無疑是將此課程推向背誦之路，徒浪費讀者精力。從而本書之目標在於提供讀者自動控制關鍵不可不知的基本教材，一些類似的題材則由讀者做推導練習，以期奠定讀者研讀自動控制進一步理論之基礎。

因此本書有以下特色：

1. 在每章前列出必要之數學複習，力求降低數學之難度，避免過於繁雜之計算。
2. 將重要公式定義以命題方式展現，輔以大量例子，說明其應用。敘述力求平白，要言不繁。
3. 每節後有練習以供讀者測試學習績效，並附有簡答。

本書除供電機、機械、自動化、機電工程系之正式教材外，亦極適合理工學院其它科系（如化工系、物理系、數學系、資工系、工業工程……）學生自習之用，本書之寫作方式與難度對理工背景之讀者應極易入門，亦可供對社會科學之經濟、企管、生物研究生攻讀控制論或系統科學之用，以及對這方面之研究報告或論文寫作之參考。

本書雖經作者反覆思考修正，惟因個人學力有限，若有疏漏或不嚴謹處，仍請讀者與諸先進不吝賜正，不勝感荷。

黃中彥　敬識

目　錄

第 1 章　緒論 …… 1
1.1 引言 …… 2
1.2 控制系統之基本分類 …… 6
1.3 控制系統之物理模式 …… 17

第 2 章　拉氏轉換與轉移函數 …… 25
2.1 引言 …… 26
2.2 Gamma 函數 …… 27
2.3 拉氏轉換與反拉氏轉換 …… 31
2.4 轉移函數 …… 50
2.5 典型的輸入信號 …… 69

第 3 章　控制系統之動態結構圖 …… 85
3.1 引言 …… 86
3.2 方塊圖及其化簡（一）…… 87
3.3 方塊圖及其化簡（二）…… 104
3.4 信號流程圖 …… 117

第 4 章　時域分析 …… 129
4.1 引言 …… 130
4.2 控制系統之時間響應 …… 131
4.3 控制系統之時域性能指標 …… 135

4.4 控制系統之穩定性 ………… 155
4.5 穩態誤差分析 ………… 169

第 5 章 根軌跡分析 ………… 185
5.1 引言 ………… 186
5.2 根軌跡之基本概念 ………… 194
5.3 根軌跡繪圖規則 ………… 201

第 6 章 頻域分析 ………… 223
6.1 引言 ………… 224
6.2 頻域特性 ………… 225
6.3 尼奎斯圖 ………… 232
6.4 波德圖 ………… 238

第 7 章 狀態空間分析 ………… 245
7.1 前言 ………… 246
7.2 系統動態方程式之矩陣表示 ………… 268
7.3 狀態轉移矩陣 ………… 281
7.4 狀態方程式之解 ………… 294
7.5 系統之可控制性與可觀測性 ………… 306

習題解答 ………… 319

第 1 章

緒　論

1.1　引言
1.2　控制系統之基本分類
1.3　控制系統之物理模式

1.1 引言

隨著科技之發展，自動控制（Automatic control）之應用愈來愈廣泛，使得自動控制成爲工業界郎郎上口之名詞，談到自動控制，有人聯想到電子，有人聯想到精密機械，也有人想到資訊科技，其實這些都是自動控制之一部分，我們很難對自動控制下一個非常嚴謹之定義，但是一般說法是自動控制爲不需人們直接參予而能控制系統使其按照指定之規律進行的科學與工程實作。

上述文字隱含了系統、控制等關鍵字，因此，本節先對系統、控制到自動控制作一簡要說明。

系統

系統是由許多物理元件（Physical component）組成，這些元件必須相互聯結按某種物理或工程規律運作而達到一個一致的預計成果。

詳言之，系統之元件間具有輸入（Input）、輸出（Output）與轉換（Transformation），某一元件之輸出可能是某幾個元件之輸入，中間透過轉換，而產生了輸出。

以雷達螢幕爲例，螢幕上出現一個光點，這就是一個信號（Signal），信號裡含有飛行物體之飛行高度、速率、航向、距離等資訊（Message），可供決策者作出適當之後續處置動作。

控制

控制有命令（Command）、指導（Direct）或調節（Regulate）自身或它身系統之能力。我們可以想像在一個車水馬龍之交通系統上，如果沒有一個調節、控制之機制，交通一定混亂，因此控制這個機制格外重要。

自動控制

自動與控制，兩種意義合起來便爲控制系統（Control system）。自動控制這門課程強調系統之概念，從系統爲出發點，發展出一套對系統之績效（Performance）進行評估分析與改善設計，以達到系統之要求，包含穩定性、暫態性能、穩態誤差等基本要求。

一個控制系統通常由下列幾個部分組成：

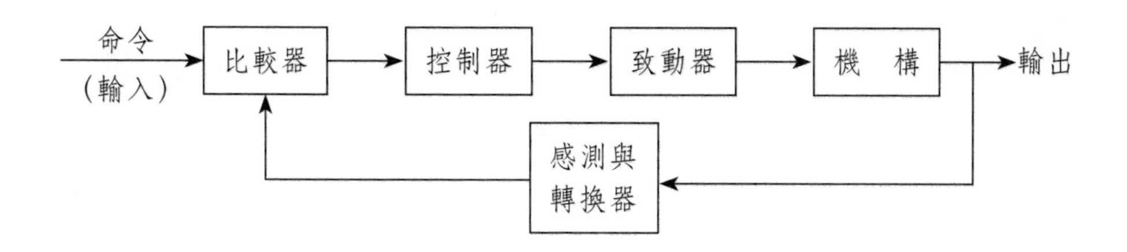

上述部分各有其機能：

(1) 感測與轉換器：將被控制元件或輸出經量測所得之資訊，產生回授信號。

(2) 比較器：比較器將輸入信號與回授信號產生差異信號，以供系統啓動系統校正機制以改善系統輸出品質、績效等。

(3) 控制器：控制器是根據給定之策略與輸入條件來對被控制對象進行操控。

(4) 致動器：致動器是根據控制器發出之指令以產生各種動力，如馬達、伺服電機等。

(5) 機構：機構是控制系統之本體，如齒輪。

開環系統與閉環系統

控制系統可有許多種分類之方式，在此我們先就系統是否有控制行動（Control action）分成開環系統（Open-loop system）與閉環系統（Closed-loop system）二大類：

定義 若一系統與之控制行動與系統之輸出無關則稱此系統為開環系統，否則為閉環系統。閉環系統也稱為回授控制系統（Feed back control system）。

家庭用的電鍋就是開環系統的一個例子，因為當我們將米放在電鍋，按鈕、定時（如 40 分鐘），時間一到，電鍋之電源自動切斷，至於電鍋內之蒸物是否如我們期望則非我們能控制，但如果電鍋具有智能，當時間到後能偵測到鍋內之蒸物不符人們期待時，它會發出「回授訊號」可供人們採取其他措施，則此時就是閉環系統。

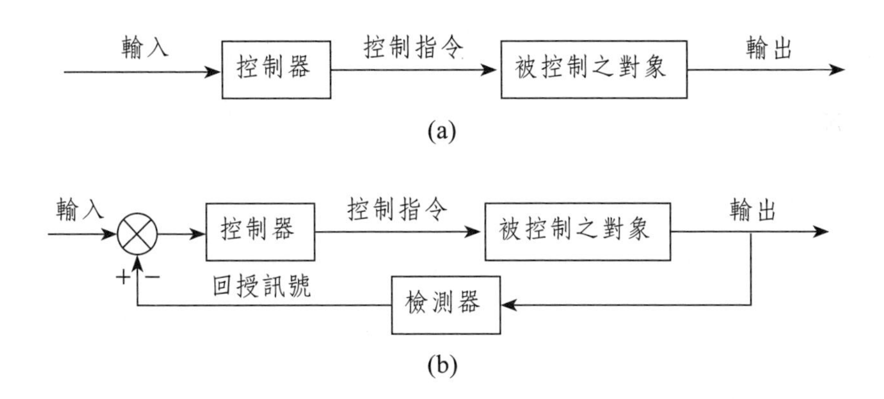

上圖 (a) 就是開環系統，(b) 是閉環系統，圖 (b) 之⊗是和點（Summing point）我們將在第 3 章說明。

顯然，開環系統之結構簡單、具有價格便宜、容易維修等優點，但它的精度低，容易受環境調整等缺點，閉環系統因會對被控元件與輸入信號比較產生之差異信號而能對被控元件起調節作用，因此，在一些製程複雜、精度要求高之領域，大多數是用閉環系統。與開環系統相較下，它在精度、動態性能，抗干擾等項均較為強大，但它的結構複雜、價格也較高。

1.2 控制系統之基本分類

在研究自動控制前，了解自動控制之分類對日後學習是有幫助的。

爲此，我們將控制系統依單一變數／多變數，離散／連續，線性／非線性，時變／非時變，靜態／動態，因果／非因果進行分類討論。

單一變數與多變數系統

單一變數系統（Single-variable system）是指輸出與輸入均恰有一個，它稱爲 SISO 系統（Single-input, single-output system）。反之，若輸入端或輸出端中有一個有二個及其以上時，稱爲 MIMO 系統（Multi-input, Multi-output）

SISO系統	MIMO系統
 →□→	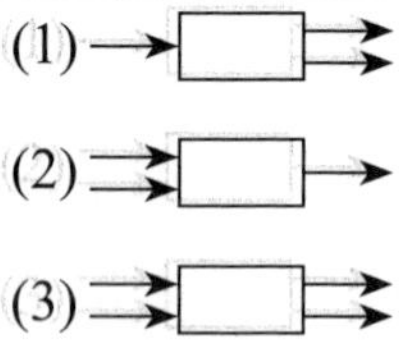 (1) →□⇉ (2) ⇉□→ (3) ⇉□⇉

離散與連續系統

簡單地說，若系統之輸入與輸出的信號都是連續（Continous）之時間變量稱爲連續系統（Continuous system），若輸入與輸出信號爲離散（Discrete）則爲離散系統（Discrete system）。

換言之，若系統之任意二個信號間不論多接近，它們間存在第三個信號稱爲連續系統，反之，若系統僅在特定之時點上才發生信號，稱爲離散系統。粗略地說，連續系統之信號軌跡可一筆畫出，若系統之信號兼有連續信號與離散信號則稱混合系統（Hybrid system）。

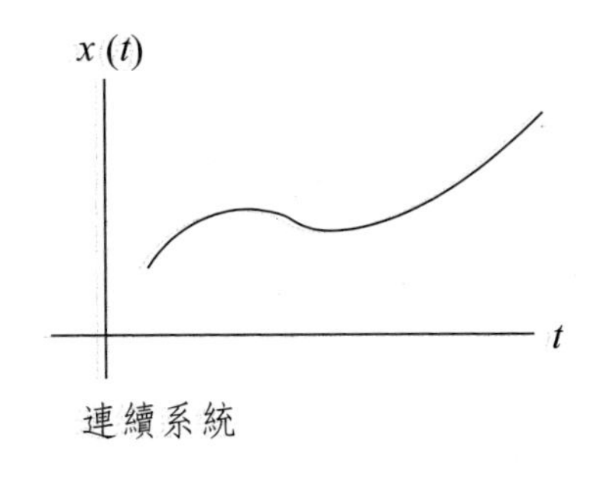

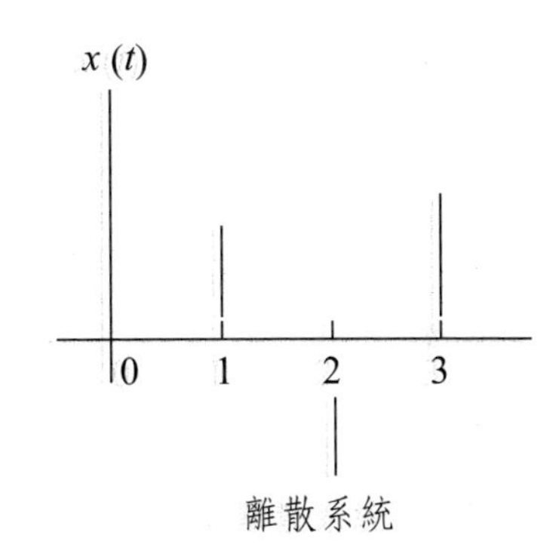

線性與非線性系統

若一系統同時滿足下列二條件，則稱它爲線性系統（Linear system）：

(1) 齊次性（Homogeneity）：$f(\alpha x) = \alpha f(x)$

(2) 可加性（Additivity）：$f(x + y) = f(x) + f(y)$

若有一條件不被滿足，則稱此系統爲非線性系統（Nonlinear system）。

若且惟若函數 f 滿足 (1) $f(\alpha x) = \alpha f(x)$ 與 (2) $f(x + y) = f(x) + f(y)$ 二條件則 $f(x) = cx$。

根據命題 A，

■ $f(x) = ax + b$ 滿足線性之充要條件爲 b = 0。

■ $f(x) = x^2, g(x) = \sin x \cdots$ 均不爲線性

命題 A 是一個很強的結果，因爲 $f(x) = cx$ 顯然滿足 $f(\alpha x) = \alpha f(x)$ 與 $f(x + y) = f(x) + f(y)$ 這二個條件，反之，能同時滿足 $f(\alpha x) = \alpha f(x)$ 與 $f(x + y) = f(x) + f(y)$ 之惟一函數就是 $f(x) = cx$。換言之，除了 $f(x) = cx$ 外，其他函數都不能同時滿足上述二個條件。

實際上線性系統很少存在，因此有人稱它是理想系統，好在線性化可使非線性系統在極小區間內可近似地求出其線性結果。

當我們面對一個控制系統問題時，我們必須找到一個足以使分析者能以科學方式來充分描述一個系統及組成成分之特性，在此情況下，建立一個模式（Model）是必要的。自動控制所用之模式中，有 3 個最基本之形式：

1. 微分方程式

2. 方塊圖

3. 信號流程圖

基本上，方塊圖與信號流程圖可供分析者作出或了解系統架構之一種圖解方式，但是要了解系統之特性可能要求訴諸所謂之系統方程式（System equations），它的解可點撥出系統之特性，但這些解通常並不易求出，除一些簡化方法如 Euler 線性近似、Ruga Runge-Kutta 法等求出近似解答外，近來計算機科學大幅進步，實作上已可利用許多軟體如 MATLAB 來輕易求出解答或圖示。

工程上之非線性特性若能利用像泰勒級數等方式線性化，其所建立之線性系統就可利用線性控制理論進行分析。

時變系統與非時變系統

若一系統不會隨時間而改變其系統特性者稱爲非時變系統（Time-invariant system），否則稱爲時變系統。絕對之非時變系統在工程上爲一理想，因此，對一些干擾（Perturbation）造成系統特性變動，若這些變動仍在系統之規格或容忍之範圍內，我們仍視該系統爲非時變。

例如在 t 時系統之輸入 $x(t)$ 而輸出爲 $y(t)$ ，那麼在 $t-\lambda$ 時，輸入爲 $x(t-\lambda)$ ，如果輸出是 $y(t-\lambda)$ 則系統爲非時變否則爲時變，我們可用一個示意圖來說明時變與非時變：

輸入	系統	輸出
$x(t)$	非時變	$y(t)$
$x(t-\lambda)$		$y(t-\lambda)$

輸入	系統	輸出
$x(t)$	時變	$y(t)$
$x(t-\lambda)$		$\neq y(t-\lambda)$

例 1 判斷系統$y(t)=\frac{d}{dt}x(t)$是否爲非時變？其中 $x(t)$ 爲系統輸入，$y(t)$ 爲輸出

解 $y(t)=\frac{d}{dt}x(t)$

$\therefore$ $t-\lambda$ 時，輸入爲 $x(t-\lambda)$ ，對應之輸出爲$\frac{d}{dt}x(t-\lambda)=\frac{d}{d(t-\lambda)}x(t-\lambda)=y(t-\lambda)$，即系統爲非時變。

例 2 判斷系統 $y(t)=t\frac{d}{dt}x(t)$是否爲非時變，其中 $x(t)$ 爲系統輸入，$y(t)$ 爲系統輸出

解 $y(t)=t\frac{d}{dt}x(t)$

$\therefore$ $t-\lambda$ 時，輸入爲 $x(t-\lambda)$，對應之輸出爲：

$$t\frac{d}{dt}x(t-\lambda)=t\frac{dx(t-\lambda)}{d(t-\lambda)}\neq\left((t-\lambda)\frac{dx(t-\lambda)}{d(t-\lambda)}\right)=y(t-\lambda)$$

即系統爲時變。

例 3 判斷系統 $y(t)=ax(t)+b$ ，a, b 爲常數是否爲時變系統，其中 $x(t)$ 爲系統輸入，$y(t)$ 爲系統輸出

解 $\because$ $t-\lambda$ 時，$x(t-\lambda)$ 輸入時，輸出 $ax(t-\lambda)+b=y(t-\lambda)$

∴即系統爲非時變。

靜態系統與動態系統

靜態系統（Static system）只考慮 $t = t_0$ 時之響應，換言之，它只與 $t = t_0$ 時之輸入有關與其他時間之輸入無關，因此，它的特點在於瞬時的（Instantaneous）、無記憶的。相對地，動態系統（Dynamic system）在 $t = t_1$ 時之響應不僅與 $t = t_1$ 時輸入有關，也和 $t < t_1$ 輸入有關。

因果系統與非因果系統

系統在 $t = t_0$ 才輸入，那麼系統之響應在 $t < t_0$ 時均爲 0，便是所謂之因果系統（Causal system）。若系統在 $t = t_0$ 才輸入，但系統在 $t < t_0$ 有異於 0 之響應，則爲非因果系統（Non-causal system）。系統在 $t = 0$ 時才輸入，圖 (a) 爲因果關係圖 (b) 則爲非因果關係。

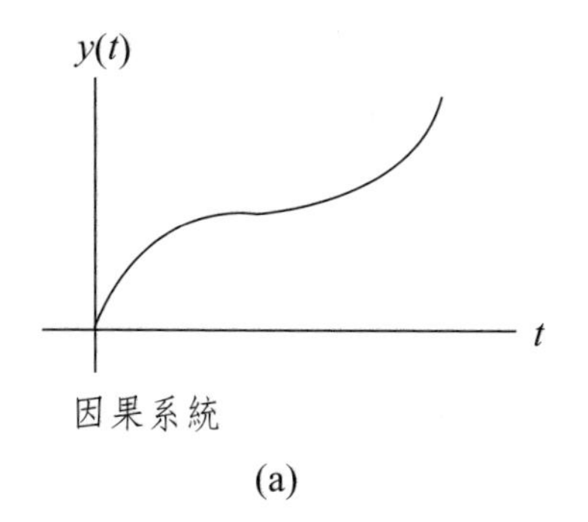

(a)

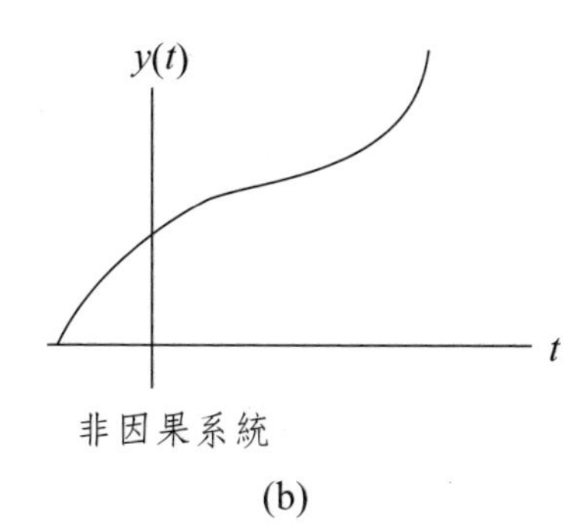

(b)

線性系統

一個工程系統，最常引用微分方程式來描述系統之輸入與輸出間之關係，同時，微分方程式也便於對系統之運作行爲進行進一步推論。

因爲大多數之物理系統適用或至少可近似爲非時變線性微分方程式，同時這類微分方程式也較容易，因此，本子節先討論微分方程式，而將方塊圖與信號流程圖留在第 3 章介紹。

定義 若物理或工程系統，可用下式表示：

$$a_n y^{(n)}(t) + a_{n-1} y^{(n-1)}(t) + \cdots a_1 y(t) + a_0$$
$$= b_m x^{(m)}(t) + b_{m-1} x^{(m-1)}(t) + \cdots b_1 x(t) + b_0 \quad *$$

$a_0, a_1 \cdots a_n, b_0, b_1 \cdots b_m$ 爲常數。

其中 $y(t)$ 爲輸出，$x(t)$ 爲輸入。

則稱 * 爲連續時間線性非時變微分方程式。

自動控制應用之微分方程式多屬線性非時變微分方程式，顧名思義，這類微分方程式含有 (1) 線性 —— 即它必須滿足齊次性與可加性，以及 (2) 非時變。

本書之 $\frac{d}{dt}x$，$\frac{d^2x}{dt^2}$……分別用 $\dot{x}$，$\ddot{x}$…表之。例如微分方程式 $3\frac{d^3x}{dt^3}+2\frac{d^2x}{dt^2}+4\frac{dx}{dt}+x=\frac{d^2y}{dt^2}+y$ 可寫成 $3\dddot{x}+2\ddot{x}+4\dot{x}+x=\ddot{y}+y$。

例 4 若系統之微分方程式如下，其中 $y(t)$ 爲輸出與 $x(t)$ 爲輸入；則

(a) $\dddot{y}(t)+3\ddot{y}(t)+2\dot{y}(t)+y(t)=x(t)$ 爲動態、線性、非時變系統。

(b) $\dddot{y}(t)+3\ddot{y}(t)+2(\cos\omega t)\dot{y}(t)+y(t)=x(t)$ 爲動態、非線性、時變（因 $\dot{y}(t)$ 之係數含 t）。

(c) $y^2(t)+3y(t)=x(t)$ 爲一靜態系統。

自然響應與強迫響應

控制系統之時間響應可分自然響應（Natural response）與強迫響應（Forced response）。

任一個線性常微分方程式之通解（General solution）= 齊性方程式之齊性解（Homogeneous solution）+ 特解（Particular solution）。當一個控制系統可由一線性常微分方程式來描述時，自然響應相當於微分方程式之齊性解，而強迫響應就相當於微分方程式之特解。因此控制系統所稱之總響應或輸出響應（Output respond）= 自然響應 + 強迫回應。

例 5 設一系統可用下列微分方程式來描述：

$\ddot{y}+4\dot{y}+3y=t+1$

若初始條件 $y(0)=0$，$y'(0)=1$ 求自然響應 y_n 與強迫響應 y_f。

解 (a) 先求出 $\ddot{y}+4\dot{y}+3y=0$ 之齊性解。

因 $\dot{y}+4\dot{y}+3y=0$ 之特徵方程式爲

$m^2+4m+3=(m+1)(m+3)=0$

$\therefore m=-1,-3$

得 $y(t)=c_1e^{-t}+c_2e^{-3t}$

(b) 現在我們要求特解，利用比較係數法，令 $y_p=at+b$

代 $y_p=at+b$ 入 $\ddot{y}+4\dot{y}+3y=t+1$：

$4a+3(at+b)=t+1$

$3at+(4a+3b)=t+1$

得 $a=\frac{1}{3}, b=-\frac{1}{9}$

$\therefore y=y_h+y_p=ae^{-t}+be^{-3t}+\frac{1}{3}t-\frac{1}{9}$

利用初始條件 $y(0)=0, y'(0)=1$

$$\begin{cases} a+b-\frac{1}{9}=0 \\ -a-3b+\frac{1}{3}=1 \end{cases} \quad \therefore a=\frac{1}{2} \quad b=\frac{-7}{18}$$

$\therefore y=\frac{1}{2}e^{-t}-\frac{7}{18}e^{-3t}+\frac{1}{3}t-\frac{1}{9}$

由 (a), (b) 可得系統之自然響應為 $y_n = \frac{1}{2}e^{-t} - \frac{7}{18}e^{-3t}$，

強迫響應 $y_f = \frac{1}{3}t - \frac{1}{9}$。

控制系統之時間響應除了自然響應與強迫響應外。我們在 4.2 節還要介紹穩態響應與暫態響應。

練習 1.2

1. 用線性、時變、動態之詞句說明系統 $\ddot{y}(t) + t\dot{y}(t) + y(t) = 3r(t)$ 之特性，$y(t)$ 為輸出，$r(t)$ 為輸入。
2. 用線性、時變、動態之詞句說明系統 $\ddot{c}(t) + 2\dot{c}(t) + 3c(t) = r(t)$ 之特性，$c(t)$ 為輸出，$r(t)$ 為輸入。
3. 用線性、時變、動態之詞句說明系統 $c(t) = (\cos\omega t)r(t)$ 之特性，$c(t)$ 為輸出，$r(t)$ 為輸入。
4. 試依下列條件各舉一個描述系統之微分方程式的例子：
   (a) 線性定常動態系統（即線性非時變動態系統）
   (b) 線性時變靜態系統
   (c) 非線性時變、動態系統
   (d) 非線性非時變動態系統
   (e) 非線性時變、靜態系統
5. 若一系統可用微分方程式 $\ddot{c}(t) + 3\dot{c}(t) + 2c(t) = t$ 表示，在零初始狀態下，求系統之自然響應與強迫響應。

6. 判斷下列輸入 $u(t)$，輸出 $y(t)$ 所代表之系統何者為時變？何者非時變？

(a) $y(t)=3\frac{d}{dt}u(t)$

(b) $y(t)=t^2\frac{d}{dt}u(t)$

(c) $y(t)=2^{u(t)}$

(d) $y(t)=(u(t))^2$

1.3 控制系統之物理模式

本節我們將介紹二個基本而常被引用之模式，一是 RLC 電路系統，一是彈簧—質量—阻尼動力系統。

RLC

電阻（R），電感（L）與電容（C）是電路 3 要素，在談這 3 個要素前，我們先複習一下基本電學知識。

歐姆定律：$V = IR$，V：伏特，I：安培，R：歐姆，此式表示：伏特 = 安培 × 歐姆。

科希荷夫電流定律（Kirchhoff circuit laws）：流向任一節點之電流和為 0，即 $\Sigma I = 0$。

科希荷夫電壓定律：沿迴路之電壓降之和為 0，即 $\Sigma V = 0$，亦即，電路之閉合回路中電勢的代數和等於沿回路電壓降之和，即 $\Sigma E = \Sigma R_i$。

科希荷夫電流定律與科希荷夫電壓定律合稱科希荷夫定律（Kirchhoff's law）。

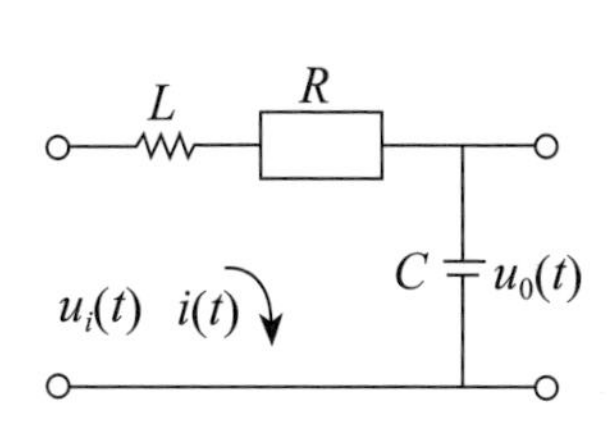

左圖是一 RLC 無源網路，輸入端電壓 $u_i(t)$ 為系統輸入量，C 為電容量，R 為電阻，$u_o(t)$ 為系統輸出量，由科希荷夫定

律：

$$u_i(t)=Ri(t)+L\dot{i}(t)+\frac{1}{C}\int_0^t i(t)dt$$

$$u_o(t)=\frac{1}{C}\int_0^t i(t)dt$$

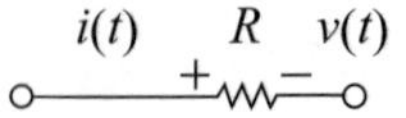

$i(t)$　R　$v(t)$　　$v(t)=i(t)R$

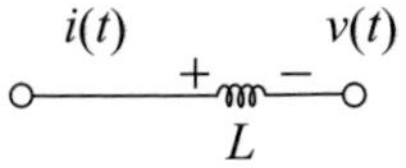

$i(t)$　L　$v(t)$　　$v(t)=L\frac{d\,i(t)}{dt}$

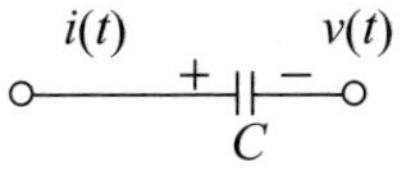

$i(t)$　C　$v(t)$　　$v(t)=\frac{1}{C}\int_0^t i(t)dt$

例 1（論例）左下圖是一個 RC 無源網路 u_i 爲輸入量，u_o 爲輸出量

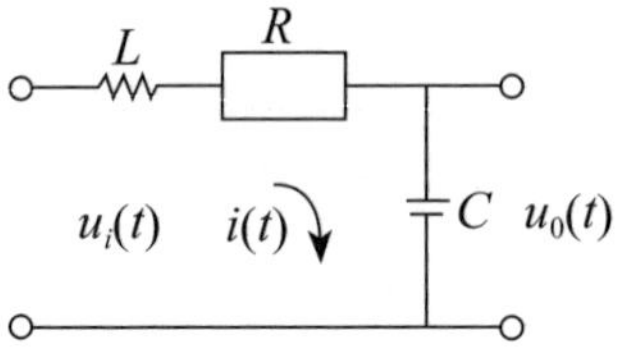

L　R　$u_i(t)$　$i(t)$　C　$u_0(t)$

由科希荷夫定律：

$$u_i=Ri(t)+L\dot{i}(t)+\frac{1}{C}\int_0^t i(t)dt \qquad (1)$$

$$u_o=\frac{1}{C}\int_0^t i(t)dt \qquad (2)$$

在上二式中 i 是流經電阻 R 用電容 C 之電流量，$i(t)$ 就是一個中間變數，爲了求取微分方程式，我們要消去 $i(t)$：

由 (2) $\because \int_0^t i(t)\,dt=Cu_o(t)$　　$\therefore\ i(t)=C\dot{u}_o(t)$

代 $i(t)=C\dot{u}_o(t)$ 入 (1) 得

$$u_i(t)=Ri(t)+L\dot{i}(t)+u_o(t)$$
$$=RC\dot{u}_o(t)+LC\ddot{u}_o(t)+u_o(t) \quad (3)$$

或 $LC\ddot{u}_o(t)+RC\dot{u}_o(t)+u_o(t)=u_i(t)$ (4)

在一般情況下 R, L 與 C 都是常數，因此，(4) 是一個二階線性微分方程式，若 $L=0$ 時則有常係數微分方程式

$$RC\dot{u}_o(t)+u_o(t)=u_i(t) \quad (5)$$

(5) 是一個一階微分方程式，它的 RC 網路圖如下：

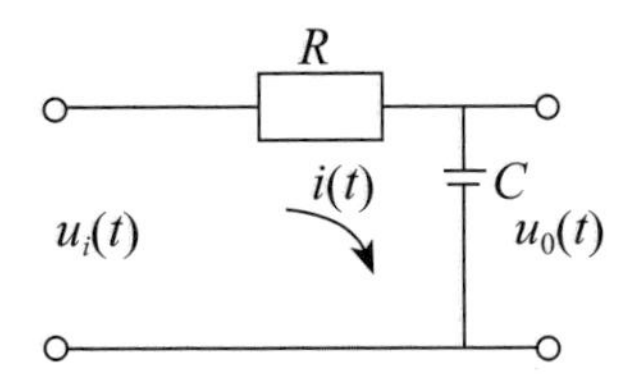

令 (5) 之 $RC=T$ 則 (5) 變成

$$T\dot{u}_o(t)+u_o(t)=u_i(t)$$

我們將二個 RC 網路繪在下表：

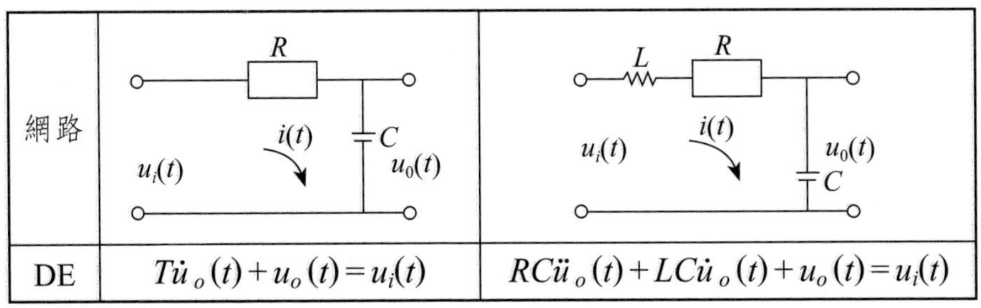

網路	(見上圖)	(見上圖)
DE	$T\dot{u}_o(t)+u_o(t)=u_i(t)$	$RC\ddot{u}_o(t)+LC\dot{u}_o(t)+u_o(t)=u_i(t)$

DE：微分方程式

例 2 再看一個較例 1 爲複雜之 RC 網路，它也稱爲 RC 濾波網路，我們將求其對應之微分方程式。

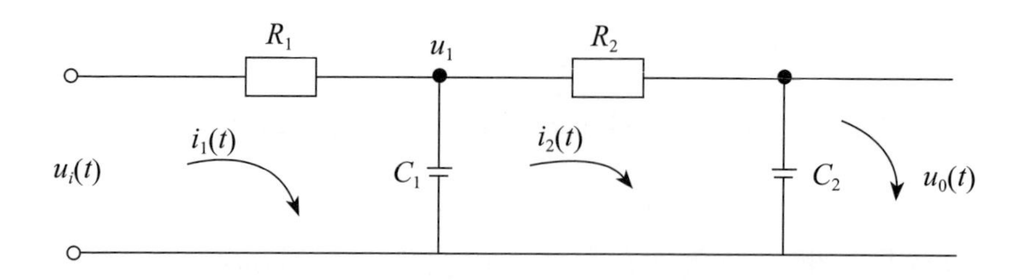

解 這個電路系統中，電流 i_2 會影響到前一段電路之輸出電壓，我們由科希荷夫定律解出此動態系統：

$$
\begin{cases}
u_i(t)=R_1 i_1(t)+\dfrac{1}{C_1}\displaystyle\int_0^t (i_1(t)-i_2(t))\,dt & (1)\\
\dfrac{1}{C_1}\displaystyle\int_0^t (i_1(t)-i_2(t))\,dt=R_2 i_2(t)+\dfrac{1}{C_2}\displaystyle\int_0^t i_2(t)\,dt & (2)\\
u_o(t)=\dfrac{1}{C_2}\displaystyle\int_0^t i_2(t)\,dt & (3)
\end{cases}
$$

如同論例 1，我們必須消去中間變量 $i_1(t)$ 與 $i_2(t)$ ，令 $R_1C_1 = T_1$，$R_2C_2 = T_2$，$R_1C_2 = T_3$ 則有

$$T_1T_2\ddot{u}_o+(T_1+T_2+T_3)\,\dot{u}_o+u_o=u_i \tag{4}$$

彈簧—質量—阻尼運動系統

平移運動系統

平移運動是物體沿直線方向之運動，它的要素有力（Force; f），加速度（Acceleration, a）速度（Speed, v）與位移（Displacement, y），它們的意義及數學式如下：

(1) 質量 M：貯存平移運動動能元件

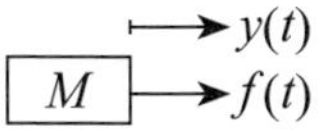

$y(t)$, $f(t)$, M

$$f(t)=Ma=M\frac{dv(t)}{dt}=M\frac{d^2y(t)}{dt^2}=M\ddot{y}$$

(2) 線性彈簧：

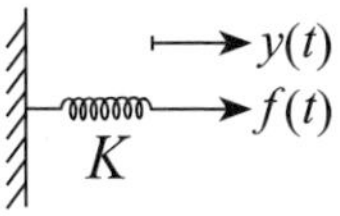

$y(t)$, $f(t)$, K

$$f(t)=Ky(t)$$

(3) 摩擦：

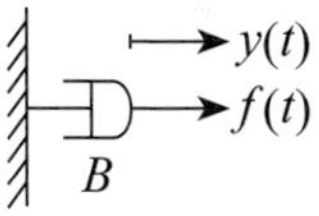

$y(t)$, $f(t)$, B

$$f(t)=Bv(t)=B\frac{dy(t)}{dt}=B\dot{y}$$

在外力 $F(t)$ 之作用下，質量 M 之物體在彈簧恢復力與阻尼器和力不能平衡時將產生加速度，透過牛頓第二運動定律

$$\Sigma F=Ma$$

便可得到許多有用之結果。

例 3 （論例）求右圖機械系統之微分方程式。

解 由牛頓運動定律（$\Sigma F = Ma$）

$$f(t) - Ky(t) - B\dot{y}(t) = M\ddot{y}$$

例 4 （論例）求對應右圖機械系統之微分方程式。

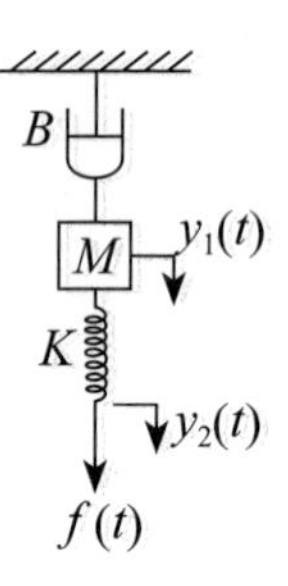

解 由牛頓運動定律

$$\begin{cases} -B\dot{y}_1(t) - K(y_1(t) - y_2(t)) = M\ddot{y}(t) & (1) \\ f(t) - K(y_2(t) - y_1(t)) = 0 & (2) \end{cases}$$

(1) + (2) 得

$$-B\dot{y}_1(t) + f(t) = M\ddot{y}(t)$$

我們在爾後諸章中會有機會用到上述二個物理模型之觀念與技巧，到時我們仍會重複說明之。

解這類問題時，若能繪出受力分析示意圖是對解這題很有用的。例如：

則 $B_1(\dot{y}_1 - \dot{y}_0) - B_2\dot{y}_0 = M\ddot{y}_0$

或 $M\ddot{y}_0 + (B_1 + B_2)\dot{y}_0 = B_1\dot{y}_1$

例 5 求下列機械系統（如圖 (a)）對應之微分方程式。

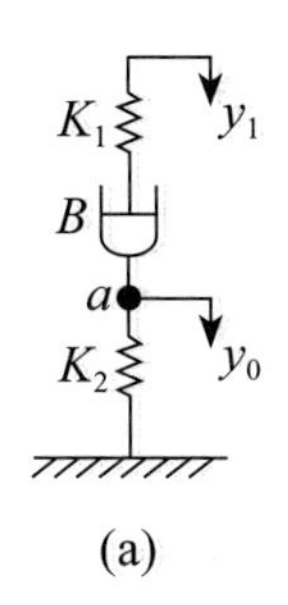

(a)

解　我們可在系統中加入一個輔助點 b，並設 b 點之輸出爲 y，如圖 (b) 所示，根據新的系統圖，我們可做受力分析示意圖（分 a, b 二點討論）。

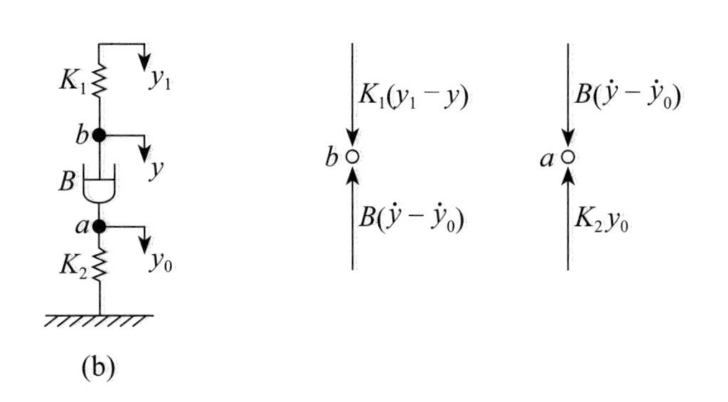

(b)

因此，我們可得到下列方程組：

$$\begin{cases} K_1(y_1-y)=B(\dot{y}-\dot{y}_0) & (1) \\ K_2y_0 \qquad\quad =B(\dot{y}-\dot{y}_0) & (2) \end{cases}$$

現在我們要將媒介變數 y 消掉：

由 $\dfrac{(1)}{(2)}$ 得 $\dfrac{K_1}{K_2}\dfrac{y_1-y}{y_0}=1$，即

$$y = y_1 - \frac{K_2}{K_1} y_0 \qquad (3)$$

$$\therefore \dot{y} = \dot{y}_1 - \frac{K_2}{K_1} \dot{y}_0 \qquad (4)$$

代 (3), (4) 入 (1) 化簡可得：

$$B(K_1 + K_2)\dot{y}_0 + K_1 K_2 y_0 = K_1 B \dot{y}_1$$

練習 1.3

1. 驗證例 2 之 (4)

第2章

拉氏轉換與轉移函數

2.1 引言
2.2 Gamma 函數
2.3 拉氏轉換與反拉氏轉換
2.4 轉移函數
2.5 典型的輸入信號

2.1 引言

我們在 1.3 節說明了系統常用微分方程式來建模，本章將針對系統之輸入與輸出分別取拉氏轉換（Laplace transformation），而得到轉移函數（Transfer function）。轉移函數不僅表徵了系統動態之本質，也使問題具多樣性，這對系統分析與設計上提供了方便之處，本書將在本章以及爾後各章作適切說明。

本章之 Gamma 函數與拉氏轉換僅足供本書應用，因此對此方面有興趣之讀者可參考微分方程式、工程數學等書。

2.2 Gamma函數

拉氏轉換在控制理論中極爲重要，在復習拉氏轉換前，若能先談 Gamma 函數對讀者是有幫助的。

定義 下列瑕積分稱爲 Gamma 函數，

$\Gamma(x)=\int_0^{\infty} t^{x-1}e^{-t}dt$，$x>0$，$x\in R$

上述瑕積分僅在 $x>0$ 時存在，由分部積分可證出 Gamma 函數有 $\Gamma(x+1)=x\Gamma(x)$ 之遞迴關係。

因此，當 n 爲正整數時，$\Gamma(n+1)=n\Gamma(n)=n((n-1)\Gamma(n-1))$

$$=n(n-1)\Gamma(n-1)\cdots\cdots$$

$$\Gamma(n)=(n-1)!$$

$$=(n-1)(n-2)\cdots\cdots3\cdot2\cdot1$$

即 $\Gamma(3)=2!=2$，$\Gamma(5)=4!=4\cdot3\cdot2\cdot1=24$，……

例 1 求 $\int_0^{\infty}x^3e^{-x}$

解 $\int_0^{\infty}x^3e^{-x}dx=3!=6$

例 2 求$\int_0^\infty x^3 e^{-\frac{x}{2}}dx$

解 $\int_0^\infty x^3 e^{-\frac{x}{2}}dx \overset{y=\frac{x}{2}}{=\!=\!=} \int_0^\infty (2y)^3 e^{-y} \cdot 2dy = 16\int_0^\infty y^3 e^{-y}dy = 16\Gamma(4)$

$= 16 \cdot 3! = 96$

我們不難得到一般化之結果：

命題 A $n > 0$ 時，$\int_0^\infty x^m e^{-nx}dx = \begin{cases} \dfrac{m!}{n^{m+1}}，m \text{ 為正整數} \\ \dfrac{\Gamma(m+1)}{n^{m+1}}，m > -1 \end{cases}$

證 $\int_0^\infty x^m e^{-nx}dx \overset{y=nx}{=\!=\!=} \int_0^\infty \left(\frac{y}{n}\right)^m e^{-y} \cdot \frac{dy}{n} = \frac{1}{n^{m+1}}\int_0^\infty y^m e^{-y}dy$

$= \begin{cases} \dfrac{m!}{n^{m+1}}，m \text{ 為正整數} \\ \dfrac{\Gamma(m+1)}{n^{m+1}}，m > -1 \end{cases}$ ■

例 3 求 $\int_0^\infty x^3 e^{-2x}dx$

解 $\int_0^\infty x^3 e^{-2x}dx \overset{y=2x}{=\!=\!=} \int_0^\infty \left(\frac{y}{2}\right)^3 e^{-y} \cdot \frac{1}{2}dy = \frac{1}{2^4}\int_0^\infty y\ e^{-y}dy$

$= \frac{3!}{2^4} = \frac{3}{8}$

或直接應用命題 A：$\int_0^\infty x^3 e^{-2x}dx = \frac{3!}{2^{3+1}} = \frac{3!}{16} = \frac{3}{8}$

命題 B $\Gamma\left(\frac{1}{2}\right)=\sqrt{\pi}$

$1>x>0$ 時，$\Gamma(x)$ 除了 $\Gamma\left(\frac{1}{2}\right)=\sqrt{\pi}$ 外，一般逕以 $\Gamma(x)$ 表之即可。如 $\Gamma\left(\frac{4}{3}\right)=\frac{1}{3}\Gamma\left(\frac{1}{3}\right)$，$\Gamma\left(\frac{11}{5}\right)=\frac{6}{5}\Gamma\left(\frac{6}{5}\right)=\frac{6}{5}\cdot\frac{1}{5}\Gamma\left(\frac{1}{5}\right)=\frac{6}{25}\Gamma\left(\frac{1}{5}\right)$

例 4 求 $\int_0^\infty x^{\frac{7}{3}}e^{-x}dx$

解

$$\int_0^\infty x^{\frac{7}{3}}e^{-x}dx=\Gamma\left(\frac{10}{3}\right)=\frac{7}{3}\Gamma\left(\frac{7}{3}\right)=\frac{7}{3}\cdot\frac{4}{3}\Gamma\left(\frac{4}{3}\right)$$

$$=\frac{7}{3}\cdot\frac{4}{3}\cdot\frac{1}{3}\Gamma\left(\frac{1}{3}\right)=\frac{28\Gamma\left(\frac{1}{3}\right)}{27}$$

例 5 求 $\int_0^\infty x^{\frac{3}{2}}e^{-2x}dx$

解

$$\int_0^\infty x^{\frac{3}{2}}e^{-2x}dx \overset{y=2x}{=\!=} \int_0^\infty\left(\frac{y}{2}\right)^{\frac{3}{2}}e^{-y}\cdot\frac{dy}{2}$$

$$=\frac{1}{2\sqrt{2}}\int_0^\infty y^{\frac{3}{2}}e^{-y}dy=\frac{1}{2\sqrt{2}}\Gamma\left(\frac{5}{2}\right)$$

$$=\frac{1}{2\sqrt{2}}\cdot\frac{3}{2}\cdot\frac{1}{2}\sqrt{\pi}=\frac{3}{8\sqrt{2}}\sqrt{\pi}$$

練習 2.2

1. 求 $\int_0^\infty x^2e^{-3x}dx$

2. 求 $\int_0^\infty (xe^{-x})^2 dx$

3. 說明何以 $\Gamma(0)$ 無意義？

4. 求 $\int_0^1 (\ln x)^2 dx$

5. 求 $\int_0^1 \sqrt[3]{\ln\left(\frac{1}{x}\right)} dx$

6. 求 $\int_0^\infty e^{-x^3} dx$

7. 求 $\int_0^\infty \frac{e^{-st}}{\sqrt{t}} dt, s>0$

8. 試證 $\Gamma(x+1) = x\Gamma(x), x > 0$

2.3 拉氏轉換與反拉氏轉換

定義 $f(t)$ 爲定義於 $t > 0$ 之實函數，則 $f(t)$ 之拉氏轉換，記做 $\mathcal{L}[f(t)]$ 或 $F(s)$。$F(s) \triangleq \int_0^\infty f(t)e^{-st}dt$。

定義中之 t 通常表示時間，而 ≜ 表「定義爲……」（be defined as ...）

函數 $f(t)$ 之拉氏轉換不恆存在，除非 $\int_0^\infty |f(t)|\, e^{-st}dt < \infty$，所幸自動控制常用之基本函數，如多項式函數三角函數、指數函數等多可滿足拉氏轉換存在之條件。

拉氏轉換將系統變數從時間域 t 轉換到複數系 s 之代數方程式，因此我們得以在不改變系統之動態本質之前提下，讓代表系統之微分方程變爲更好處理。

定義 （反拉氏轉換）若 $F(s)$ 是函數 $f(t)$ 之拉氏轉換，則 $F(s)$ 之反拉氏轉換（Inverse Laplace transformation），記做 $\mathcal{L}^{-1}[F(s)]$，$\mathcal{L}^{-1}[F(s)] = f(t) \triangleq \dfrac{1}{2\pi j}\int_{c-j\omega}^{c+j\omega} F(s)\, e^{-st}dt$，$j = \sqrt{-1}$

請特別注意反拉氏轉換定義之右邊積分式（Integrand）為 $F(s)e^{st}$，不是 $F(s)e^{-st}$，反拉氏轉換 $\mathcal{L}^{-1}[F(s)]$ 之定義式看起來很麻煩，除了證明反拉氏轉換之基本性質外，我們通常不用它，而改用其他簡單之積分技巧來進行導證。

拉氏轉換之性質

若函數 $f(t)$，$t > 0$ 與 $g(t)$，$t > 0$ 之拉氏轉換 $F(s)$, $G(s)$ 存在則有下列命題：

若函數 $f(t)$，$t > 0$ 之拉氏轉換 $F(s)$ 存在，則其與反拉氏轉換有互逆關係：

$$f(t) \underset{\text{反拉氏轉換}}{\overset{\text{拉氏轉換}}{\rightleftarrows}} F(s)$$

由命題 A，一旦知道了 $F(s)$ 便可確認 $f(t)$，反之亦然。

拉氏轉換與反拉氏轉換均為線性轉換，即：

$$\mathcal{L}[\alpha f(t) + \beta g(t)] = \alpha \mathcal{L}[f(t)] + \beta \mathcal{L}[g(t)] = \alpha F(s) + \beta G(s)$$

及

$$\mathcal{L}^{-1}[\alpha F(s)+\beta G(s)]=\alpha\,\mathcal{L}^{-1}[F(s)]+\beta\,\mathcal{L}^{-1}[G(s)]=\alpha f(t)+\beta g(t)$$

證　我們只證明反拉氏轉換部分：

$$\mathcal{L}^{-1}[\alpha F(s)+\beta G(s)]=\frac{1}{2\pi j}\int_{c-j\omega}^{c+j\omega}[\alpha F(s)+\beta G(s)]e^{st}ds$$

$$=\frac{1}{2\pi j}\left[\int_{c-j\omega}^{c+j\omega}\alpha F(s)e^{st}ds+\int_{c-j\omega}^{c+j\omega}\beta G(s)e^{st}ds\right]$$

$$=\alpha\left[\frac{1}{2\pi j}\int_{c-j\omega}^{c+j\omega}F(s)e^{st}ds\right]+\beta\left[\frac{1}{2\pi j}\int_{c-j\omega}^{c+j\omega}G(s)e^{st}ds\right]$$

$$=\alpha\mathcal{L}^{-1}[F(s)]+\beta\mathcal{L}^{-1}[G(s)]$$ ■

命題 C　（時間分割）$\mathcal{L}[f(t)]=F(s)$，則 $\mathcal{L}\left[f\left(\frac{t}{a}\right)\right]=aF(as)$

$$\mathcal{L}^{-1}(F(as))=\frac{1}{a}f\left(\frac{t}{a}\right)$$

證　$$\mathcal{L}\left[f\left(\frac{t}{a}\right)\right]=\int_0^\infty f\left(\frac{t}{a}\right)e^{-st}dt\overset{x=\frac{t}{a}}{=\!=\!=}\int_0^\infty f(x)e^{-s(ax)}\cdot adx$$

$$=a\int_0^\infty f(x)e^{-(sa)x}dx=aF(as)$$ ■

$\because\mathcal{L}\left[f\left(\frac{t}{a}\right)\right]=aF(as)$，由命題 A

可有 $\mathcal{L}^{-1}(\alpha F(\alpha s))=f\left(\frac{t}{a}\right)$，即

$$\mathcal{L}^{-1}(F(as))=\frac{1}{a}f\left(\frac{t}{a}\right)$$ ■

命題 D　（時間延遲）$\mathcal{L}[f(t-T)]=e^{-sT}F(s)$

$$\mathcal{L}^{-1}(e^{-sT}F(s))=f(t-T)$$

證　$\mathcal{L}[f(t-T)]=\int_0^\infty f(t-T)e^{-st}dt=\int_T^\infty f(t-T)e^{-st}dt$

$$\overset{x=t-T}{=\!=\!=}\int_0^\infty f(x)e^{-s(x+T)}dx=e^{-sT}\int_0^\infty f(x)e^{-sx}dx=e^{-sT}F(s) \quad ■$$

由命題 A，$\mathcal{L}^{-1}(e^{-sT}F(s))=f(t-T)$ ■

命題 E　（時間平移）$\mathcal{L}[e^{-at}f(t)]=F(s+a)$

$$\mathcal{L}^{-1}(F(s+a))=e^{-at}f(t)$$

證　$\mathcal{L}[e^{-at}f(t)]=\int_0^\infty e^{-at}f(t)e^{-st}dt=\int_0^\infty f(t)e^{-(a+s)t}dt$

$=F(s+a)$ ■

由命題 A，$\mathcal{L}^{-1}(F(s+a))=e^{-at}f(t)$ ■

命題 F　（微分性質）$\mathcal{L}\left[\frac{d}{dt}f(t)\right]=sF(s)-f(0)$

證　$\mathcal{L}\left[\frac{d}{dt}f(t)\right]=\int_0^\infty\left(\frac{d}{dt}f(t)\right)e^{-st}dt=\int_0^\infty e^{-st}df(t)$

$$=f(t)e^{-st}\Big]_0^{\infty}-\int_0^{\infty}f(t)de^{-st}$$

$$=-f(0)-\int_0^{\infty}f(t)\,(-s)e^{-st}dt=-f(0)+s\int_0^{\infty}f(t)e^{-st}dt$$

$$=sF(s)-f(0) \qquad \blacksquare$$

命題 F 可推廣到$\mathcal{L}\left(\frac{d^n}{dt^n}f(t)\right)$，以 $n=2, 3$ 爲例：

(1) $n=2$：$\mathcal{L}\left(\frac{d^2}{dt^2}f(t)\right)=s^2F(s)-sf(0)-f'(0)$

(2) $n=3$：$\mathcal{L}\left(\frac{d^3}{dt^3}f(t)\right)=s^3F(s)-s^2f(0)-sf'(0)-f''(0)$

命題 G （積分性質）$\mathcal{L}\left[\int_0^t f(x)dx\right]=\frac{F(s)}{s}$

$$\mathcal{L}^{-1}\left(\frac{F(s)}{s}\right)=\int_0^t f(u)du$$

證

$$\mathcal{L}\left[\int_0^t f(x)dx\right]=\int_0^{\infty}\left[\int_0^t f(x)dx\right]e^{-st}dt$$

$$=\int_0^{\infty}\int_0^t f(x)e^{-st}dxdt \xlongequal{\text{改變積分順序}} \int_0^{\infty}\left[\int_x^{\infty}e^{-st}dt\right]f(x)dx$$

$$=\int_0^{\infty}\left(\frac{-1}{s}e^{-st}\Big]_x^{\infty}\right)f(x)\,dx$$

$$=\int_0^{\infty}\frac{1}{s}e^{-sx}f(x)dx=\frac{1}{s}F(s) \qquad \blacksquare$$

命題 H $\mathcal{L}\left(\frac{f(t)}{t}\right)=\int_s^{\infty}F(u)du$

證 $\int_s^\infty F(u)du = \int_s^\infty \left[\int_0^\infty e^{-\lambda t} f(t)dt\right] d\lambda$

$$= \int_0^\infty \left(\int_s^\infty e^{-\lambda t} d\lambda\right) f(t)dt$$

$$= \int_0^\infty f(t)\left(-\frac{1}{t}e^{-\lambda t}\right)\Big]_s^\infty dt$$

$$= \int_0^\infty f(t)\left(\frac{1}{t}e^{-st}\right)dt$$

$$= \int_0^\infty \frac{f(t)}{t}e^{-st}dt = \mathcal{L}\left(\frac{f(t)}{t}\right) \quad ■$$

命題 I

摺積定理（Convolution theorem）：$\mathcal{L}\,(\int_0^t f(u)g(t-u)du) = F(s)G(s)$；且

$\mathcal{L}^{-1}(F(s)G(s)) = \int_0^t f(u)g(t-u)du$

證 (1) $\mathcal{L}\left[\int_0^t f(u)g(t-u)du\right]$

$$= \int_0^\infty \left[\int_0^t f(u)g(t-u)du\right] e^{-st}dt$$

$$= \int_0^\infty \int_0^t f(u)g(t-u)e^{-st}dudt$$

$$\overset{\text{改變積分順序}}{=\!=\!=} \int_0^\infty \int_u^\infty f(u)g(t-u)e^{-st}dtdu$$

取 $t-u=y$ 則上式變為

$$\int_0^\infty \int_0^\infty f(u)g(y)e^{-s(u+y)}dydu$$

$$= \int_0^\infty f(u)e^{-su}du \int_0^\infty g(y)e^{-sy}dy$$

$$= F(s)G(s) \quad ■$$

(2) 由命題 A，$\mathcal{L}^{-1}(F(s)G(s)) = \int_0^t f(u)g(t-u)du$ ■

上述積分稱為 f 與 g 之摺積（Convolution）f 與 g 之摺積記做 $f*g$，$f*g \triangleq \int_0^t f(u)g(t-u)du$

可證明 $f*g = g*f$（見練習第 20 題）

表2.1　基本函數之拉氏轉換

	時域函數 $f(t)$	$\mathcal{L}(f(t)) = F(s)$
1	$\delta(t)$（單位脈衝函數）	1
2	$u(t)$（單位步階函數）	$1/s$
3	$r(t)$（單位斜波函數）	$\frac{1}{s^2}$
4	t^n（多項式）	$\begin{cases} \frac{n!}{s^{n+1}}, n \in Z, Z\text{為正整數} \\ \frac{\Gamma(n+1)}{s^{n+1}}, n \in R, n > -1 \end{cases}$
5	e^{-at}（指數），$a > 0$	$\frac{1}{s+a}$
6	$\sin \omega t$（正弦波）	$\frac{\omega}{s^2+\omega^2}$
7	$\cos \omega t$（餘弦波）	$\frac{s}{s^2+\omega^2}$
8	$\sinh \omega t$	$\frac{\omega}{s^2-\omega^2}$
9	$\cosh \omega t$	$\frac{s}{s^2-\omega^2}$
10	$\frac{1}{T}e^{-\frac{t}{T}}$	$\frac{1}{1+Ts}$

因為 $\mathcal{L}^{-1}(F(s)) = f(t)$，如果要求 $\mathcal{L}^{-1}\left(\frac{s}{s^2+\omega^2}\right)$，由上表可查知，$\mathcal{L}^{-1}\left(\frac{s}{s^2+\omega^2}\right) = \cos \omega t$，以此可推其餘。

我們在 2.6 節對單位脈衝函數、單位步階函數與單位斜波函數作進一步討論。

證 我們證明表 2.1 之部分結果。在求正弦波與餘弦波之拉氏轉換時，往往要用到複變函數之二個基本結果：

$$\sin\omega t=\text{Im}\left\{\frac{1}{2}[e^{j\omega t}-e^{-j\omega t}]\right\}$$ 與

$$\cos\omega t=\text{Re}\left\{\frac{1}{2}[e^{j\omega t}+e^{-j\omega t}]\right\}，j=\sqrt{-1}$$

2. $\mathcal{L}[u(t)]=\int_0^\infty 1\,e^{-st}\,dt=\frac{1}{s}$

7. 為求 $\mathcal{L}(\cos\omega t)$，我們利用

$$\cos\omega t=\text{Re}\left\{\frac{1}{2}[e^{j\omega t}+e^{-j\omega t}]\right\}$$

$$\therefore\mathcal{L}\{\cos\omega t\}=\int_0^\infty\cos\omega t\,e^{-st}\,dt$$

$$=\int_0^\infty\text{Re}\left\{\frac{1}{2}[e^{j\omega t}+e^{-j\omega t}]\right\}e^{-st}\,dt$$

又

$$\int_0^\infty\frac{1}{2}[e^{j\omega t}+e^{-j\omega t}]\,e^{-st}\,dt$$

$$=\frac{1}{2}\left[\int_0^\infty e^{-(s-j\omega)t}\,dt+\int_0^\infty e^{-(s+j\omega)t}\,dt\right]$$

$$=\frac{1}{2}\left[\frac{1}{s-j\omega}+\frac{1}{s+j\omega}\right]=\frac{1}{2}\frac{2s}{(s-j\omega)(s+j\omega)}=\frac{s}{s^2+\omega^2}$$ ■

在求拉氏轉換或反拉氏轉換時，往往要求 $f(t)$ 之部分分式，我們可用傳統代數之部分分式求法，為了便於說明，假設 $g(t)$ 為多項式且 $g(t)$ 之次數 ≤ 2

$$f(t)=\frac{g(t)}{t^3+a_2t^2+a_1t+a_0},$$

(i) 若 $f(t)=\dfrac{g(t)}{t^3+a_2t^2+a_1t+a_0}=\dfrac{g(t)}{(t+p_1)(t+p_2)(t+p_3)}$：

我們可設 $\dfrac{g(t)}{(t+p_1)(t+p_2)(t+p_3)}=\dfrac{A_1}{t+p_1}+\dfrac{A_2}{t+p_2}+\dfrac{A_3}{t+p_3}$，可用複變函數之留數（Residue）來求 A_1，A_2，A_3，即

$$A_i=(f(t)\cdot(t+p_i))|_{t=-p_i} \tag{1}$$

$$A_1：\frac{g(t)}{(t+p_1)(t+p_2)(t+p_3)}\cdot(t+p_1)\bigg|_{t=-p_1}=\frac{g(t)}{(t+p_2)(t+p_3)}\bigg|_{t=-p_1}$$

$$=\frac{g(-p_1)}{(-p_1+p_2)(-p_1+p_3)}$$

我們也可將 (1) 用便於視察的方式表達：

$$A_1：\frac{g(t)}{\boxed{}(t+p_2)(t+p_3)}\bigg|_{t=-p_1}$$ （即將 $f(t)$ 分母之 $t+p_1$ 蓋掉）

$$A_2：\frac{g(t)}{(t+p_1)\boxed{}(t+p_3)}\bigg|_{t=-p_2}$$

(ii) 若 $f(t)=\dfrac{g(t)}{t^3+a_2t^2+a_1t+a_0}=\dfrac{g(t)}{(t+p_1)(t^2+bt+c)}$：

一般解法是

①$f(t)=\dfrac{A_1}{t+p_1}+\dfrac{A_2t+A_3}{t^2+bt+c}$：

將$(t+p_1)(t^2+bt+c)$乘上式二邊得 $g(t)=A(t^2+bt+c)+(A_2t+A_3)(t+p_1)$ 然後用比較二邊係數以決定 A_1，A_2，A_3。

②$f(t)=\dfrac{A_1}{t+p_1}+\dfrac{A_2}{t+\sigma-j\omega}+\dfrac{A_3}{t+\sigma+j\omega}$：

用 (i) 之作法即可。

依作者經驗，只需先求出 A_1 然後移項，再稍加調整即可得到 A_2，A_3，即：

$$f(t)=\frac{g(t)}{(t+p_1)(t^2+bt+c)}=\frac{A_1}{t+p_1}+\frac{A_2t+A_3}{t^2+bt+c}\text{，則}$$

$$A_1=\left.\frac{g(t)}{\boxed{}(t^2+bt+c)}\right|_{t=-p_1}=\frac{g(-p_1)}{{p_1}^2-bp_1+c}$$

$$\therefore\frac{A_2t+A_3}{t^2+bt+c}=\frac{g(t)}{(t+p_1)(t^2+bt+c)}-\frac{A_1}{t+p_1}$$

例 1 求$f(t)=\dfrac{2}{t(t^2+2t+2)}$部分分式。

解 $f(t)=\dfrac{2}{t(t^2+2t+2)}=\dfrac{A_1}{t}+\dfrac{A_2t+A_3}{t^2+2t+2}$

由 (i) 之視察法可得 $A_1=1$

$$\therefore\frac{A_2t+A_3}{t^2+2t+2}=\frac{2}{t(t^2+2t+2)}-\frac{1}{t}=\frac{2-(t^2+2t+2)}{t(t^2+2t+2)}$$

$$=\frac{-t-2}{t^2+2t+2}$$

即$f(t)=\dfrac{1}{t(t^2+2t+2)}=\dfrac{1}{t}-\dfrac{t+2}{t^2+2t+2}$

(iii) 若 $f(t)=\dfrac{g(t)}{t^3+a_2t^2+a_1t+a_0}=\dfrac{g(t)}{(t+p_1)(t+p_2)^2}$：

$$f(t)=\frac{g(t)}{(t+p_1)(t+p_2)^2}=\frac{A_1}{t+p_1}+\frac{A_2}{t+p_2}+\frac{A_3}{(t+p_2)^2}\text{；}$$

由 (i) 之視察法求 A_1，然後移項，即可調整出 A_2，A_3，即：

$$\frac{A_2}{t+p_2}+\frac{A_3}{(t+p_2)^2}=\frac{g(t)}{(t+p_1)(t+p_2)^2}-\frac{A_1}{t+p_1}$$

例 2 $f(t)=\dfrac{\omega^2}{t(t+\omega)^2}$ 求 $f(t)$ 之部分分式

解 $$\frac{\omega^2}{t(t+\omega)^2}=\frac{A_1}{t}+\frac{A_2}{t+\omega}+\frac{A_3}{(t+\omega)^2}$$

由 (i) 之視察法易知 $A_1=1$

$$\therefore\frac{A_2}{t+\omega}+\frac{A_3}{(t+\omega)^2}=\frac{\omega_2}{t(t+\omega)^2}-\frac{1}{t}=\frac{\omega^2-(t+\omega)^2}{t(t+\omega)^2}$$

$$=\frac{-t^2-2t\omega}{t(t+\omega)^2}=\frac{-t-2\omega}{(t+\omega)^2}=-\frac{t+2\omega}{(t+\omega)^2}$$

$$=-\frac{t+\omega}{(t+\omega)^2}-\frac{\omega}{(t+\omega)^2}=-\frac{\omega}{(t+\omega)^2}-\frac{1}{t+\omega}$$

即 $\dfrac{\omega^2}{t(t+\omega)^2}=\dfrac{1}{t}-\dfrac{1}{t+\omega}-\dfrac{\omega}{(t+\omega)^2}$

例 3 (a) 若 $F(s)=\dfrac{1}{(s+a)(s+b)}$，求 $f(t)$

(b) 若 $f(t)=\dfrac{e^{-at}}{(b-a)(c-a)}+\dfrac{e^{-bt}}{(c-b)(a-b)}+\dfrac{e^{-ct}}{(a-c)(b-c)}$，求 $F(s)$

(c) 若 $F(s)=\dfrac{s}{(s+a)(s+b)}$，求 $f(t)$

解 (a) $$F(s)=\frac{1}{(s+a)(s+b)}=\frac{1}{b-a}\frac{1}{s+a}+\frac{1}{a-b}\frac{1}{s+b}$$

$$=\frac{1}{b-a}\left[\frac{1}{s+a}-\frac{1}{s+b}\right]$$

$$\therefore\ f(t)=\mathcal{L}^{-1}\,(F(s))=\mathcal{L}^{-1}\left[\frac{1}{b-a}\left(\frac{1}{s+a}-\frac{1}{s+b}\right)\right]$$

$$=\frac{1}{b-a}\left[\mathcal{L}^{-1}\left(\frac{1}{s+a}\right)-\mathcal{L}^{-1}\left(\frac{1}{s+b}\right)\right]$$

$$=\frac{1}{b-a}\,(e^{-at}-e^{-bt})$$

(b) $$\mathcal{L}\left[\frac{e^{-at}}{(b-a)(c-a)}\right]=\frac{1}{(b-a)(c-a)}\mathcal{L}\,(e^{-at})$$

$$=\frac{1}{(b-a)(c-a)(s+a)}$$

同法 $$\mathcal{L}\left[\frac{e^{-bt}}{(c-b)(a-b)}\right]=\frac{1}{(c-b)(a-b)(s+b)}$$

$$\mathcal{L}\left[\frac{e^{-ct}}{(a-c)(b-c)}\right]=\frac{1}{(a-c)(b-c)(s+c)}$$

$$\therefore F(s)=\mathcal{L}\,(f(t))=\frac{1}{(b-a)(c-a)(s+a)}+\frac{1}{(c-b)(a-b)(s+b)}$$

$$+\frac{1}{(a-c)(b-c)(s+c)}$$

$$=\frac{(c-b)(s+b)(s+c)+(a-c)(s+a)(s+c)+(b-a)(s+a)(s+b)}{(a-b)(b-c)(c-a)(s+a)(s+b)(s+c)}$$

$$=\frac{1}{(s+a)(s+b)(s+c)}$$

(c) $$F(s)=\frac{s}{(s+a)(s+b)}=\frac{-a}{b-a}\left(\frac{1}{s+a}\right)+\frac{-b}{-b+a}\left(\frac{1}{s+b}\right)$$

$$\therefore\ f(t)=\mathcal{L}^{-1}\,(F(s))=\frac{-a}{b-a}\mathcal{L}^{-1}\left(\frac{1}{s+a}\right)+\frac{-b}{-b+a}\mathcal{L}^{-1}\left(\frac{1}{s+b}\right)$$

$$=\frac{a}{a-b}e^{-at}-\frac{b}{a-b}e^{-bt}$$

例 4 (a) 求 $\mathcal{L}(e^{-at}\sin\omega t)$

(b) 求 $\mathcal{L}^{-1}\left(\frac{s\sin\phi+\omega\cos\phi}{s^2+\omega^2}\right)$

(c) 求 $\mathcal{L}^{-1}\left(\frac{(s-3)e^s}{s^2+9}\right)$

(d) 求 $\mathcal{L}^{-1}\left(\frac{(s^2+10)e^s}{s^2+9}\right)$

解 (a) $\mathcal{L}(\sin\omega t)=\frac{\omega}{s^2+\omega^2}=F(s)$

$$\therefore \mathcal{L}(e^{-at}\sin\omega t)=F(s+a)=\frac{\omega}{(s+a)^2+\omega^2}$$

(b) $\mathcal{L}^{-1}\left(\frac{s\sin\phi+\omega\cos\phi}{s^2+\omega^2}\right)=\mathcal{L}^{-1}\left(\frac{s\sin\phi}{s^2+\omega^2}\right)+\mathcal{L}^{-1}\left(\frac{\omega\cos\phi}{s^2+\omega^2}\right)$

$$=\sin\phi\mathcal{L}^{-1}\left(\frac{s}{s^2+\omega^2}\right)+\cos\phi\mathcal{L}^{-1}\left(\frac{\omega}{s^2+\omega^2}\right)$$

$$=\sin\phi\cos\omega t+\cos\phi\sin\omega t=\sin(\phi+\omega t)$$

（$\because \sin(A+B)=\sin A\cos B+\cos A\sin B$）

(c) $F(s)=\frac{(s-3)e^s}{s^2+9}=\frac{s}{s^2+9}e^s-\frac{3}{s^2+9}e^s$

又 $\mathcal{L}^{-1}\left(\frac{s}{s^2+9}\right)=\cos 3t$　　$\therefore \mathcal{L}^{-1}\left(\frac{s\,e^s}{s^2+9}\right)=\cos 3(t-1)$

同法 $\mathcal{L}^{-1}\left(\frac{3e^s}{s^2+9}\right)=\sin 3(t-1)$

$$\therefore \mathcal{L}^{-1}(F(s)) = \cos 3(t-1) + \sin 3(t-1) \text{，} t > 1$$
$$= 0 \text{，} t \le 1$$

(d) $F(s) = \dfrac{(s^2+10)e^s}{s^2+9} = \left(\dfrac{1}{s^2+9}+1\right)e^s$

$$\because \mathcal{L}^{-1}\left(\frac{1}{s^2+9}\right) = \frac{1}{3}\mathcal{L}^{-1}\left(\frac{3}{s^2+9}\right) = \frac{1}{3}\sin 3t$$

$$\therefore \mathcal{L}^{-1}\left(\frac{1}{s^2+9}e^s\right) = \frac{1}{3}\sin 3(t-1)$$

又 $\mathcal{L}^{-1}(1) = \delta(t)$

$$\therefore \mathcal{L}^{-1}(1 \cdot e^s) = \delta(t-1)$$

$$\mathcal{L}(F(s)) = \frac{1}{3}\sin 3(t-1) + \delta(t-1)$$

初值定理與終值定理

拉氏轉換之初值定理（Initial-value theorem）與終值定理（Final-value theorem）可讓我們由 $F(s)$ 直接來計算 $f(t)$ 在 $t=0$ 或∞之值，而不必先解出 $f(t)$。

（終值定理）：若 $\mathcal{L}(f(t))$ 與 $\mathcal{L}(f'(t))$ 均存在，則 $\lim\limits_{t\to\infty} f(t) = \lim\limits_{s\to 0} sF(s)$

證 由命題 F，$\lim_{s\to 0}[\mathcal{L}(f'(t))]=\lim_{s\to 0}[sF(s)-f(0)]$ (1)

又 $\lim_{s\to 0}\int_0^\infty\left[\frac{d}{dt}f(t)\right]e^{-st}dt=\int_0^\infty\left[\frac{d}{dt}f(t)\right]dt$

$$=f(t)\Big]_0^\infty=f(\infty)-f(0) \quad (2)$$

比較 (1), (2) $f(\infty)=\lim_{t\to\infty}f(t)=\lim_{s\to 0}sF(s)$ ■

命題 K（初值定理）：若 $\mathcal{L}(f(t))$ 與 $\mathcal{L}(f'(t))$ 均存在，

則 $\lim_{t\to 0}f(t)=\lim_{s\to\infty}sF(s)$

見練習第 24 題。

要注意到，若時域 $f(t)$ 之極限不存在，那麼終值定理之結果便沒有意義，例如 $f(t)=\cos\omega t$，則 $F(s)=\mathcal{L}(f(t))=\frac{s}{s^2+\omega^2}$，$\lim_{t\to\infty}f(t)=\lim_{t\to\infty}\cos\omega t$ 不存在，$\therefore\lim_{s\to\infty}sF(s)$ 便沒有意義，此外在應用終值定理時要注意到極點（Pole point），我們將在下節定義極點，讀者現在只須記住，使 $sF(s)$ 分母為 0 之點便為極點。

1. $sF(s)$ 所有極點必須在 s 平面之左半平面，亦即 $sF(s)$ 所有極點的實部必須為負，若有一個極點在 s 右半平面或虛軸上，則 $\lim_{t\to\infty}f(t)=\infty$ 或不存在。

2. $sF(s)$ 在 s 平面原點處不能有超過一個極點。

因此，讀者在應用終值定理前，必先通過上述檢驗。

例 5 信號 $f(t)$，當 $t<0$ 時 $f(t)=0$，若 $F(s)=\mathcal{L}(f(t))=\dfrac{1}{s(s^2+2s-3)}$

求 (1) $\lim_{t\to 0} f(t)$，(2) $\lim_{t\to\infty} f(t)$。

解 (1) $\lim_{t\to 0} f(t) \xlongequal{\text{初值定理}} \lim_{s\to\infty} sF(s)=\lim_{s\to\infty} s\cdot\dfrac{1}{s(s^2+2s-3)}=0$

(2) 先檢驗 $sF(s)$ 極點是否都在左半平面：

$$sF(s)=\frac{1}{(s^2+2s-3)}=\frac{1}{(s+3)(s-1)},$$

極點為 $-3, 1$

因極點 1 落在右半平面

$\therefore \lim_{t\to\infty} f(t)=\infty$

例 6 信號 $f(t)$ 在 $t<0$ 時 $f(t)=0$，$F(s)=\mathcal{L}(f(t))=\dfrac{1}{s(s^2+1)}$

求 (1) $\lim_{t\to 0} f(t)$ (2) $\lim_{t\to\infty} f(t)$。

解 (1) $\lim_{t\to 0} f(t) \xlongequal{\text{初值定理}} \lim_{s\to\infty} sF(s)=\lim_{s\to\infty} s\cdot\dfrac{1}{s(s^2+1)}=0$

(2) 先檢驗 $sF(s)$ 極點是否都在 s 左半平面：

$$sF(s)=\frac{1}{s^2+1}=\frac{1}{(s+j)(s-j)}$$

$\because$ $sF(s)$ 之極點 $-j, j$ 均在 s 平面之虛軸上

$\therefore \lim\limits_{t\to\infty} f(t) = \infty$

例 7 設一信號 $f(t)$，當 $t < 0$ 時 $f(t) = 0$，若 $f(t)$ 之拉氏轉換爲 $F(s) = \dfrac{6}{s(s^2+5s-6)}$，求 (a)$t \to 0^+$ 時 $f(t) =$ ？ (b)$t \to \infty$時 $f(t) =$ ？

解 (a) 由初值定理 $\lim\limits_{t\to 0^+} f(t) = \lim\limits_{s\to\infty} sF(s) = \lim\limits_{s\to\infty} s \cdot \dfrac{6}{s(s^2+5s-6)} = 0$

(b) $\because$ $s^2 + 5s - 6 = (s + 6)(s - 1) = 0$，即 $sF(s)$ 之極點 $s = -6, 1$，但 $s = 1$ 在 s 右半平面使得終值定理不適用，從而 $t \to \infty$時，$f(t)$ 不存在。

例 8 設一信號 $f(t)$，當 $t < 0$ 時 $f(t) = 0$，若 $f(t)$ 之拉氏轉換爲 $F(s) = \dfrac{s+1}{s(s^2+4s+3)}$，求 (a)$t \to 0^+$ 時 $f(t) =$ ？ (b)$t \to \infty$時 $f(t) =$ ？

解 (a) 由初值定理

$$\lim_{t\to 0^+} f(t) = \lim_{s\to\infty} sF(s) = \lim_{s\to\infty} s \cdot \frac{s+1}{s(s^2+4s+3)} = \lim_{s\to\infty} \frac{s+1}{s^2+4s+3} = 0$$

(b) $sF(s)$ 之極點：$s^2 + 4s + 3 = (s + 1)(s + 3) = 0$，$s = -1, -3$ 均落在 s 左半平面，因此，我們可應用終值定理：

$$\lim_{t\to\infty} f(t) = \lim_{s\to 0^+} sF(s) = \lim_{s\to 0^+} s \cdot \frac{s+1}{s(s^2+4s+3)} = \frac{1}{3}$$

例 9 若信號 $f(t)$ 之拉氏轉換 $F(s)=\frac{2}{s^2+4}$，求 (a) $\lim_{t\to 0^+} f(t)$ (b) $\lim_{t\to\infty} f(t)$

解 (a) $\lim_{t\to 0^+} f(t)=\lim_{s\to\infty} sF(s)=\lim_{s\to\infty}\frac{s\cdot 2}{s^2+4}=0$

(b) $sF(s)$ 之極點 ± 2 落在虛軸

∴終值定理不適用從而 $\lim_{t\to\infty} f(t)=\infty$。

練習 2.3

1. 利用 $\sin\omega t=Im\left\{\frac{1}{2}[e^{j\omega t}-e^{-j\omega t}]\right\}$ 導出 $\mathcal{L}(\sin\omega t)=\frac{\omega}{s^2+\omega^2}$
2. 試證阻尼餘弦波 $e^{-at}\cos\omega t$ 之拉氏轉換為 $\frac{s+a}{(s+a)^2+\omega^2}$
3. 求證 $\mathcal{L}(\alpha f(t)+\beta g(t))=\alpha F(s)+\beta G(s)$
4. 求 $\mathcal{L}(1-e^{-t})$
5. $f(t)=\begin{cases} e^{-(t-3)}, & t>3 \\ 0, & t\le 3\end{cases}$，求 $\mathcal{L}(f(t))=$?
6. 求 $\mathcal{L}(t^3)=$?
7. 求 $\mathcal{L}(t^{-1})=$?
8. 用不同方法求 $\mathcal{L}(e^{at})=$?
9. 求$\mathcal{L}\left(\frac{\sin t}{t}\right)$（提示：先求$\mathcal{L}(\sin t)$）
10. 求 $\mathcal{L}(t\sin\omega t)$

11. 求 $\mathcal{L}^{-1}\left(\frac{(s+3)}{s^2+9}e^{-s}\right)$

12. 求 $\mathcal{L}^{-1}\left(\frac{1}{(s+1)^2(s+2)}\right)$

13. 求 $\mathcal{L}^{-1}\left(\frac{s-a}{(s-a)^2+b^2}\right)$

14. 用摺積求 $\mathcal{L}^{-1}\left(\frac{1}{s(s+2)}\right)$

15. 求 $\mathcal{L}^{-1}\left(\frac{s}{(s+1)(s^2+1)}\right)$

16. 求 $\mathcal{L}^{-1}\left(\frac{1}{s(s+1)(s+2)}\right)$

17. 求 $\mathcal{L}^{-1}\left(\frac{2}{s^2-6s+13}\right)$

18. 試證 $\mathcal{L}(tf(t))=-\frac{d}{ds}F(s)$（提示：從右式微分）

19. 試導出 $\mathcal{L}(f''(t))=s^2F(s)-sf(0)-f'(0)$

20. 試證：f 與 g 之摺積具交換性，即 $f*g=g*f$

21. 若 $F(s)=\frac{s+1}{s^2+3s+2}$，求 $f(0)$ 與 $f(\infty)$

22. 若 $F(s)=\frac{1}{s(s^2+3s-4)}$，求 (a)$t\to 0^+$ 時 $f(t)$，(b)$t\to\infty$ 時 $f(t)$

23. 若 $F(s)=\frac{s+2}{s^2+2s+1}$，求 (a) $\int_0^\infty f(t)dt$，(b) $\int_0^\infty tf(t)dt$

24. 試證本節命題 K

2.4 轉移函數

轉移函數之定義

控制理論之物理模型常須應用微分方程來表現出其應有之機能，因微分方程式解的過程不僅較爲麻煩，更重要的是不易直接看出物理模型所表示之輸入與輸出關係。如果有一個函數不僅能幫助我們找出系統輸入與輸出之比率關係，也便於代數運算，那麼這個函數就很有意義。轉移函數便具有上述要求，因此在控制理論中居於極重要之地位。我們定義系統之轉移函數如下：

定義 系統轉移函數 $G(s)$ 爲系統輸入 $r(t)$ 之拉氏轉換與輸出 $c(t)$ 之拉氏轉換之比，其數學表示爲：

$$G(s)=\frac{\mathcal{L}(c(t))}{\mathcal{L}(r(t))}=\frac{C(s)}{R(s)}$$

零初始條件

零初始條件是轉移函數之重要假設。所謂零初始條件是指在 $t = 0$ 時之函數值與各階導函數均為 0，這表示系統在輸入量在 $t = 0$ 以後才進入系統，習慣上，我們假設系統原來是處於穩定狀態，若無輸入便無輸出，因此，就多數系統而言，零初始條件的假設應屬合理。這點我們在爾後仍會做適當之強調。

讀者在做與轉移函數有關之運算時必須考慮到零初始條件是否成立。

命題 A　若 $f(t)$ 之 n 階導函數存在，在零初始條件下，

$\mathcal{L}(f'(t)) = sF(s)$，

$\mathcal{L}(f''(t)) = s^2F(s)$

……

$\mathcal{L}(f^{(n)}(t)) = s^nF(s)$

證　由上節命題 F 及其推廣，命題 A 顯然成立。■

同時由命題 A，在零初始條件下我們也可得

$\mathcal{L}^{-1}(sF(s)) = f'(t)$，

$\mathcal{L}^{-1}(s^2F(s)) = f''(t)$

…………

轉移函數之重要假設

轉移函數是建立在以下之假設上：

(1) 轉移函數只定義於線性非時變系統；

(2) 零初始條件；

(3) 轉移函數與輸入函數（即輸入響應）無關；

(4) 轉移函數無法提供系統內部行為之各種特徵。

系統之轉移函數 $G(s)=\dfrac{C(s)}{R(s)}$，因此 $C(s) = G(s)R(s) = R(s)G(s)$。

證　顯然成立。■

根據命題 B 我們可由轉移函數 $G(s)$ 及輸入量之拉氏轉換 $R(s)$ 透過反拉氏轉換而得到輸出量之反拉氏轉換 $c(t)$。

系統之微分方程與轉移函數之關係

若系統之可用下列微分方程描述：

$$\frac{d^n}{dt^n}c(t)+a_1\frac{d^{n-1}}{dt^{n-1}}c(t)+\cdots\cdots+a_{n-1}\frac{d}{dt}c(t)+a_n c(t)$$

$$=b_0\frac{d^m}{dt^m}r(t)+b_1\frac{d^{m-1}}{dt^{m-1}}r(t)+\cdots\cdots+b_{m-1}\frac{d}{dt}r(t)+b_m r(t)$$

其中輸入與輸出分別爲 $r(t)$ 與 $c(t)$ 則

$$G(s)=\frac{C(s)}{R(s)}=\frac{b_0 s^m+b_1 s^{m-1}+\cdots\cdots+b_{m-1}s+b_m}{s^n+a_1 s^{n-1}+\cdots\cdots+a_{n-1}s+a_n}$$

證 對 $\frac{d^n}{dt^n}c(t)+a_1\frac{d^{n-1}}{dt^{n-1}}c(t)+\cdots\cdots+a_{n-1}\frac{d}{dt}c(t)+a_n c(t)$

$$=b_0\frac{d^m}{dt^m}r(t)+b_1\frac{d^{m-1}}{dt^{m-1}}r(t)+\cdots\cdots+b_{m-1}\frac{d}{dr}r(t)+b_m r(t)$$

二邊同取拉氏轉換並應用命題 A，得

$$s^nC(s)+a_1s^{n-1}C(s)+\cdots\cdots+a_{n-1}sC(s)+a_nC(s)$$

$$=b_0s^mR(s)+b_1s^{m-1}R(s)+\cdots\cdots+b_{m-1}sR(s)+b_mR(s)$$

即

$$(s^n+a_1s^{n-1}+\cdots\cdots+a_{n-1}s+a_n)C(s)$$

$$=(b_0s^m+b_1s^{m-1}+\cdots\cdots+b_{m-1}s+b_m)R(s)$$

$$\therefore G(s)=\frac{C(s)}{R(s)}=\frac{b_0 s^m+b_1 s^{m-1}+\cdots\cdots+b_{m-1}s+b_m}{s^n+a_1 s^{n-1}+\cdots\cdots+a_{n-1}s+a_n}$$ ■

例 1 若系統能分別被下列微分方程式描述，請寫出對應的轉移函數 $G(s)=\frac{Y(s)}{R(s)}$，$y(t)$ 表系統輸出，$r(t)$ 表系統輸入

(1) $\ddot{y}(t)+3\dot{y}(t)+5y(t)=\ddot{r}(t)+\dot{r}(t)+r(t)$

(2) $\ddot{y}(t)+3\dot{y}(t)+5y(t)+\int_0^t y(t)dt=\ddot{r}(t)+\dot{r}(t)+r(t)$

解 (1) 在 $\ddot{y}(t)+3\dot{y}(t)+5y(t)=\ddot{r}(t)+\dot{r}(t)+r(t)$ 二邊同取拉氏轉換：

$$s^2Y(s)+3sY(s)+5Y(s)=s^2R(s)+sR(s)+R(s)$$

即 $(s^2+3s+5)Y(s)=(s^2+s+1)R(s)$

$$\therefore G(s)=\frac{Y(s)}{R(s)}=\frac{s^2+s+1}{s^2+3s+5}$$

(2) 在 $\ddot{y}(t)+3\dot{y}(t)+5y(t)+\int_0^t y(t)dt=\ddot{r}(t)+\dot{r}(t)+r(t)$ 兩邊取拉氏轉換：

$$s^2Y(s)+3sY(s)+5Y(s)+\frac{1}{s}Y(s)=s^2R(s)+sR(s)+R(s)$$

即 $\left(s^2+3s+5+\frac{1}{s}\right)Y(s)=(s^2+s+1)R(s)$

$$\therefore G(s)=\frac{Y(s)}{R(s)}=\frac{s^2+s+1}{s^2+3s+5+\frac{1}{s}}=\frac{s^3+s^2+s}{s^3+3s^2+5s+1}$$

讀者一旦熟稔後應有由命題 C 直接讀出結果之能力。

例 2 中的 (2) 是由轉移函數直接導出微分方程式的例子。

例 2 若一控制系統可用 $\ddot{y}+3\dot{y}+7y=\ddot{x}+x$ 描述，y 爲系統輸出，x 爲系統輸入，x, y 均爲 t 之二階可微分函數。試求 (1) 轉移函數 $G(s)=\frac{Y(s)}{X(s)}$，(2) 又若 $G(s)=\frac{Y(s)}{X(s)}=\frac{s^2+1}{s^2+3s+7}$，其微分方程式爲何？

解 (1) 對 $\frac{d^2y}{dt^2}+3\frac{dy}{dt}+7y=\frac{d^2x}{dt^2}+x$ 兩邊取拉氏轉換得：

$$(s^2+3s+7)Y(s)=(s^2+1)X(s)$$

$$\therefore G(s)=\frac{Y(s)}{X(s)}=\frac{s^2+1}{s^2+3s+7}$$

(2) $G(s)=\dfrac{s^2+1}{s^2+3s+7}$　∴系統之微分方程式爲：

$$\frac{y}{x}=\left(\frac{D^2+1}{D^2+3D+7}\right)$$

或 $(D^2+3D+7)y=(D^2+1)x$

即 $\dfrac{d^2y}{dt^2}+\dfrac{3dy}{dt}+7y=\dfrac{d^2x}{dt^2}+x$

轉移函數 $G(s)$ 與微分方程間有密切之一一對應關係，亦即由微分方程式可求出對應之 $G(s)$ ，同時由 $G(s)$ 亦可求出對應之微分方程式。

轉移函數 $G(s)$ 未必均爲有理式，若是時間延遲系統，它的轉移函數就會包含 e^{-sT} 項，T 爲單位之時間延遲。如例3中的(2)。

例 3 若系統能被下列微分方程式描述，求它們的轉移函數 $G(s)=\dfrac{Y(s)}{X(s)}$？其中 x 爲系統輸入，y 爲系統輸出，x, y 均爲 t 之二階可微分函數。

(1) $\dfrac{d^2y}{dt^2}+4\dfrac{dy}{dt}+3y=x+\dfrac{dx}{dt}$

(2) $\dfrac{d^2y}{dt}+4\dfrac{dy}{dt}+3y=x+x(t-T)$，求 $G(s)=\dfrac{Y(s)}{X(s)}$

解　(1) 取微分方程式二邊同取拉氏轉換，得：

$$s^2Y(s) + 4sY(s) + 3Y(s) = X(s) + sX(s)$$

$$\Rightarrow (s^2 + 4s + 3)Y(s) = (1 + s)X(s)$$

$$Y(s) = \frac{1+s}{s^2+4s+3}X(s)$$

$$\therefore \text{轉移函數爲 } G(s) = \frac{Y(s)}{X(s)} = \frac{1+s}{s^2+4s+3}$$

(2) 微分方程式二邊同取拉氏轉換得：

$$s^2Y(s) + 4sY(s) + 3Y(s) = X(s) + e^{-sT}X(s)$$

$$\Rightarrow (s^2 + 4s + 3)Y(s) = (1 + e^{-sT})X(s)$$

$$Y(s) = \frac{1+e^{-sT}}{s^2+4s+3}X(s)$$

$$\therefore \text{轉移函數爲 } G(s) = \frac{Y(s)}{X(s)} = \frac{1+e^{-sT}}{s^2+4s+3}$$

轉移函數之標準型式

定義　轉移函數最常見之標準型式爲

$$G(s) = \frac{K\prod_{j=1}^{m}(s+z_j)}{\prod_{i=1}^{n}(s+p_i)}$$

上式之 K 稱爲根軌跡增益或稱增益常數，$-z_j$ 爲系統之零點（Zero point），$-p_i$ 爲系統之極點（Pole point）。

$G(s)$ 之極點與零點可繪在一平面，這平面稱爲 s 平面。通常零點用「○」，極點用「×」表示。

系統轉移函數 $G(s)=\dfrac{C(s)}{R(s)}$ 中，$R(s) = 0$ 稱爲系統之特徵方程式（Characteristic equation），其根稱爲特徵根（Characteristic root），也就是極點。國內自動控制教材，亦有將 characteristic equation 譯作特性方程式，而 characteristic root 譯作特性根。

s 平面之橫軸爲實軸以 σ 軸表之，縱軸爲虛軸以 $j\omega$ 軸表之。

例 4 系統之轉移函數 $G(s)=\dfrac{s+3}{(s+1)(s^2+1)}$ 之特徵方程式、極點與零點，並繪出極點、零點之分布圖。

解

$$G(s)=\frac{s+3}{(s+1)(s^2+1)}=\frac{s+3}{(s+1)(s+j)(s-j)}$$

(i) 特徵方程式：$(s + 1)(s^2 + 1) = 0$

即 $s^3 + s^2 + s + 1 = 0$

(ii) 極點：$s^3 + s^2 + s + 1 = (s^2 + 1)(s + 1)$

$= (s + j)(s - j)(s + 1) = 0$

$\therefore$極點爲 $-j, j, -1$

(iii) 零點：$s + 3 = 0$ $\therefore$零點爲 -3

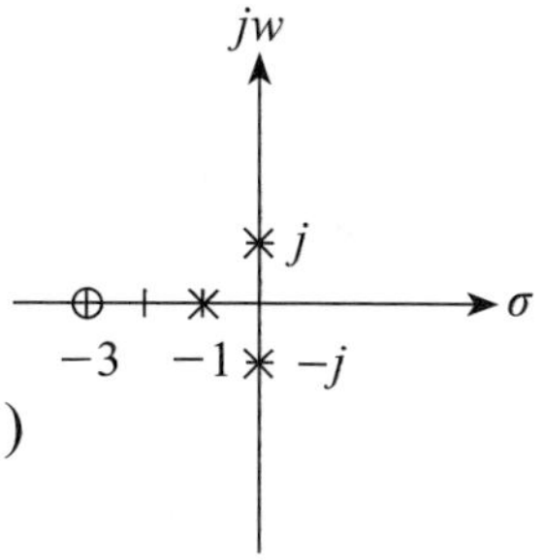

例 5 系統之轉移函數 $G(s)=\dfrac{s(2s+3)}{(s+1)(s^2+s+1)}$，求特徵方程式，極點、零點，並繪極點與零點之分布圖。

解 $G(s)=\dfrac{s(2s+3)}{(s+1)(s^2+s+1)}$ 之特徵方程式為 $(s+1)(s^2+s+1)=s^3+2s^2+2s+1=0$

它的零點為 $-\dfrac{3}{2}$, 0

它的極點為 $(s+1)(s^2+s+1)=0$ 之根，

$\therefore s=-1, \dfrac{-1}{2}\pm j\dfrac{\sqrt{3}}{2}=-0.5\pm j0.866$

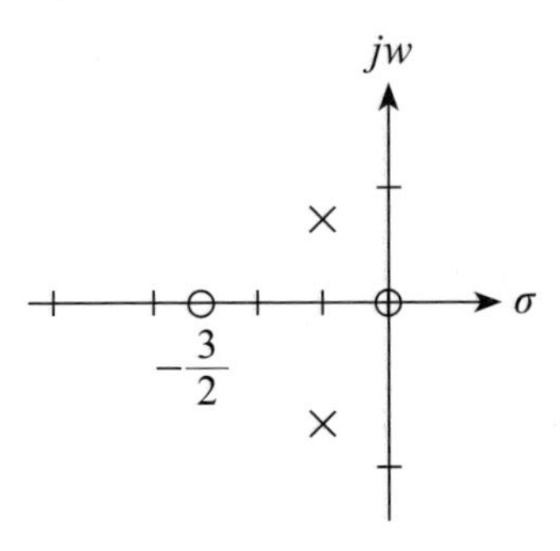

例 5 可寫成以下之標準型式

$$G(s)=\frac{s(2s+3)}{(s+1)(s^2+s+1)}=\frac{2s\left(s+\frac{3}{2}\right)}{(s+1)\left(s+\frac{1}{2}-j\frac{\sqrt{3}}{2}\right)\left(s+\frac{1}{2}+j\frac{\sqrt{3}}{2}\right)},$$

在此系統之根軌跡增益為 2，即增益常數為 2。

例 6 若系統之極點為 $s=-1, -2\pm j3$，零點為 $s=-1\pm j$，增益常數為 2，求系統之轉移函數。

解 由題意：

$$G(s)=\frac{2(s+1-j)(s+1+j)}{(s+1)(s+2-j3)(s+2+j3)}=\frac{2(s^2+2s+2)}{(s+1)(s^2-4s+13)}$$

典型環節

由上述例子，我們不難推想到轉移函數 $G(s)$ 之另一種形式：

$$G(s)=\frac{K\prod_{k=1}^{m_1}(\tau_k s+1)\prod_{l=1}^{m_2}(\tau_l^2 s^2+2\xi\tau_l s+1)}{s^v\prod_{i=1}^{n_1}(T_i s+1)\prod_{j=1}^{n_2}(T_j^2 s^2+2\xi T_j s+1)} \qquad *$$

* 的每一個因子都有其名稱：

K：比例環節，它又稱爲放大環節

$\tau s+1$：一階微分環節

$\tau^2s^2+2\xi\tau s+1$：二階微分環節，在此 $1>\xi>0$

$\frac{1}{s}$：積分環節

$\frac{1}{Ts+1}$：慣性環節

$\frac{1}{T^2s^2+2\xi Ts+1}$：振盪環節，在此 $1>\xi>0$

轉移函數 * 是基於所謂之「典型環節」而來的，它們多少有些物理意義，在後面之根軌跡分析、波德圖等繪製上有其功能。

1. 比例環節

若系統之某一環節之輸出 $x_0(t)$ 恰與其輸入 $x_1(x)$ 呈正比，則稱此環節爲比例環節，比例環節也稱爲無慣性環節。其運動方程式爲

$$x_0(t)=Kx_i(t)$$

兩邊同取拉氏轉換則有

$X_0(s) = KX_i(s)$

$\therefore$轉移函數 $G(s)=\dfrac{X_0(s)}{X_i(s)}=K$

2. 慣性環節

慣性環節之動力學方程為一階微分方程，$T\dfrac{d}{dt}x_0(t)+x_0(t)=Kx_i(t)$，其中 $T=$ 慣性環節之時間常數，K 為放大增益，則有：

對$T\dfrac{dx_0(t)}{dt}+x_0(t)=Kx_i(t)$（或 $T\dot{x}_0(t)+x_0(t)=Kx_i(t)$）二邊同取拉氏轉換：

$$\mathcal{L}\left[T\frac{d}{dt}x_0(t)+x_0(t)\right]=\mathcal{L}\ [Kx_i(t)]$$

$$T\mathcal{L}\left(\frac{d}{dt}x_0(t)\right)+\mathcal{L}\ (x_0(t))=K\mathcal{L}\ (x_i(t))$$

$$T\ [sX_0\ (s)-\underbrace{x_0\ (0)}_{0}]+X_0(s)=KX_i(s)$$

$$(Ts+1)X_0(s)=KX_i(s)$$

$\therefore$轉移函數 $G(s)=\dfrac{X_0(s)}{X_i(s)}=\dfrac{K}{Ts+1}$

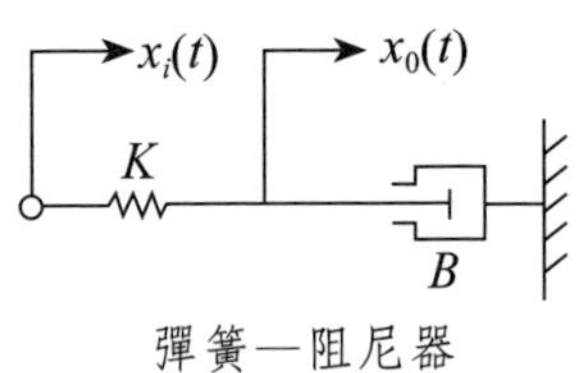

彈簧－阻尼器

3. 微分環節

若系統某環節之輸入 $x_i(t)$ 與輸出 $x_0(t)$ 間有微分關係，即

$$x_0\ (t)=T\dot{x}_1\ (t)$$

則稱該環節有微分環節。

二邊同取拉氏轉換：

$$\mathcal{L}(x_0(t))=\mathcal{L}(T\dot{x}_i(t))=T\mathcal{L}(\dot{x}_i(t))$$

$$X_0(s)=T(sX_i(s)-\underbrace{x_i(0)}_{0})=TsX_i(s)$$

$$\therefore \text{轉移函數} G(s)=\frac{X_0(s)}{X_i(s)}=Ts$$

4. **積分環節**

若系統之某環節之輸入 $x_i(t)$ 與輸出 $x_0(t)$ 間有積分關係，即

$$x_0(t)=\frac{1}{T}\int_0^t x_i(t)dt$$

則稱該環節有積分環節。

二邊同取拉氏轉換：

$$\mathcal{L}(x_0(t))=\mathcal{L}\left(\frac{1}{T}\int_0^t x_i(t)dt\right)=\frac{1}{T}\mathcal{L}\left(\int_0^t x_i(t)dt\right)=\frac{1}{Ts}\mathcal{L}(x_i(t))$$

$$\therefore X_0(s)=\frac{1}{Ts}X_i(s)$$

$$\therefore \text{轉移函數} G(s)=\frac{X_0(s)}{X_i(s)}=\frac{1}{Ts}$$

5. **振盪環節**

振盪環節之運動學微分方程式爲

$T^2\ddot{x}_0(t)+2\xi T\dot{x}_0(t)+x_0(t)=Kx_i(t)$，其中

T 爲振盪環節之時間，ξ 爲阻尼比，K, T, ξ 均爲常數，其轉移函數 $G(s)=\frac{X_0(s)}{X_i(s)}=\frac{K}{T^2s^2+2\xi Ts+1}$。$K=1$, $\omega_n=\frac{1}{T}$時稱爲無阻尼固有常數，則振盪環節之轉移函數爲 $G(s)=\frac{\omega_n^2}{s^2+2\xi\omega_n s+\omega_n^2}$（見練習第 4 題），$1>\xi>0$ 時稱爲振盪環節，因爲 $1>\xi>0$ 時 T^2s^2+

$2\xi Ts + 1 = 0$ 有一對共軛複根，在 $\xi > 1$ 時 $T^2s^2 + 2\xi Ts + 1 = 0$ 之二根爲實數 α, β，則 $T^2s^2 + 2\xi Ts + 1 = (x-\alpha)(x-\beta) = 0$，此時相當爲二個一階微分方程式之串接。

在本節，讀者只需了解各環節之 $G(s)$ 導出即可，它們之應用將在之後介紹。

物理系統轉移函數之例子

我們將舉二個物理系統之轉移函數例子。

例 7 求下列機械系統之轉移函數 $G(s) = \dfrac{Y(s)}{F(s)}$

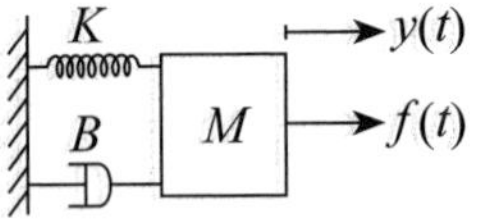

解 由牛頓運動定律

$\Sigma F = ma$

$f(t) - Ky(t) - B\dot{y}(t) = M\ddot{y}(t)$

兩邊同時取拉氏轉換：

$\mathcal{L}(f(t) - Ky(t) - B\dot{y}(t)) = \mathcal{L}(M\ddot{y}(t))$

$\mathcal{L}(f(t)) - K\mathcal{L}(y(t)) - B\mathcal{L}(\dot{y}(t)) = M\mathcal{L}(\ddot{y}(t))$

$\therefore F(s) - KY(s) - BsY(s) = Ms^2Y(s)$

移項

$$F(s) = (Ms^2 + Bs + K)Y(s)$$

得轉換函數

$$G(s) = \frac{Y(s)}{F(s)} = \frac{1}{Ms^2 + Bs + K}$$

例 8

由左列機械系統求轉移函數 $G(s) = \dfrac{Y(s)}{F(s)}$

解　由牛頓運動定律

$$\begin{cases} -B\dot{y}(t) - K(y_1(t) - y_2(t)) = M\ddot{y}(t) & (1) \\ \quad f(t) - K(y_2(t) - y_1(t)) = 0 & (2) \end{cases}$$

由 (1) + (2)

$$-B\dot{y}(t) + f(t) = M\ddot{y}(t)$$

二邊同取拉氏轉換：

$$\mathcal{L}(-B\dot{y}(t) + f(t)) = \mathcal{L}(M\ddot{y}(t))$$

$$\mathcal{L}(f(t)) = B\mathcal{L}(\dot{y}(t)) + M\mathcal{L}(\ddot{y}(t))$$

$$F(s) = B(sY(s)) + M(s^2Y(s)) = (Bs + Ms^2)Y(s)$$

$$\therefore G(s) = \frac{Y(s)}{F(s)} = \frac{1}{s(B + Ms)}$$

旋轉運動系統

當物件對一固定軸轉動，它的要素有轉矩 T，角加速度 α，角速度 ω，角位移 θ

$$\Sigma T = J\alpha \text{，} J \text{ 表慣量}$$

1. 慣量

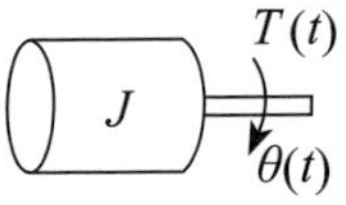

$$T(t) = J\alpha = J\frac{d^2}{dt^2}\theta(t) = J\ddot{\theta}$$

易知慣量系統之轉移函數 $G(s) = \dfrac{\Theta(s)}{T(s)} = \dfrac{1}{Js^2}$

2. 扭轉彈簧

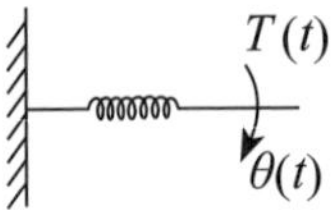

$$T(t) = K\theta(t)$$

扭轉彈簧系統之轉移函數 $G(s) = \dfrac{\Theta(s)}{T(s)} = \dfrac{1}{K}$

3. 轉動摩擦

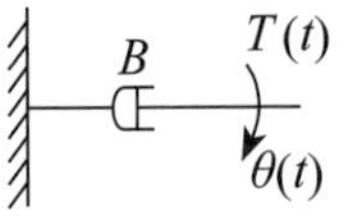

$$T(t) = B\omega(t) = B\frac{d}{dt}\theta(t) = B\dot{\theta}$$

轉動摩擦系統之轉移函數 $G(s) = \dfrac{\Theta(s)}{T(s)} = \dfrac{1}{Bs}$

例 9 右列機械轉動系統之轉軸之等效轉動慣性為 J，轉動體與接觸面之黏滯摩擦係數為 B，連桿與固定壁間由彈性桿連結，其轉動彈性係數為 K，設輸入轉矩力 $T(s)$ 與輸出轉動角位移 $\theta(s)$，求轉移函數 $\frac{\Theta(s)}{T(s)}$。

解 $\Sigma T = J\alpha$

$$T - K\theta - B\dot{\theta} = J\ddot{\theta}$$

$$T = J\ddot{\theta} + K\theta + B\dot{\theta}$$

兩邊同取拉氏轉換：

$$\mathcal{L}(J\ddot{\theta} + K\theta + B\dot{\theta}) = \mathcal{L}(T)$$

又 $\mathcal{L}(J\ddot{\theta} - K\theta - B\dot{\theta}) = J\mathcal{L}(\ddot{\theta}) + K\mathcal{L}(\theta) + B\mathcal{L}(\dot{\theta})$

$$= Js^2\Theta + K\Theta + Bs\Theta$$

$$= (Js^2 + K + Bs)\Theta = \mathcal{L}(T) = T(s)$$

$$\therefore \frac{\Theta(s)}{T(s)} = \frac{1}{Js^2 + Bs + K}$$

例 10 求下列 RLC 電路系統之轉移函數 $\frac{I(s)}{V(s)}$

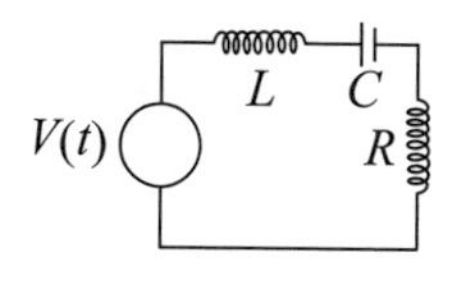

解 由科希荷夫電壓定律，$\Sigma V = 0$

$$\therefore\ L\frac{di(t)}{dt}+Ri(t)+\frac{1}{C}\int_0^t i(t)dt=v_i(t)$$

兩邊同取拉氏轉換：

$$\mathcal{L}\left(L\frac{di(t)}{dt}+Ri(t)+\frac{1}{C}\int_0^t i(t)dt\right)=\mathcal{L}\ (v_i(t))$$

$$L\ (sI(s))+RI(s)+\frac{1}{sC}I(s)=V(s)$$

$$\left(sL+R+\frac{1}{sC}\right)I(s)=V(s)$$

$$\therefore \text{轉移函數}\ \frac{I(s)}{V(s)}=\frac{1}{sL+R+\frac{1}{sC}}=\frac{Cs}{s^2LC+sRC+1}$$

練習 2.4

1. 求 $G(s)=\dfrac{3(s+1)}{s^2(s+2)(s+3)}$ 之特徵方程式，極點、零點、放大增益並畫出它們的分布圖。
2. 求 $G(s)=\dfrac{2(s+2)}{s(s^2+s+1)}$ 之特徵方程式，極點、零點、放大增益並畫出它們的分布圖。
3. 若系統之輸入 $x_i(t)$ 與輸出 $x_0(t)$ 間之關係為 $x_0(t)=x_i(t-\tau)$，(a) 試說明其意義，(b) 求 $G(s)$，(c) 若 τ 很小，由 (b) 之結果證明 $G(s)\approx\dfrac{1}{\tau s+1}$。
4. 根據 $T^2\ddot{x}_0(t)+2\xi T\dot{x}_0(t)+x_0(t)=Kx_i(t)$，在零初始條件下，

(a) 導出轉移函數 $G(s)=\dfrac{K}{T^2s^2+2\xi Ts+1}$；

(b) 由 (a) 取 $\omega_n=\dfrac{1}{T}$及 $K=1$，試證 $G(s)=\dfrac{\omega_n^2}{s^2+2\xi\omega_n s+\omega_n^2}$。

5. 若一系統之極點在 $s=1, -2$，零點在 $s=-3$，增益常數 $K=2$，求此系統之 $G(s)$。

6. 若一系統之極點在 $s=1+j$，零點在 $s=-3$，增益常數 $K=2$ 求此系統之 $G(s)$。

7. 已知系統之動力學方程如下，試求對應之轉移函數 $G(s)=\dfrac{C(s)}{R(s)}$，其中 $r(t)$ 為輸入量，$c(t)$ 為輸出量。

(a) $\dddot{c}(t)+10\ddot{c}(t)+5\dot{c}(t)+500c(t)=\ddot{r}(t)+3\dot{r}(t)+r(t)$；

(b) $\ddot{c}(t)+\dot{c}(t)+4\int_0^t c(t)=\dot{r}(t)+2r(t)$。

8. 若已知系統之 $G(s)=\dfrac{C(s)}{R(s)}$ 如下，試分別求對應之微分方程式。

(a) $\dfrac{s^2+3s+1}{s^3+10s^2+5s+500}$；

(b) $\dfrac{s^2+2s}{s^3+s^2+4}$。

電子式 PID 控制器是由運算放大器（Operational amplifier）與其它電路元件組成，由科希荷夫定理導出對應之微分方程式，我們直接列出結果。試應用這些結果求下列運算器之轉移函數$\dfrac{V_i(s)}{V_o(s)}$ $v_j(t)$ 為控制器輸出，$v_i(t)$ 為致動誤差信號（9～11）

9. 比例控制器：$v_o(t) = K_p v_i(t)$

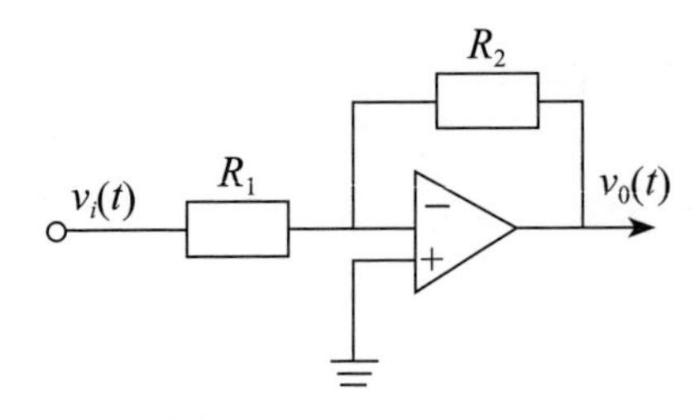

10. 微分控制器：$v_o(t) = T_d \dot{v}_i(t)$

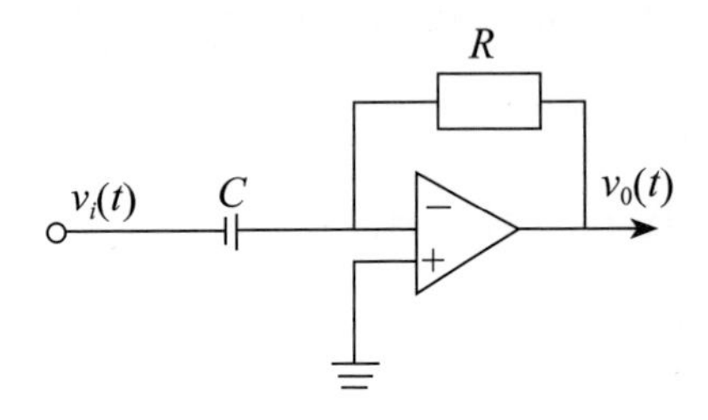

11. 積分控制器：$v_o(t) = K_i \int_0^t v_i(t)dt$

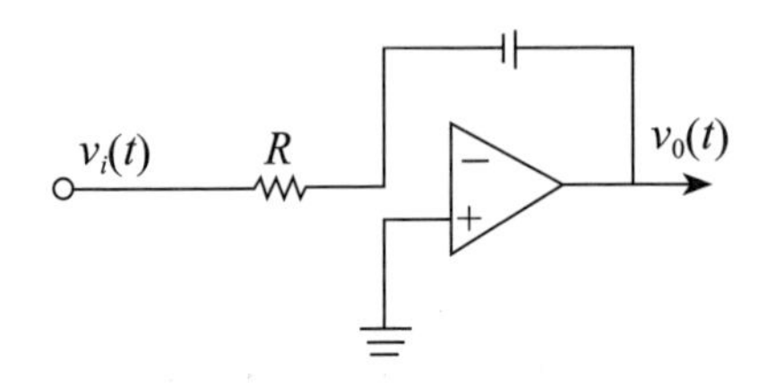

2.5 典型的輸入信號

自動控制中常用之典型輸入信號有：單位步階函數（Unit step function）、單位斜坡函數（Unit ramp function）、單位脈衝函數（Unit impulse function）。

在研究上述函數前，我們先對信號之波形轉換作一複習，它們在本質上都是函數之運算。

信號之波形轉換

利用函數運算之技巧可進行信號之增縮、平移、反轉以及訊號之加減，我們用二個例子說明之：

例 1　設 $y(t)$ 爲一信號，其波形如下：

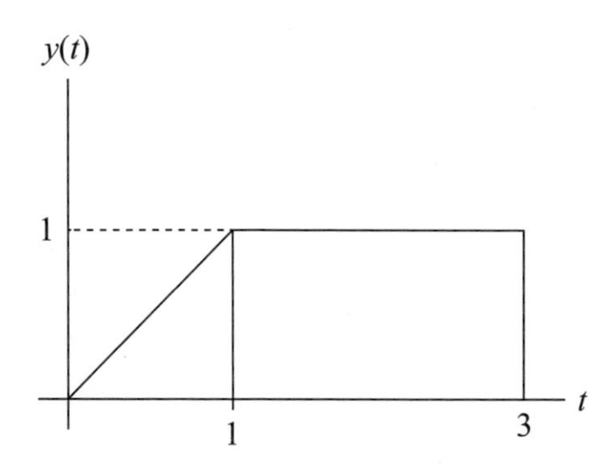

求 (a) $by(t)$，(b) $y(t+b)$，(c) $y(at+b)$；$a \neq 0$，(d) $y(-t)$

解

$$y(t)=\begin{cases} t & 1>t>0 \\ 1 & 3>t>1 \end{cases} \text{則}$$

(a) $by(t)$ 為信號 $y(t)$ 增縮 b 倍，($b>1$ 為放大，$1>b>0$ 為縮小)

$$by(t)=\begin{cases} bt，1>t>0 \\ b，3>t>1 \end{cases}$$

(b) $y(t+b)$ 為 $y(t)$ 沿 t 軸平移 b 個單位後之波形

$$y(t+b)=\begin{cases} t，1>t+b>0 \\ 1，3>t+b>1 \end{cases} \quad \therefore y(t+b)=\begin{cases} t，1-b>t>-b \\ 1，3-b>t>1-b \end{cases}$$

顯然 $b>0$ 時，訊號 $y(t+b)$ 為 $y(t)$ 向左移 b 個單位，$b<0$，$y(t+b)$ 為 $y(t)$ 向右移 b 個單位。

(c) $a>0$ 時

$$y(at+b)=\begin{cases} t，1>at+b>0 \\ 1，3>at+b>1 \end{cases} \quad \therefore y(at+b)=\begin{cases} t，\frac{1-b}{a}>t>0 \\ 1，\frac{3-b}{a}>t>\frac{1-b}{a} \end{cases}$$

$a<0$ 時

$$y(at+b)=\begin{cases} t，0<t<\frac{1-b}{a} \\ 1，\frac{1-b}{a}<t<\frac{3-b}{a} \end{cases}$$

(d) $y(-t)=\begin{cases} t，1>-t>0 \\ 1，3>-t>1 \end{cases} \quad \therefore y(-t)=\begin{cases} t，0>t>-1 \\ 1，-1>t>-3 \end{cases}$

例 2　給定二信號 $y_1(t), y_2(t)$ 波形如下

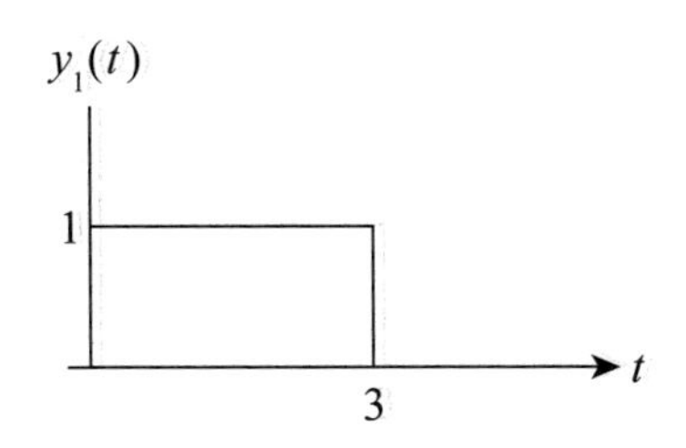

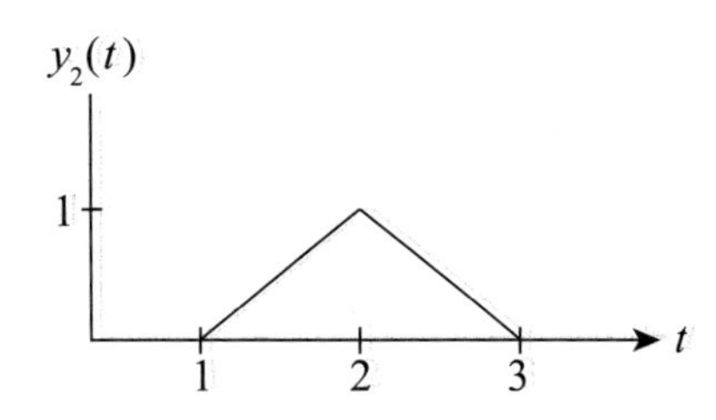

求 (a) $y_1(t)+y_2(t)$；(b) $y_1(t)-y_2(t)$ 並繪出它們的圖形。

解

$$y_1(-t)=\begin{cases}1，3\geq t\geq 0\\0，t>3\end{cases}，y_2(t)=\begin{cases}0\quad，1\geq t>0\\t-1，2\geq t\geq 1\\3-t，3\geq t\geq 2\\0\quad，t>3\end{cases}$$

	$1>t>0$	$2\geq t\geq 1$	$3\geq t\geq 2$	$t>3$
$y_1(t)$	1	1	1	0
$y_2(t)$	0	$t-1$	$3-t$	0
$y_1(t)+y_2(t)$	1	t	$4-t$	0
$y_1(t)-y_2(t)$	1	$2-t$	$t-2$	0

$$\therefore y_1(t)+y_2(t)=\begin{cases}1\quad，1\geq t>0\\t\quad，2\geq t\geq 1\\4-t，3\geq t\geq 2\\0\quad，t>3\end{cases}$$

$$y_1(t)-y_2(t)=\begin{cases}1\quad，1\geq t>0\\2-t，2\geq t\geq 1\\t-2，3\geq t\geq 2\\0\quad，t>3\end{cases}$$

圖形如下

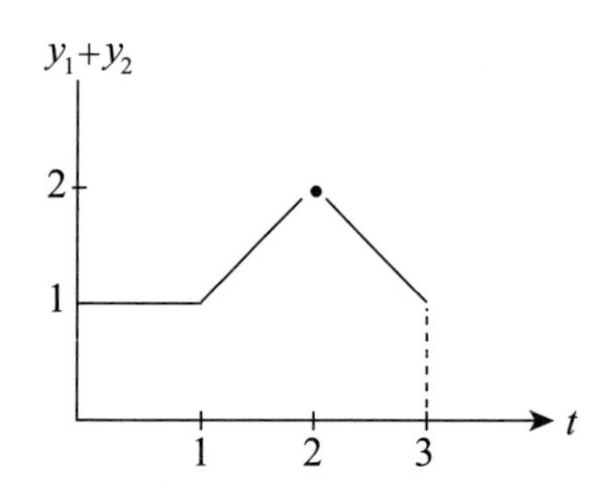

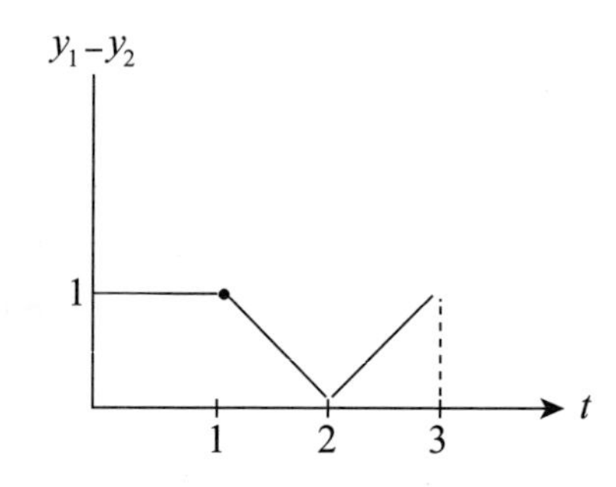

三個典型之輸入信號

I. 單位步階函數

單位步階函數定義為

$$u(t)=\begin{cases}1，t>0\\0，t<0\end{cases}$$

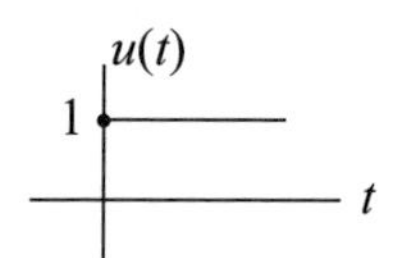

t 通常表時間。

由函數運算，我們不難得知一般化之單位步階函數可寫成：

$$u(t-t_0)=\begin{cases}1，t>t_0\\0，t<t_0\end{cases}$$

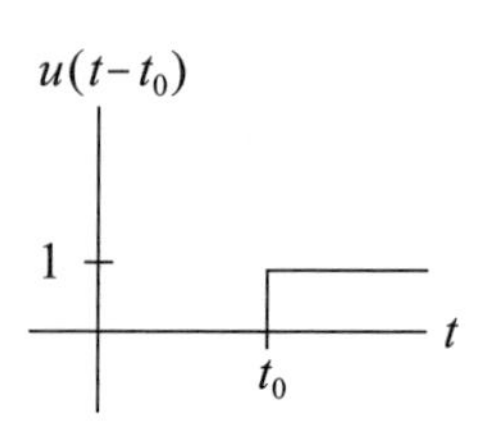

$u(t)$ 表示信號在 $t=0$ 時由 0（關）變為 1（開），而 $u(t-t_0)$ 則表示信號在 $t=t_0$ 時才由 0（關）變為 1（開）。

例 3　繪出 $u(t-1)$ 與 $u(t+1)$ 之圖形。

解　$\because u(t-1)=\begin{cases}1, & t>1\\0, & t<1\end{cases} \quad u(t+1)=\begin{cases}1, & t>-1\\0, & t<-1\end{cases}$

$\therefore$ 它們的圖形是

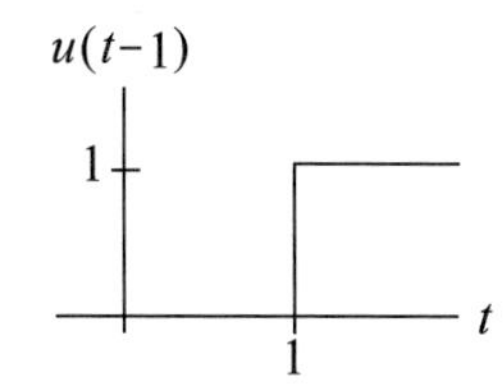

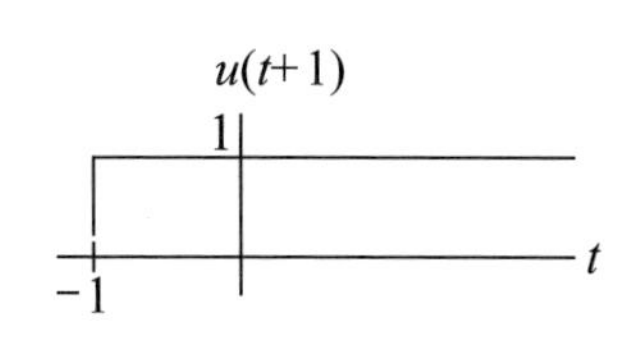

單位步階函數有下列諸性質：

$u(t)$ 爲單位步階函數，則

(1) $u(t-t_0)=[u(t-t_0)]^n$，$n=1, 2, 3, \cdots$

(2) $u(at-t_0)=u\left(t-\dfrac{t_0}{a}\right)$，$a>0$

證　(1) $u(t-t_0)=[u(t-t_0)]^n$，$n=1, 2, 3, \cdots$ 顯然成立。■

(2) $a>0$ 時，由函數之性質：

$$u(at-t_0)=\begin{cases}1, & at-t_0>0\\0, & at-t_0<0\end{cases}$$

$$=\begin{cases}1, & t>\dfrac{t_0}{a}\\0, & t<\dfrac{t_0}{a}\end{cases}=u\left(t-\dfrac{t_0}{a}\right)$$ ■

例 4 試繪 $u(2t-3)$ 之圖形

解 $\because u(2t-3)=u\left(t-\frac{3}{2}\right)$ $\therefore u(2t-3)$ 之圖形為：

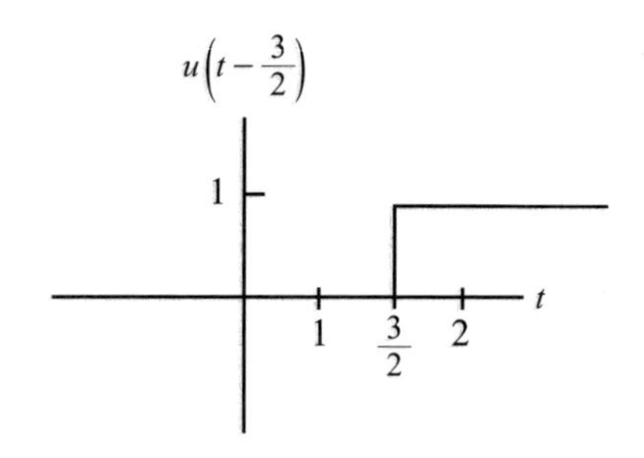

II. 單位斜坡函數

定義 單位斜坡函數以 $r(t)$ 表示，定義為

$$r(t)=\begin{cases} t, & t\geq 0 \\ 0, & t<0 \end{cases}$$ 。

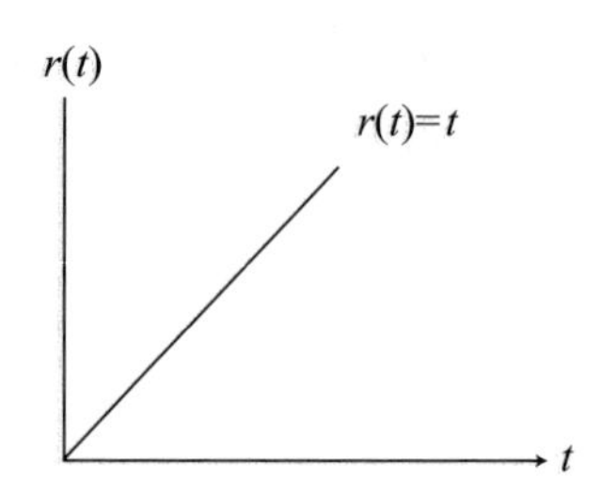

由單位斜坡函數之定義，我們可輕易地得到單位斜坡函數 $r(t)$ 與單位步階函數 $u(t)$ 有 $r(t)=tu(t)$ 這個簡單而重要之關係。

若 $u(t)$ 為單位步階函數，那麼單位斜坡函數 $r(t)=tu(t)$，因此 $\frac{d}{dt}r(t)=\frac{d}{dt}(tu(t))=u(t)+\underbrace{t\frac{d}{dt}u(t)}_{0}=u(t)$，即單位斜坡函數微分後

可得單位步階函數。

III. 單位脈衝函數

定義 單位脈衝函數 $\delta(t)$ 定義為

$$\delta(x)=\begin{cases}\infty, & x=0\\ 0, & x\neq 0\end{cases}$$ 且 $\delta(t)$ 滿足

$$\int_{-\infty}^{\infty}\delta(x)dx=1$$

定義 單位脈衝函數 $\delta(t)$ 定義為

$$\delta(t)=\begin{cases}\lim\limits_{\varepsilon\to 0}\dfrac{1}{\varepsilon}, & \varepsilon\geq t\geq 0\\ 0, & t<0,\ t>\varepsilon\end{cases}$$

上述二個定義是等價的。

因為 $\delta(t)=\lim\limits_{\varepsilon\to 0}\dfrac{1}{\varepsilon}\left[u\left(t+\dfrac{\varepsilon}{2}\right)-u\left(t-\dfrac{\varepsilon}{2}\right)\right]$

$$=\frac{d}{dt}u(t)=\begin{cases}0, & t\neq 0\\ \infty, & t=0\end{cases}$$

且 $\int_{-\infty}^{\infty}\delta(t)dt=1$ ■

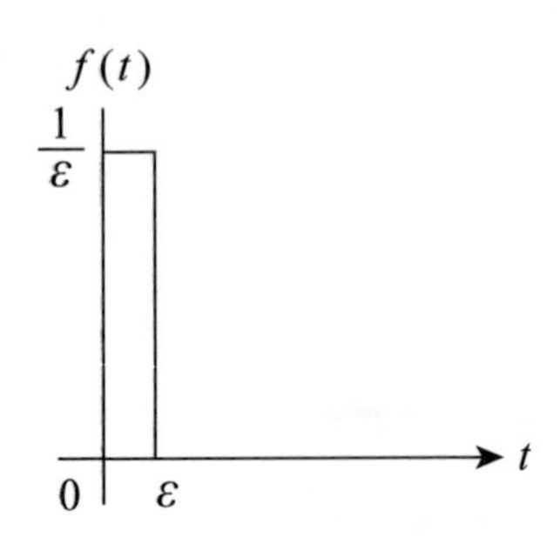

由定義，我們立即有單位步階函數 $u(t-t_0)$ 與單位脈衝函數 $\delta(t-t_0)$ 之關係：

$$\delta(t-t_0)=\frac{d}{dt}u(t-t_0) \text{ 與}$$

$$u(t-t_0)=\int_{-\infty}^{\infty}\delta(\tau-t_0)d\tau=\begin{cases}1，t>t_0\\0，t<t_0\end{cases}$$

單位脈衝函數之性質

命題 B $\delta(t)=\delta(-t)$

證 $\delta(-t)=\begin{cases}\infty，-t=0\\0，-t\neq 0\end{cases}$ $\therefore \delta(-t)=\begin{cases}\infty，t=0\\0，t\neq 0\end{cases}$，

即 $\delta(-t)=\delta(t)$ ■

命題 C $\int_a^b f(x)\delta(x-c)dx=\begin{cases} f(c)，a<c<b \\ 0 \quad ，其他 \end{cases}$

例 5 求 (1) $\int_0^4 t^2\delta(t-5)\,dt$ (2) $\int_0^4 t^2\delta(t-3)\,dt$

解 (1) $\because$ 在 $0\le t\le 4$，$\delta(t-5)=0$ $\therefore \int_0^4 t^2\delta(t-5)\,dt=0$

(2) $\int_0^4 t^2\delta(t-3)\,dt=t^2|_{t=3}=9$

典型輸入信號與輸出信號之關係

上面我們提到的三個函數都有一個共同特色，就是它們經一次或數次微分或積分後都能獲得另一個函數。具體而言，

$$\text{單位脈衝函數} \underset{\text{積分}}{\overset{\text{微分}}{\rightleftarrows}} \text{單位步階函數} \underset{\text{積分}}{\overset{\text{微分}}{\rightleftarrows}} \text{單位斜坡函數}$$

(1) 單位步階函數：$\mathcal{L}(u(t))=\frac{1}{s}$，$\mathcal{L}^{-1}\left(\frac{1}{s}\right)=u(t)$

(2) 單位斜坡函數：$\mathcal{L}(r(t))=\frac{1}{s^2}$，$\mathcal{L}^{-1}\left(\frac{1}{s^2}\right)=r(t)$

(3) 單位脈衝函數：$\mathcal{L}(\delta(t))=1$，$\mathcal{L}^{-1}(1)=\delta(t)$

證 (1) $\mathcal{L}(u(t))=\int_0^\infty 1\cdot e^{-st}dt=\frac{1}{s}$

(2) $\because r(t)=tu(t)$

$\therefore \mathcal{L}(r(t))=-\frac{d}{ds}\mathcal{L}(u(t))=-\frac{d}{ds}\frac{1}{s}=\frac{1}{s^2}$

(3) $\mathcal{L}(\delta(t))=\int_0^\infty \lim_{\varepsilon\to 0}\frac{1}{\varepsilon}e^{-st}dt$

$=\int_0^\varepsilon \lim_{\varepsilon\to 0}\frac{1}{\varepsilon}e^{-st}dt+\int_\varepsilon^\infty \lim_{\varepsilon\to 0}0\cdot e^{-st}dt$

$=\lim_{\varepsilon\to 0}\frac{1}{\varepsilon}\int_0^\varepsilon e^{-st}dt$

$\underline{\underline{\text{L'Hospital}}}\ \lim_{\varepsilon\to 0}e^{-s\varepsilon}=1$ ■

命題 E 系統之轉移函數為 $G(s)$，$G(s)=\frac{C(s)}{R(s)}$，若輸入 $r(t)$ 為

(1) 單位脈衝函數則 $C(s)=G(s)$

(2) 單位步階函數則 $C(s)=\frac{1}{s}G(s)$

(3) 單位斜坡函數則 $C(s)=\frac{1}{s^2}G(s)$

證 (1) 設 $r(t)$ 為系統輸入，$r(t)=\delta(t)$ $\therefore \mathcal{L}(r(t))=\mathcal{L}(\delta(t))=1=R(s)$（由表 2.1），若 $c(t)$ 為系統輸出，$C(s)$ 為對應之拉氏轉換，則

$G(s)=\frac{C(s)}{R(s)}=\frac{C(s)}{1}=C(s)$

$\therefore c(t)=\mathcal{L}^{-1}(G(s))$

(2) $r(t)$ 爲單位步階函數，則 $R(s)=\dfrac{1}{s}$

$\therefore C(s)=R(s)G(s)=\dfrac{1}{s}G(s)$

(3) $r(t)$ 爲單位斜坡函數，則 $R(s)=\dfrac{1}{s^2}$

$\therefore C(s)=R(s)G(s)=\dfrac{1}{s^2}G(s)$ ■

由命題 E，我們立刻可得到命題 G 之結果

$r(t)$ 爲系統之輸入，系統之轉移函數爲 $G(s)$，若 $r(t)$ 爲

(1) 單位脈衝函數，$c(t)=\mathcal{L}^{-1}(G(s))$，

(2) 單位步階函數，$c(t)=\mathcal{L}^{-1}\left(\dfrac{1}{s}G(s)\right)$

(3) 單位斜坡函數，$c(t)=\mathcal{L}^{-1}\left(\dfrac{1}{s^2}G(s)\right)$

由命題 G 可知，這 3 種響應（函數）之輸入信號，只需知道一種響應便可推知其他二種響應之輸出。

我們舉一些例子說明上述命題之應用。

例 6 若已知系統之轉移函數 $G(s)=\dfrac{2}{s^2+4s+5}$，求單位脈衝響應輸入之系統輸出響應。

解　由命題 F 之 (1)

$$c(t)=\mathcal{L}^{-1}(G(s))$$

$$=\mathcal{L}^{-1}\left(\frac{2}{s^2+4s+5}\right)=2\mathcal{L}\left(\frac{1}{(s+2)^2+1}\right)$$

$$=2e^{-2t}\mathcal{L}^{-1}\left(\frac{1}{s^2+1}\right)=2e^{-2t}\sin t$$

例 7　設系統之轉移函數 $G(s)=\dfrac{C(s)}{R(s)}=\dfrac{1}{s^2+3s+2}$，求 (a) 單位脈衝輸入時系統之輸出響應，(b) 單位步階響應輸入時系統之輸出響應。

解　$\because G(s)=\dfrac{C(s)}{R(s)}=\dfrac{1}{s^2+3s+2}$

(a) 單位脈衝輸入時，

$$\therefore c(t)=\mathcal{L}^{-1}\left(\frac{1}{s^2+3s+2}\right)=\mathcal{L}^{-1}\left(\frac{1}{s+1}-\frac{1}{s+2}\right)$$

$$=e^{-t}-e^{-2t}$$

(b) 單位步階輸入時，我們有二種計算輸出：

方法一（應用命題 F 之 (2)）：

$$\because C(s)=\frac{1}{s(s^2+3s+2)}=\frac{1}{s(s+1)(s+2)}$$

$$c(t)=\mathcal{L}^{-1}(C(s))=\mathcal{L}^{-1}\left(\frac{1}{s}G(s)\right)=\mathcal{L}^{-1}\left(\frac{1}{s(s+1)(s+2)}\right)$$

$$=\mathcal{L}^{-1}\left(\frac{1}{2s}-\frac{1}{s+1}+\frac{1}{2(s+2)}\right)$$

$$=\frac{1}{2}-e^{-t}+\frac{1}{2}e^{-2t}$$

方法二（應用命題 F 之 (2) 及反拉氏轉換之性質）：

$$c(t)=\mathcal{L}^{-1}\left(\frac{1}{s}G(s)\right)=\int_0^t G(s)\,ds=\int_0^t (e^{-t}-e^{-2t})dt$$

$$=-e^{-t}+\frac{1}{2}e^{-2t}\Big]_0^t=\frac{1}{2}-e^{-t}+\frac{1}{2}e^{-2t}$$

例 8 已知系統微分方程為

$\frac{d^2y(t)}{dt^2}-\frac{dy(t)}{dt}-2y(t)=\delta(t)$ ，$y(t)$ 為系統輸出，$x(t)$ 為系統輸入。若 $x(t)=\delta(t)$，求系統輸出 $y(t)$。

解 對 $\frac{d^2y(t)}{dt^2}-\frac{dy(t)}{dt}-2y(t)=\delta(t)$ 二邊取拉氏轉換：

$$\mathcal{L}\left[\frac{d^2y(t)}{dt^2}-\frac{dy(t)}{dt}-2y(t)\right]=\mathcal{L}\,[\delta(t)]$$

$$s^2Y(s)-sY(s)-2Y(s)=1$$

$$(s^2-s-2)Y(s)=1$$

$$Y(s)=\frac{1}{s^2-s-2}=\frac{1}{(s-2)(s+1)}=\frac{1}{3}\frac{1}{s-2}-\frac{1}{3}\frac{1}{s+1}$$

$$\therefore\ y(t)=\mathcal{L}^{-1}(Y(s))=\mathcal{L}^{-1}\left(\frac{1}{3}\frac{1}{s-2}-\frac{1}{3}\frac{1}{s+1}\right)=\frac{1}{3}e^{2t}-\frac{1}{3}e^{-t}$$

例 9 設一系統之單位脈衝響應為 $y(t)=\sin t$，求此系統之轉移函數與對應之微分方程式表示。

解 (a) 利用系統之轉移函數 $G(s)=\mathcal{L}\,(y(t))=\mathcal{L}(\sin t)=\frac{1}{1+s^2}$

(b) 由 (a) $G(D)=\frac{1}{1+D^2}$（D 為微分運算子）

並令 $G(D)=\frac{y}{x}=\frac{1}{1+D^2}$

$\therefore (1+D^2)y=x$，故對應之微分方程式為 $\ddot{y}(t)+y(t)=x(t)$

練習2.5（除非特別說明，各題均假設零初始狀態）

1. 若系統之單位脈衝響應為 $e^{-t}-e^{-2t}$ 求系統之轉移函數。
2. 若系統之單位步階響應為 $1-\cos t$，求系統之轉移函數。
3. 若系統之微分方程式為 $T\frac{dc(t)}{dt}+c(t)=Kr(t)$，(a) 系統之單位脈衝響應作用下，$C(t)=\alpha$，求 t；(b) 系統之單位步階響應作用下 $c(t)=\beta$ 求 t。
4. 若系統以單位步階函數輸入，輸出響應為 $c(t)=1-e^{-2t}+e^{-t}$，求系統之轉移函數及系統之脈衝響應。
5. 若一系統可用微分方程式 $\tau\dot{y}(t)+y(t)=r(t)$ 來描述，求移轉函數 $G(s)=\frac{Y(s)}{R(s)}$。
6. 承上題，試依輸入為 (a) 單位步階函數；(b) 單位脈衝函數；(c) 單位斜坡函數，分別求輸出響應。
7. 系統之轉移函數為 $G(s)=\frac{C(s)}{R(s)}=\frac{2}{s^2+3s+2}$，分別依 (a) 零初始條件；(b) 初始條件為 $C(0)=-1$，$C'(0)=0$，求步階函數輸入時，系統之輸出響應。（提示：(b) 需先求 $G(s)$ 對應之微分方程式，然後進行拉氏轉換）

8. 試證 $\mathcal{L}(u(t-a)f(t-a)) = e^{-as}F(s)$ 。

9. 求 (a) $\int_{-\infty}^{\infty} f(\tau)\delta(t-T-\tau)\,d\tau$

   (b) $\int_{2}^{5} t\delta(t-6)\,dt$

   (c) $\int_{2}^{5} t\delta(t-4)\,dt$

   (d) $\int_{3}^{5} \sin t\delta(t-6)\,dt$

   (e) $\mathcal{L}\,(\delta(t-T))$

10. 試求$\mathcal{L}(t^2u(t-2))$。

11. 試求下列方波圖之拉氏轉換

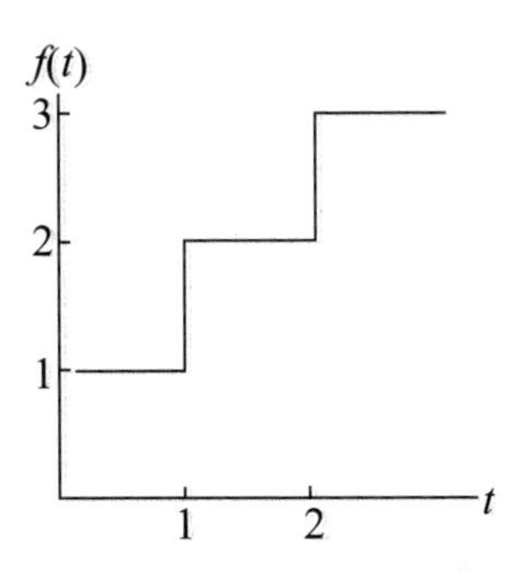

12. 設系統之單位脈衝響應函數為$h(t) = t + 2\sin\left(3t + \frac{\pi}{4}\right)$求系統之轉移函數。

13. 若系統之轉移函數 $G(s) = \frac{s+1}{s^2+3s+1}$，若輸入為單位步階函數，$c(t)$ 為輸出量，求 $\lim_{t\to\infty} c(t)$。

(提示：應用終值定理)

第3章

控制系統之動態結構圖

3.1 引言

3.2 方塊圖及其化簡（一）

3.3 方塊圖及其化簡（二）

3.4 信號流程圖

3.1 引言

我們在 1.2 節說過，系統模式之表現方式有微分方程式、方塊圖與訊號流程圖三種。方塊圖與信號流程圖合稱爲控制系統動態結構圖。

用微分方程式表示之系統，其轉移函數在推導過程中，有二個主要缺點，一是消去中間變數有時是件繁瑣的工作，一是不易看出系統元件間之輸入與輸出之關係，而動態結構圖可適時地補強了這一塊。

本章之動態結構圖包括方塊圖與信號流程圖二部分，前者透過結構圖之等效變換法則，後者與梅森增益公式（Mason's gain formula）結合，均可簡化結構，以得到系統之轉移函數。

3.2 方塊圖及其化簡(一)

控制系統是由一些元件所組成,元件間之流向及相互關係可用方塊圖(Block diagram)呈現出來,方塊圖是表現控制系統之輸出與輸入間之因果關係的簡單有效之方式。下列是最基本之方塊圖。

輸入信號$R(s)$ → [轉移函數$G(s)$] → 輸出信號$C(s)$

在上述方塊圖中:

(1) 箭線「→」表示資訊或信號之流向

(2) 轉移函數 $G(s)=\dfrac{C(s)}{R(s)}$下 $C(s)=R(s)G(s)$

(3) 一些複雜之方塊圖常可化簡成另一個方塊圖,化簡後之方塊圖稱爲等效方塊圖,因此系統之方塊圖表示法並非惟一。

方塊圖之等效變化

我們在此先介紹三個基本方塊圖以及一些基本之化簡技巧,下節再研究較複雜之方塊圖之等效變化。

1. 方塊圖串聯等效變換規則

如右圖 (a)

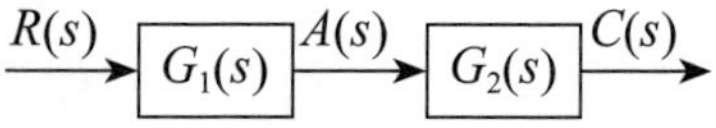

$R(s) \to G_1(s) \to A(s) \to G_2(s) \to C(s)$

(a)

$C(s) = A(s)\ G_2(s)$

$A(s) = R(s)\ G_1(s)$

$\therefore\ C(s) = (R(s)\ G_1(s))G_2(s) = G_1(s)G_2(s)R(s)$

因此轉移函數 $G(s) = \dfrac{C(s)}{R(s)} = \dfrac{G_1(s)G_2(s)R(s)}{R(s)} = G_1(s)G_2(s)$

(a') 為 (a) 等效變化之結果：

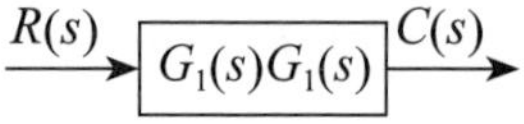

$R(s) \to G_1(s)G_1(s) \to C(s)$

(a')

因此我們得到等效規則：

規則 1：$R(s) \to G_1 \to G_2 \to C(s) \quad \equiv \quad R(s) \to G_1G_2 \to C(s)$

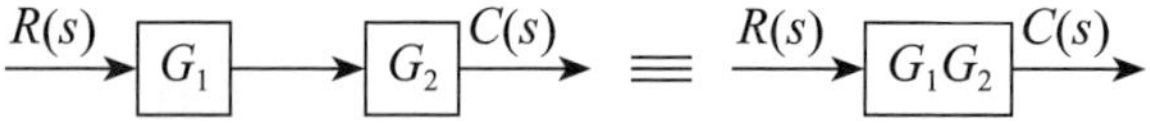

這個結果可推廣到 $G_1, G_2, \cdots, G_n$ 之情況。

顯然：二個串聯之方塊其交換律成立，亦即

$R(s) \to G_1 \to G_2 \to C(s) \quad \equiv \quad R(s) \to G_2 \to G_1 \to C(s)$

例 1 求下列系統之 X_n / X_1

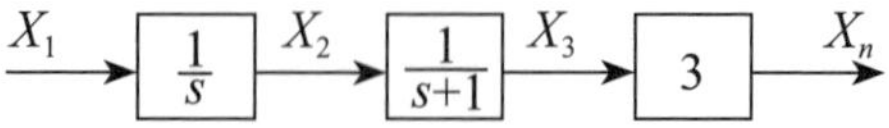

$X_1 \to \dfrac{1}{s} \to X_2 \to \dfrac{1}{s+1} \to X_3 \to 3 \to X_n$

解 $X_n = \left(\frac{1}{s}\right)\left(\frac{1}{s+1}\right)(3)\,X_1 = \frac{3}{s(s+1)}X_1$

$\therefore \frac{X_n}{X_1} = \frac{3}{s(s+1)}$

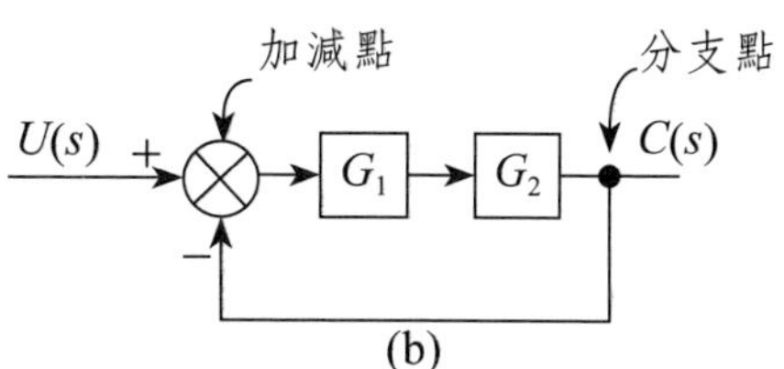

圖 (b) 包含了前述之箭線、方框外，它還有 2 個重要組成成分：

(1) 分支點：信號在傳遞過程中，在某一點分成了二路或更多路，這個點就稱爲分支點（Branch point）。分支點二側之點之信號均爲相同。

(2) 加減點：控制系統用一個圓圈，表示系統內不同輸入之系統或信號流之加法與減法的運算，這個圓圈稱爲加減點（Summing point），我們在每個箭線之箭頭（即輸入）處加註正號（＋）表示加法，負號（－）表示減法，因此，我們也可以說信號匯入加減點就要作加減之動作。例如：

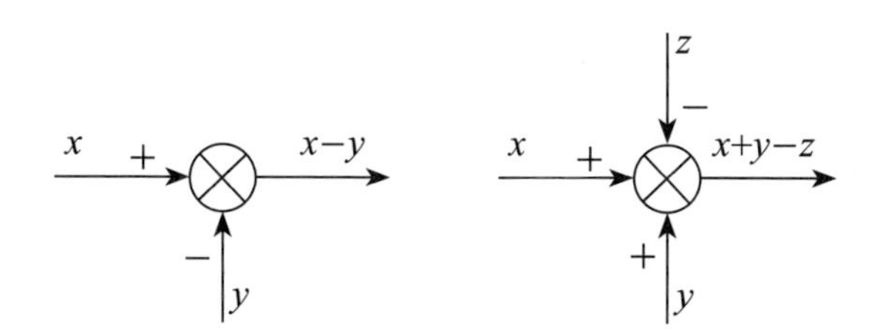

2. 方塊圖並聯等效變換規則

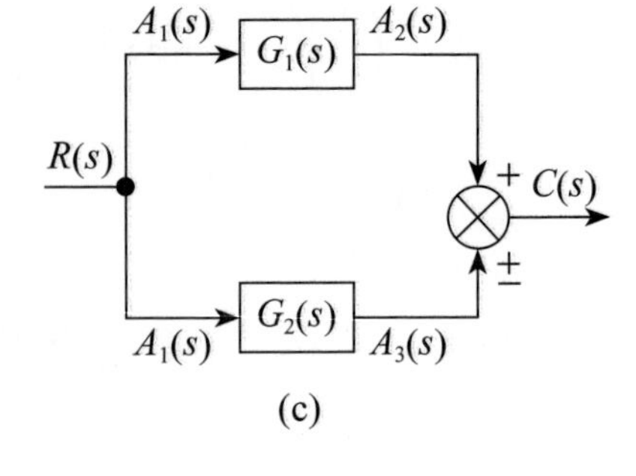

(c)

由右圖 (c)

$A_1(s) = R(s)$

$A_2(s) = A_1(s)G_1(s)$

$A_3(s) = A_1(s)G_2(s)$

$C(s) = A_2(s) \pm A_3(s)$

$\therefore C(s) = A_2(s) \pm A_3(s) = A_1(s)G_1(s) \pm A_1(s)G_2(s)$

$= A_1[G_1(s) \pm G_2(s)] = [G_1(s) \pm G_2(s)]R(s)$

$\dfrac{C(s)}{R(s)} = G_1(s) \pm G_2(s)$

因此我們得到等效規則 2：

規則 2：

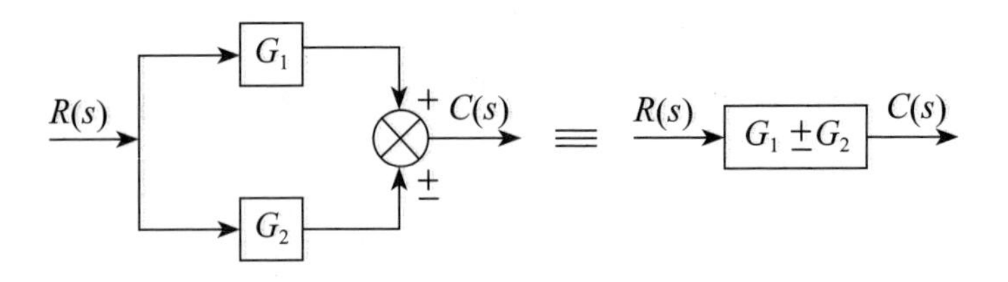

■

3. 方塊圖回授聯接等效變化規則

讀者在研習回授聯接等效變換規則前，首先需對回授系統與並聯系統作一釐清，圖 (d) 是並聯，圖 (e) 是回授系統。

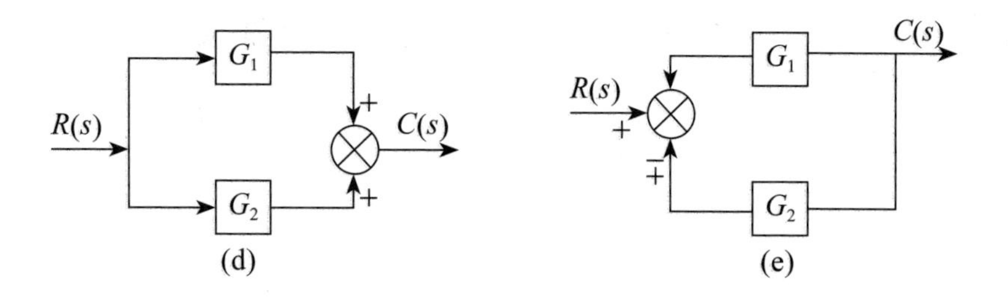

(d) (e)

圖 (e′) $G_2 = 1$ 則稱爲單位回授。

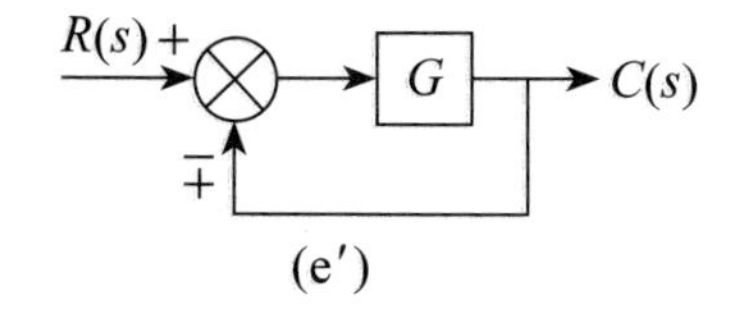

(e′)

四個基本之轉移函數

我們再對標準回授系統之結構圖（如圖 (f)）作一回顧，

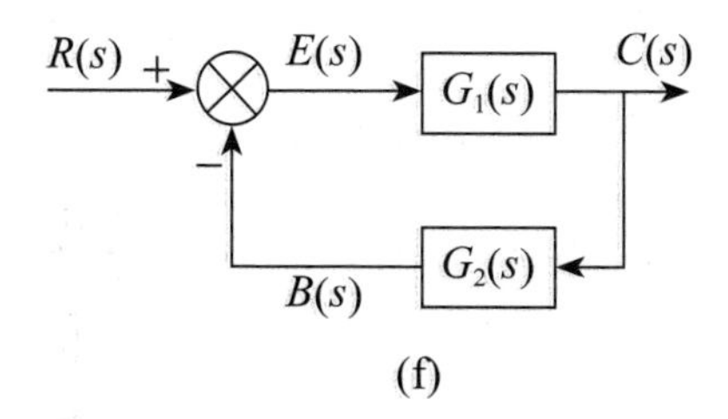

(f)

圖中，$R(s)$ 爲輸入信號，$C(s)$ 爲輸出信號，此外，我們還要介紹二個信號：$B(s)$ 爲回授信號（Feedback signal），$E(s)$ 爲誤差信號（Error signal），$B(s)$ 與 $E(s)$ 有下列定義關係：

定義 由圖 (f) 規定：$B(s) = C(s)G_2(s)$

$$E(s) = R(s) - B(s)$$

有了上述資訊，我們可定義四個基本轉移函數

定義 由圖 (f)，我們定義 4 種轉移函數：

(1) 前向路徑轉移函數（Forward-path transfer function）

$$G(s) = \frac{C(s)}{E(s)}$$

(2) 回授路徑轉移函數（Feedback-path transfer function）

$$H(s) = \frac{B(s)}{C(s)}$$

(3) 迴路轉移函數（Loop transfer function）

$$G(s)\,H(s) = \frac{B(s)}{E(s)} \quad \text{或} \quad GH(s) = \frac{B(s)}{E(s)}$$

(4) 閉迴路轉移函數（Closed-loop transfer function）

$T(s) = \dfrac{C(s)}{R(s)}$，閉迴路轉移函數也稱閉環轉移函數。

規則 3：

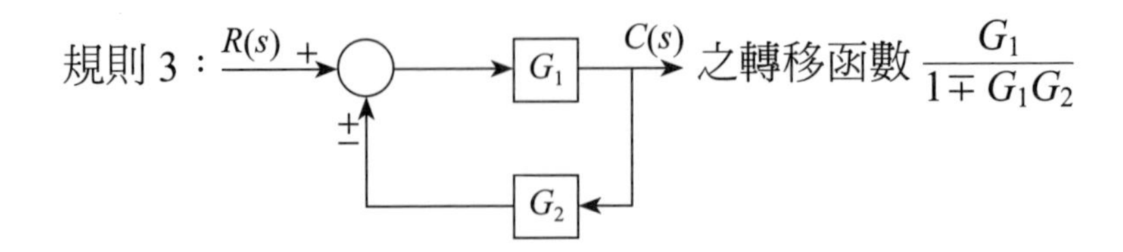

之轉移函數 $\dfrac{G_1}{1 \mp G_1 G_2}$

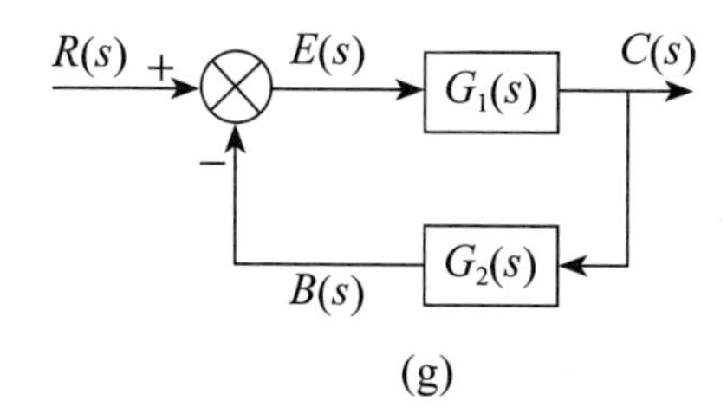

(g)

證 (i) 若系統為負回授，由圖 (g)

$C(s) = G_1(s)E(s)$

$B(s) = G_2(s)C(s)$

$E(s) = R(s) - B(s)$

$\therefore\ C(s)=G_1(s)E(s)=G_1(s)[R(s)-B(s)]=G_1(s)R(s)-G_1(s)[G_2(s)C(s)]$

移項得，

$(1 + G_1(s)G_2(s))C(s) = G_1(s)R(s)$

$\therefore$轉移函數 $T(s)=\dfrac{C(s)}{R(s)}=\dfrac{G_1(s)}{1+G_1(s)G_2(s)}$ ■

(ii) 若系統為正回授（如圖 (h)）

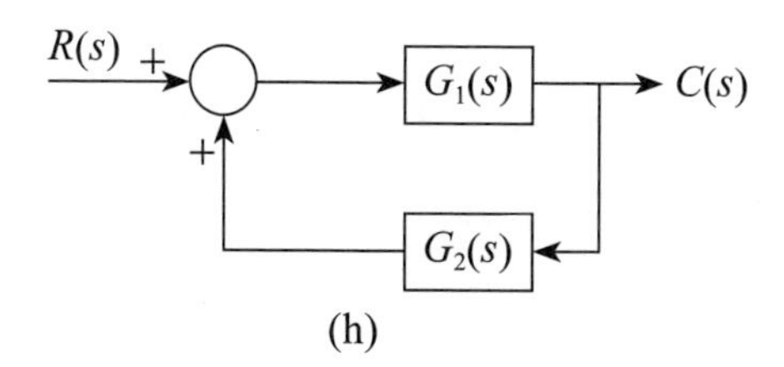

(h)

則轉移函數 $T(s)=\dfrac{C(s)}{R(s)}=\dfrac{G_1(s)}{1-G_1(s)G_2(s)}$ ■

規則 4：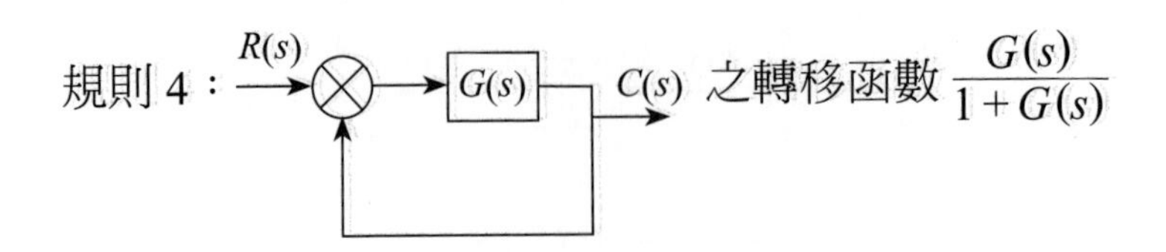

之轉移函數 $\dfrac{G(s)}{1+G(s)}$

證

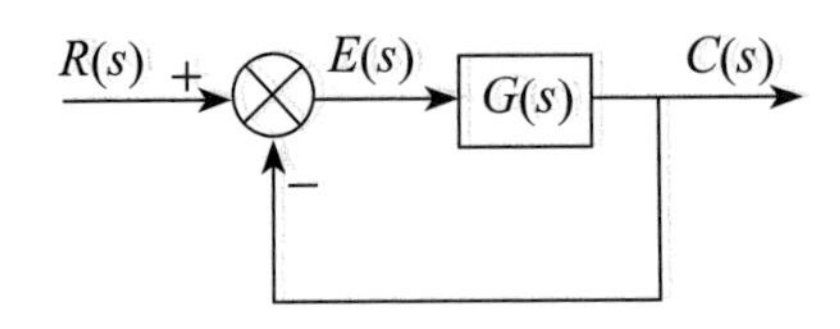

由上圖

$C(s)=G(s)E(s)$

$E(s)=R(s)-C(s)$

$\therefore\ C(s)=G(s)E(s)=G(s)[R(s)-C(s)]$

得轉移函數 $M(s)=\dfrac{C(s)}{R(s)}=\dfrac{G(s)}{1+G(s)}$

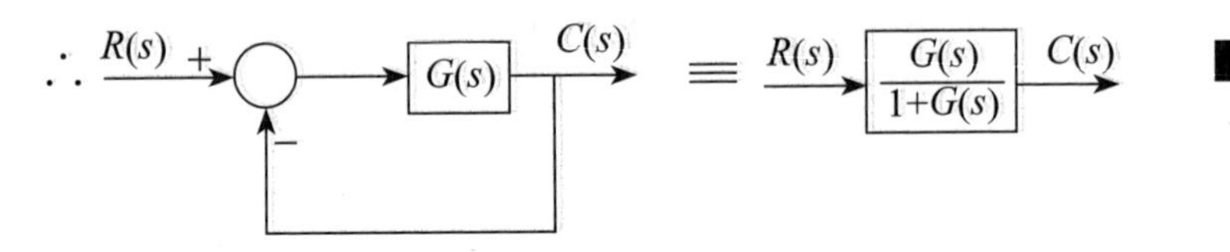

規則 1 到 4 是最基本的等效規則。

例 2 求下列回授系統之轉移函數 $G(s)$

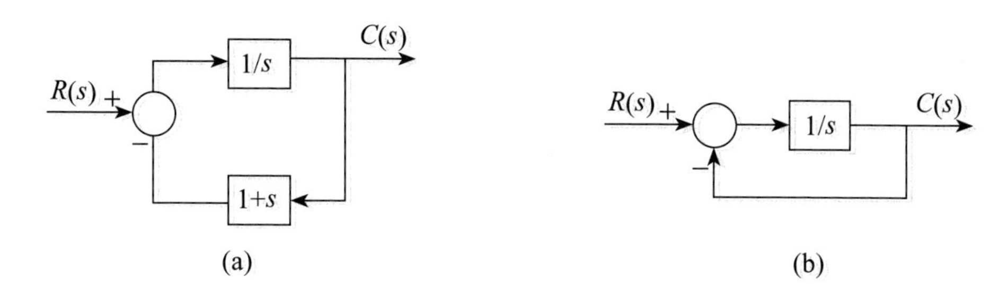

解

(a) $G(s)=\dfrac{\dfrac{1}{s}}{1+(1+s)\cdot\dfrac{1}{s}}=\dfrac{1}{2s+1}$

(b) $G(s)=\dfrac{\dfrac{1}{s}}{1+\dfrac{1}{s}}=\dfrac{1}{s+1}$

例 3 求下列回授系統之轉移函數

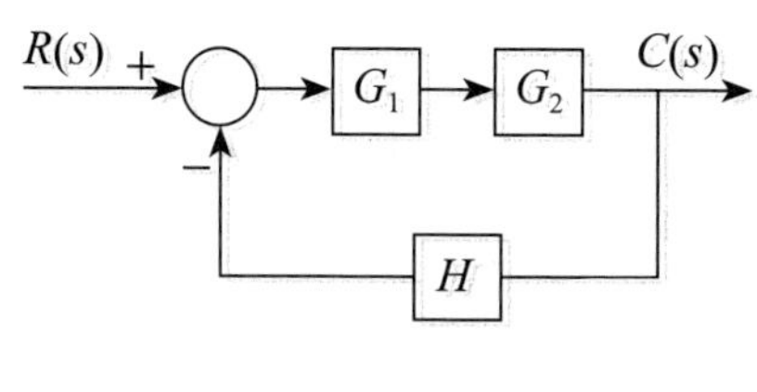

解

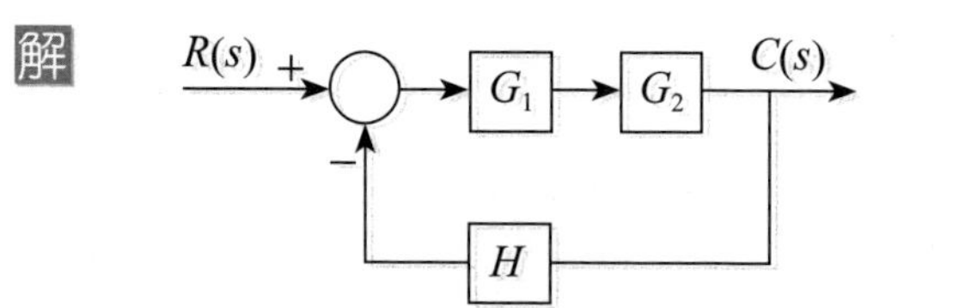

規則1 ⟹ $R(s)$ + ⊗ → G_1G_2 → $C(s)$，回授 H（−）

規則3 ⟹ $$G(s)=\frac{C(s)}{R(s)}=\frac{G_1G_2}{1+G_1G_2H}$$

例 4 試求下列系統之轉移函數

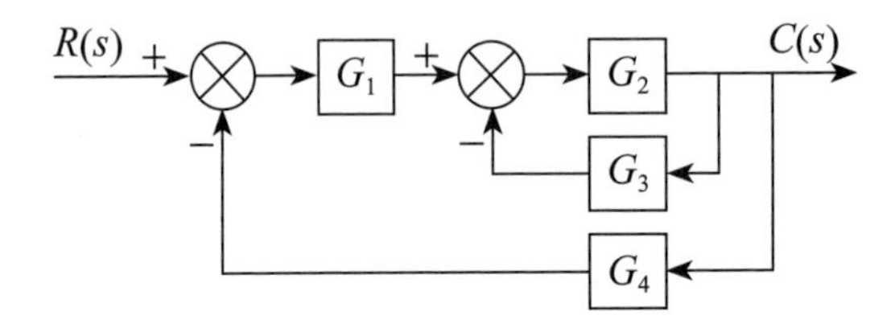

解

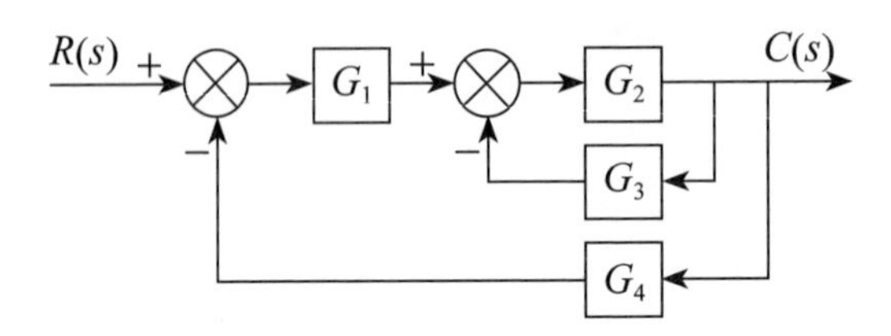

規則3 ⟹ $R(s)$ + ⊗ → G_1 → $\frac{G_2}{1+G_2G_3}$ → $C(s)$，回授 G_4（−）

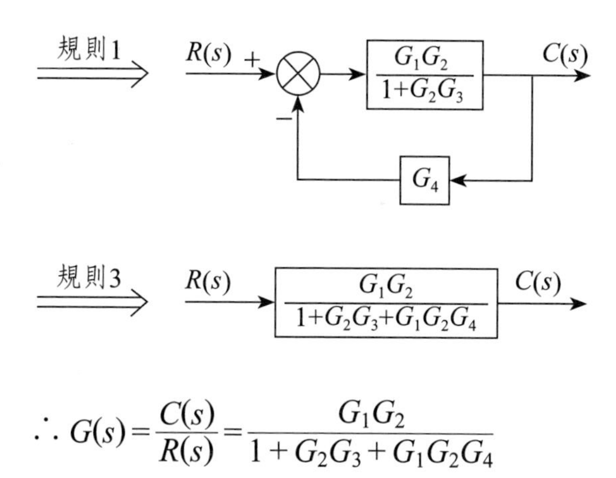

$$\therefore G(s)=\frac{C(s)}{R(s)}=\frac{G_1G_2}{1+G_2G_3+G_1G_2G_4}$$

例 5 求下列系統之轉移函數

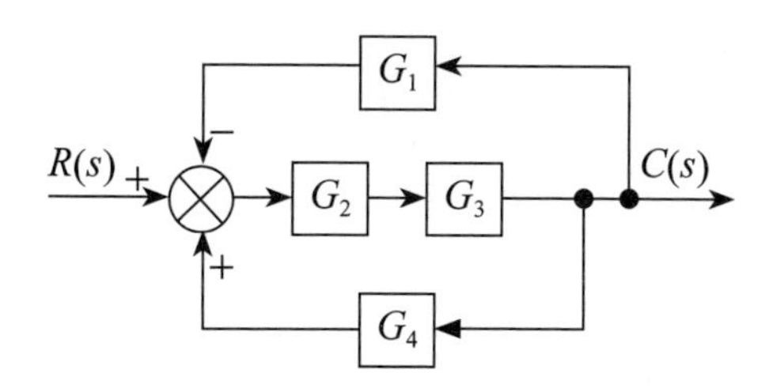

解

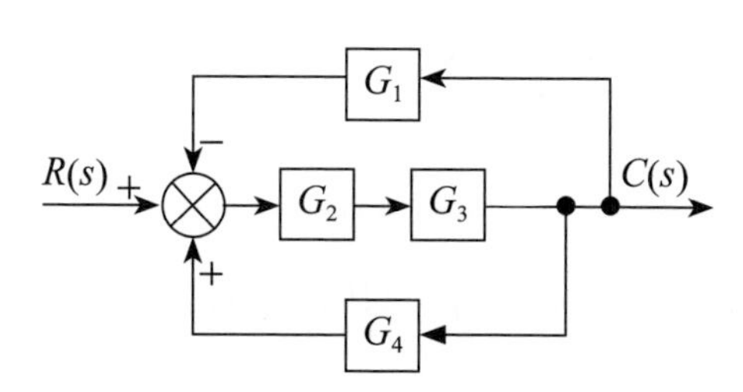

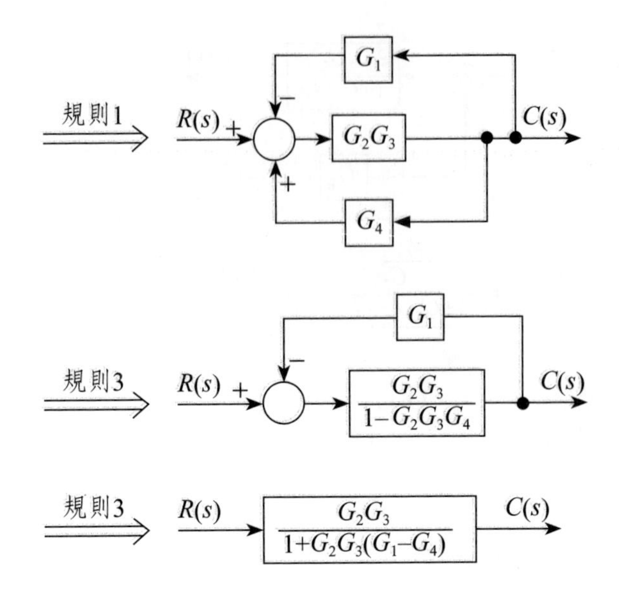

*

$\therefore$轉移函數爲 $G(s)=\dfrac{C(s)}{R(s)}=\dfrac{G_2G_3}{1+G_2G_3(G_1-G_4)}$

我們在＊，將塊狀圖調整爲標準回授系統結構圖：

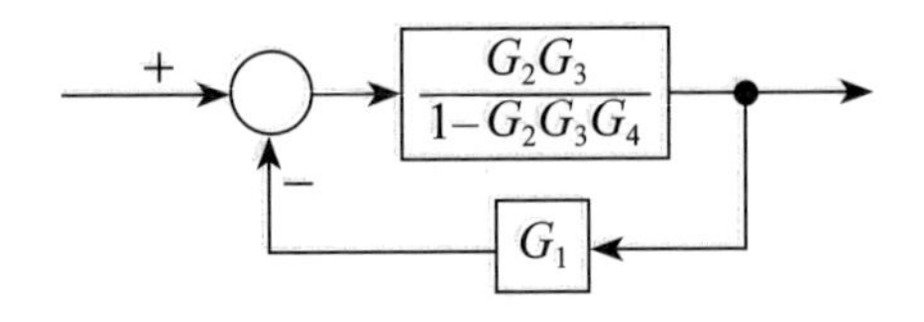

命題A

若系統之開環轉移函數爲 $G(s)$，如下圖 (h)，則其閉環轉移函數 $\Phi(s)$ 爲

$$\Phi(s)=\frac{G(s)}{1+G(s)}$$

證 由本節規則 4 結果即得。 ■

由規則 4，我們不難得知

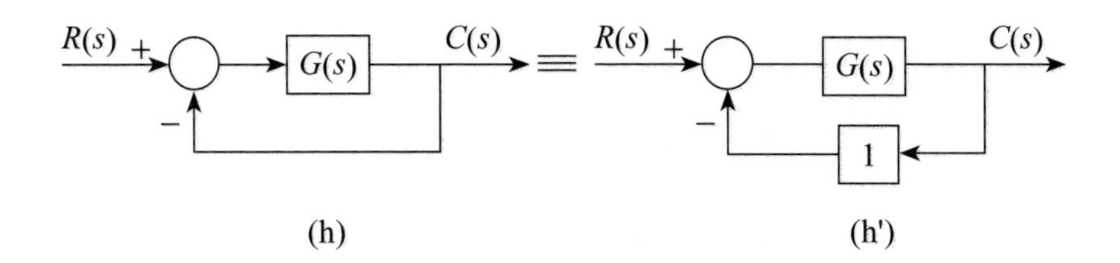

例 6 設系統之開環轉移函數 $G(s)=\dfrac{4}{s(s+5)}$，試分別求系統之 (a) 單位脈衝響應與 (b) 單位步階響應之輸入下之輸出。

解 首先要求閉環系統之轉移函數，設 $\Phi(s)$ 爲閉環系統之轉移函數，則

$$\Phi(s)=\frac{G(s)}{1+G(s)}=\frac{\dfrac{4}{s(s+5)}}{1+\dfrac{4}{s(s+5)}}=\frac{4}{s(s+5)+4}=\frac{4}{(s+1)(s+4)}$$

(a) 單位脈衝響應

$$c(t)=\mathcal{L}^{-1}(\Phi(s))=\mathcal{L}^{-1}\left(\frac{4}{(s+1)(s+4)}\right)=\frac{4}{3}\mathcal{L}^{-1}\left(\frac{1}{s+1}-\frac{1}{s+4}\right)$$

$$=\frac{4}{3}e^{-t}-\frac{4}{3}e^{-4t}$$

(b) 單位步階響應

$$c(t)=\mathcal{L}^{-1}\left(\frac{1}{s}\Phi(s)\right)=\int_0^t\Phi(s)\,ds=\int_0^t\left(\frac{4}{3}e^{-s}-\frac{4}{3}e^{-4s}\right)ds$$

$$=\frac{-4}{3}e^{-s}+\frac{1}{3}e^{-4s}\Big]_0^t=\frac{-4}{3}e^{-t}+\frac{1}{3}e^{-4t}+1$$

例 7 設一單位負回授系統的開環轉移函數爲 $T(s)=\dfrac{3}{s(s+2)}$，求系統之單位步階響應。

解 一單位負回授系統的開環轉移函數 $T(s)=\dfrac{3}{s(s+4)}$

∴系統（閉環）之轉移函數

$$G(s)=\frac{T(s)}{1+T(s)}=\frac{3/s(s+4)}{1+\dfrac{3}{s(s+4)}}=\frac{3}{s^2+4s+3}$$

∴系統之單位脈衝響應 $=\mathcal{L}^{-1}(G(s))=\mathcal{L}^{-1}\left(\dfrac{3}{s^2+4s+3}\right)$

$$=\frac{3}{2}\mathcal{L}^{-1}\left(\frac{1}{s+1}-\frac{1}{s+3}\right)$$

$$=\frac{3}{2}(e^{-t}-e^{-3t})$$

∴系統之單位步階響應

$$=\mathcal{L}\left(\frac{1}{s}G(s)\right)=\int_0^t G(s)ds$$

$$=\int_0^t \frac{3}{2}(e^{-s}-e^{-3s})ds$$

$$=\frac{3}{2}\left(-e^{-s}+\frac{1}{3}e^{-3s}\right)\Big]_0^t$$

$$=\frac{-3}{2}e^{-t}+\frac{1}{2}e^{-3t}+1$$

例 8 設系統之開環轉移函數 $T(s)=\dfrac{1}{s^2}$，求 (a) 單位步階響應與 (b) 單位脈衝響應。

解 本題是開環轉移函數，因此先求出閉環轉移函數

$$G(s)=\frac{T(s)}{1+T(s)}=\frac{\frac{1}{s^2}}{1+\frac{1}{s^2}}=\frac{1}{1+s^2}$$

方法一

(1) 單位脈衝響應：$c(t)=\mathcal{L}^{-1}(G(s))=\mathcal{L}^{-1}\left(\frac{1}{1+s^2}\right)=\sin t$

(2) 單位步階響應：$c(t)=\mathcal{L}^{-1}\left(\frac{1}{s}G(s)\right)=\int_0^t \sin s\,ds=-\cos s\Big]_0^t$

$$=1-\cos t$$

方法二

如果我們先求單位步階響應 $c_s(t)$：

$$c_s(t)=\mathcal{L}^{-1}\left(\frac{1}{s}G(s)\right)=\mathcal{L}^{-1}\left(\frac{1}{s(1+s^2)}\right)=\mathcal{L}^{-1}\left(\frac{1}{s}-\frac{s}{1+s^2}\right)=1-\cos t$$

∴單位脈衝響應 $c_I(t)=\frac{d}{dt}c_s(t)=\frac{d}{dt}(1-\cos t)=\sin t$

試求 1～4 題之轉移函數。

1.
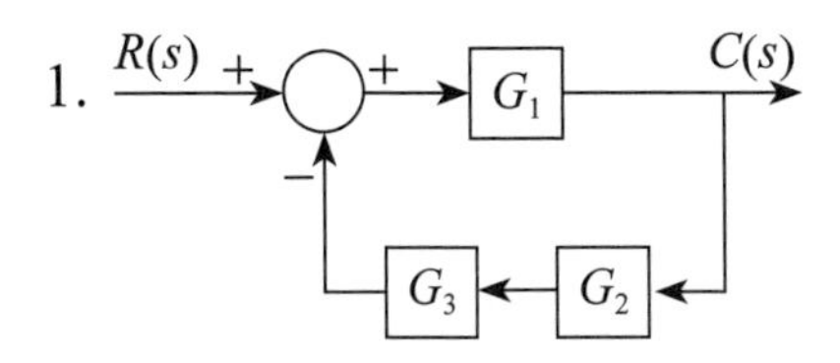

2.
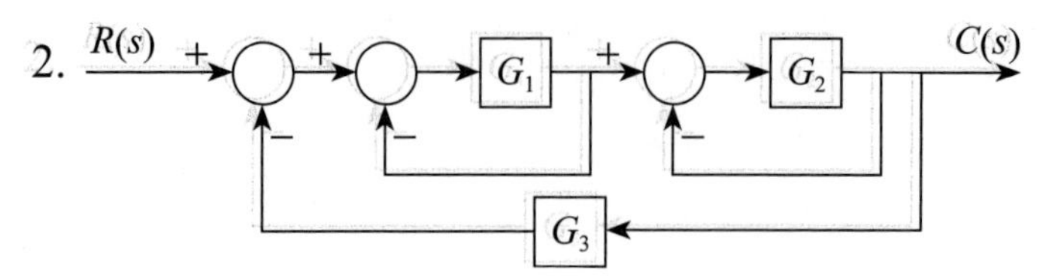

3. 試證

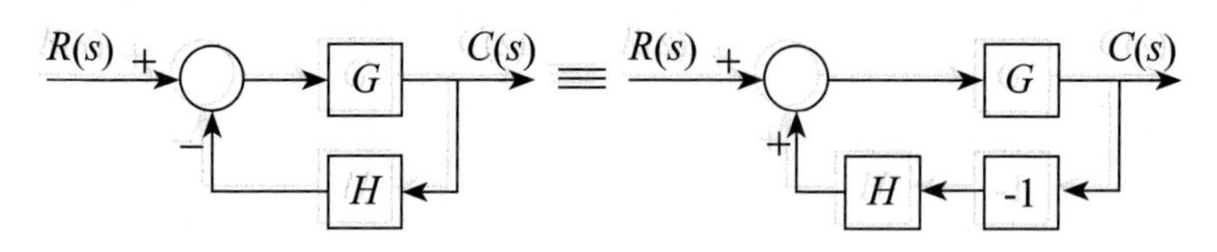

4.
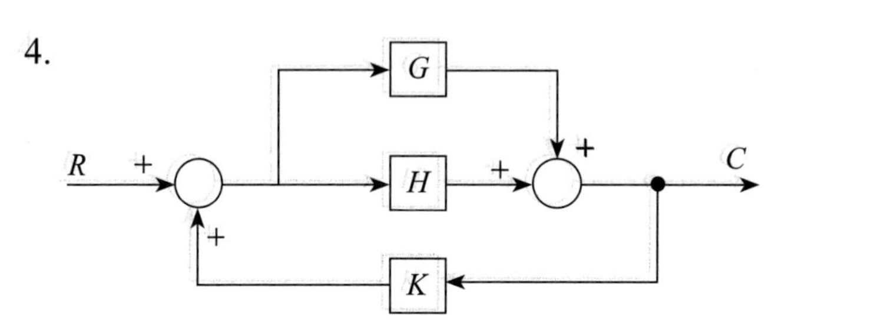

5.
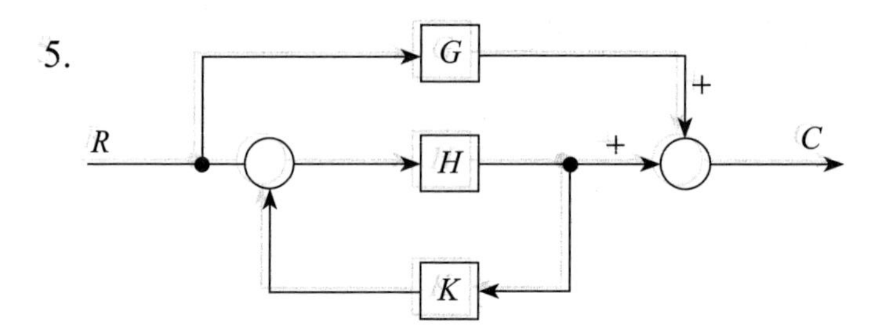

6.
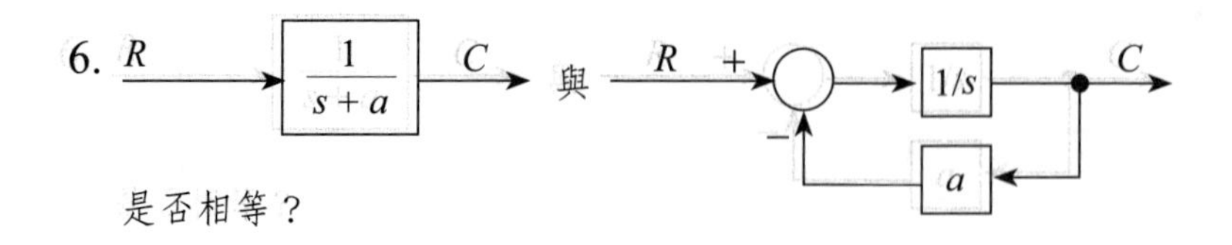

是否相等？

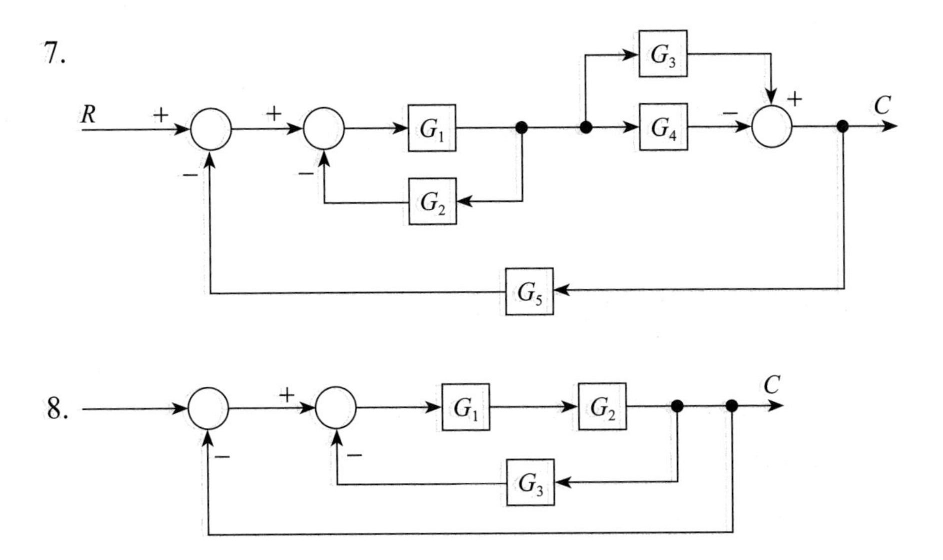
7.
R
+
−
+
−
G_1
G_2
G_3
G_4
G_5
−
+
C
8.
+
−
−
G_1
G_2
G_3
C

3.3 方塊圖及其化簡（二）

方塊圖化簡的基本技巧與步驟

3.2 節討論了串聯等效變換規則、並聯等效變換規則以及回授聯接等效變換規則，3.2 節之例題、練習都可透過這三個基本規則而得到簡化，對一些較爲交錯複雜之系統，除 3.2 節所述變化規則外，須用到和點、分支點的移動的等效變換技巧，逐步化簡，這種化簡過程並無一定規則可循，惟有從多看、多練習著手。

分支點

控制系統可透過分支點（Branch point）將同一信號由不同之途徑（箭線）分送：

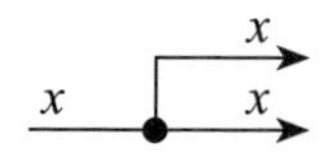

規則 5（分支點移到方塊左邊）

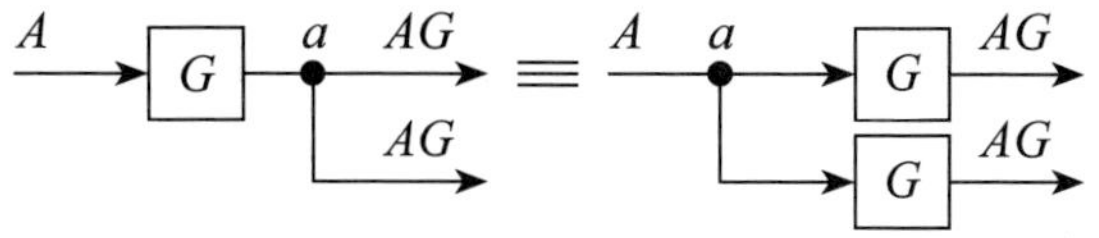

A G a AG AG ≡ A a G AG G AG

規則 6（分支點移到方塊右邊）

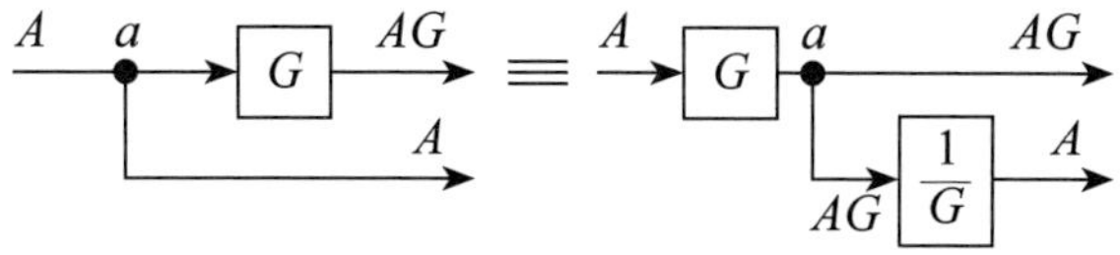

A a G AG A ≡ A G a AG $\frac{1}{G}$ A AG

規則 7（和點移到方塊左邊）

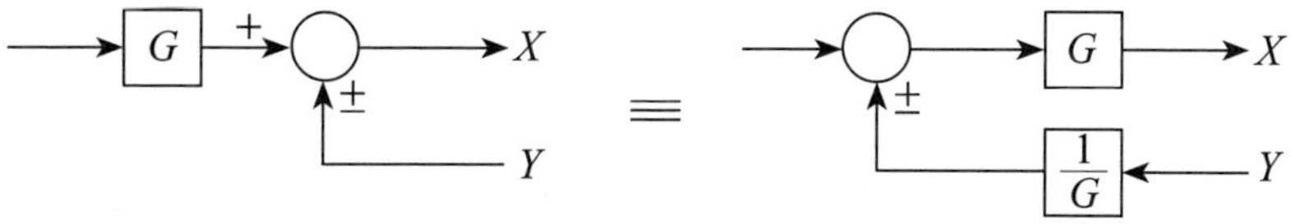

G + X ± Y ≡ X G ± $\frac{1}{G}$ Y

規則 8（和點移到方塊右邊）

X + G ± Y ≡ X G + ± Y G

規則 9

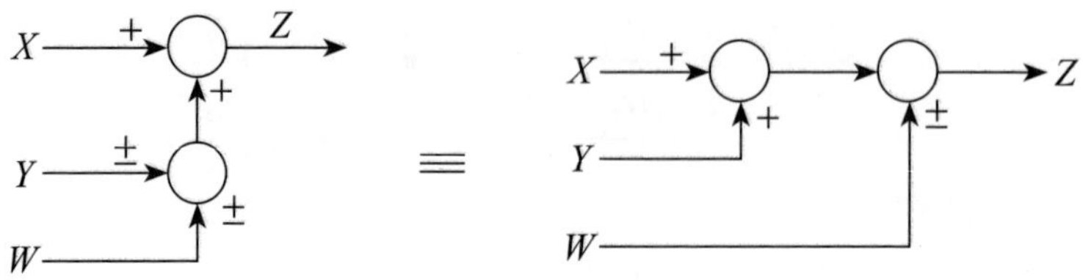

規則 9 在某些方塊圖化簡上很有幫助。

我們舉一些例子說明如何藉和點、分支點之移動來求系統之轉移函數。

例 1 求下列系統之轉移函數：

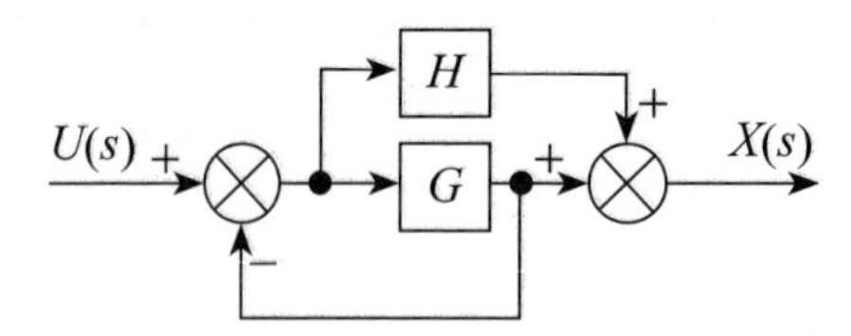

解

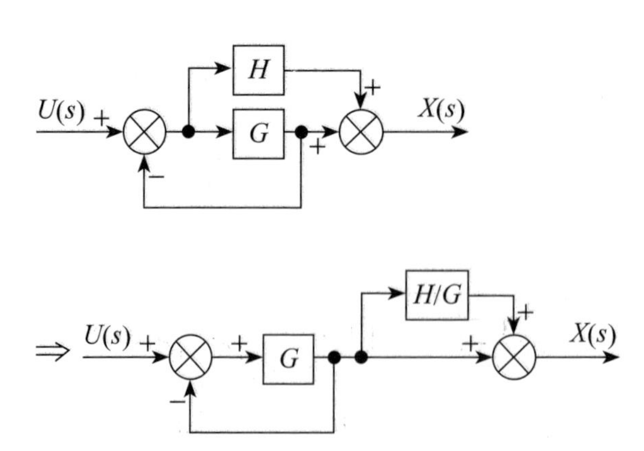

$$\Rightarrow \xrightarrow{U(s)} \boxed{\frac{G}{1+G}} \rightarrow \boxed{1+\frac{H}{G}} \xrightarrow{X(s)}$$

$$\xRightarrow{\text{規則1}} \xrightarrow{U(s)} \boxed{\frac{G+H}{1+G}} \xrightarrow{X(s)}$$

$\therefore$轉移函數 $T(s)=\dfrac{X(s)}{U(s)}=\dfrac{G+H}{1+G}$

例 2 求下列系統之轉移函數

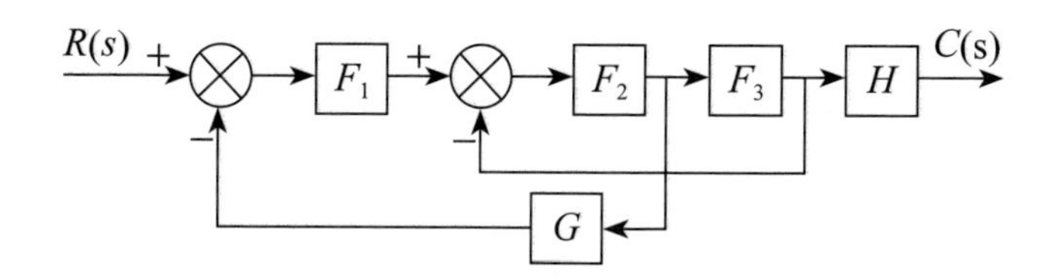

解

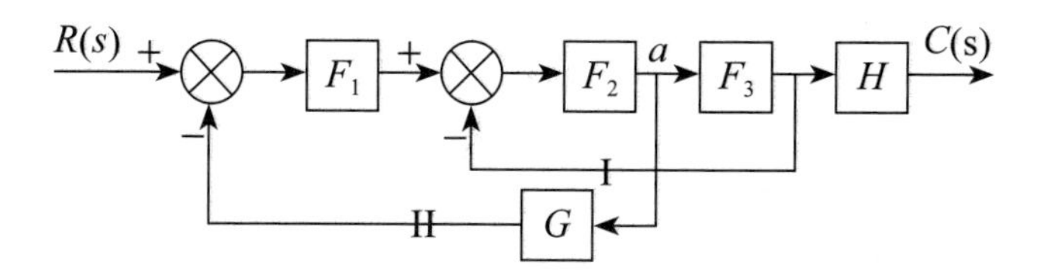

在系統結構圖中，回路 I, II 交叉，我們考慮移動分支點，為了便於識別起見，我們將分支點編號 a ，並將分支點 a 移到 F_3 右側。

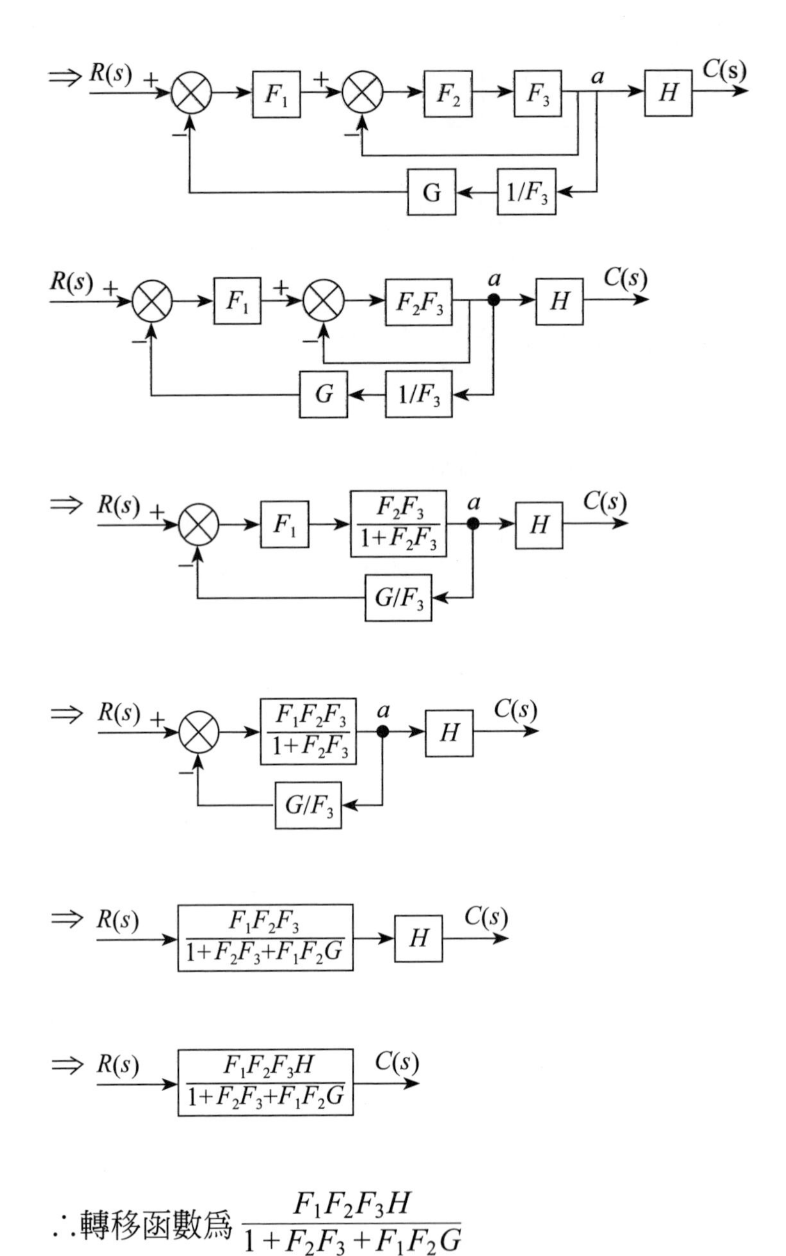

∴轉移函數為 $\dfrac{F_1F_2F_3H}{1+F_2F_3+F_1F_2G}$

例 3　求下列系統之轉移函數

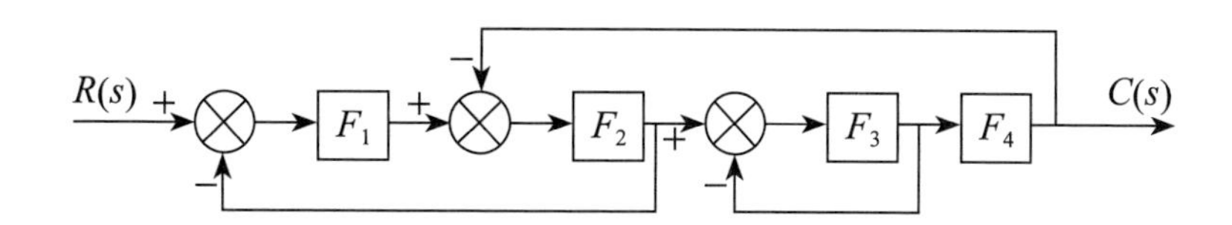

解　為了便於了解，我們將和點予以編號，分別為 A, B, C

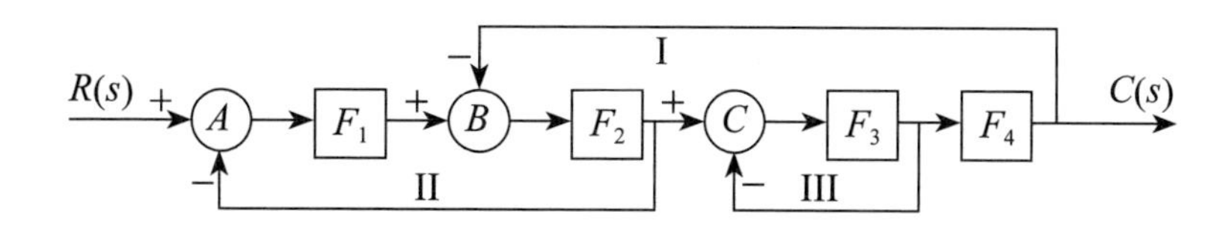

因回路 I 與回路 II 有交叉，因此我們將和點 B 移到和點 A 之左側，

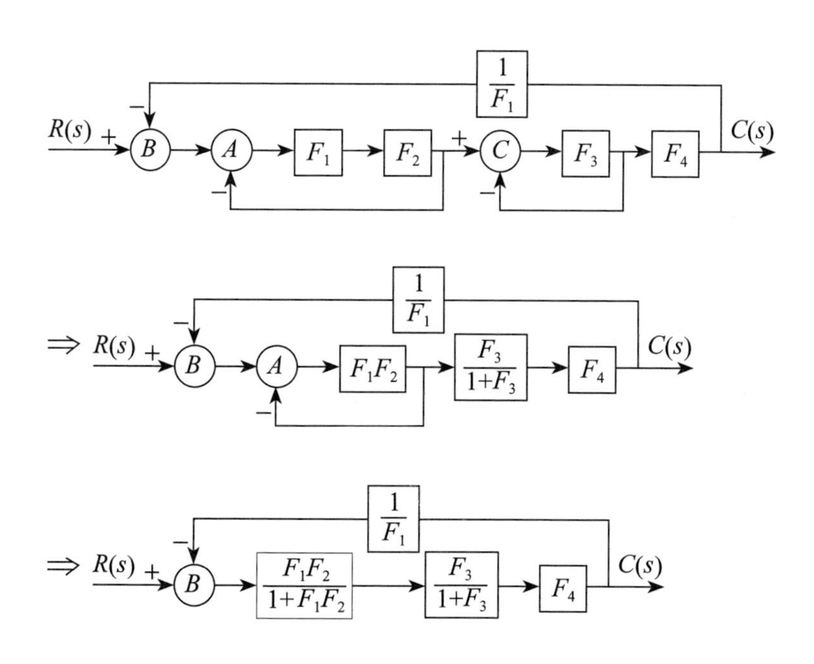

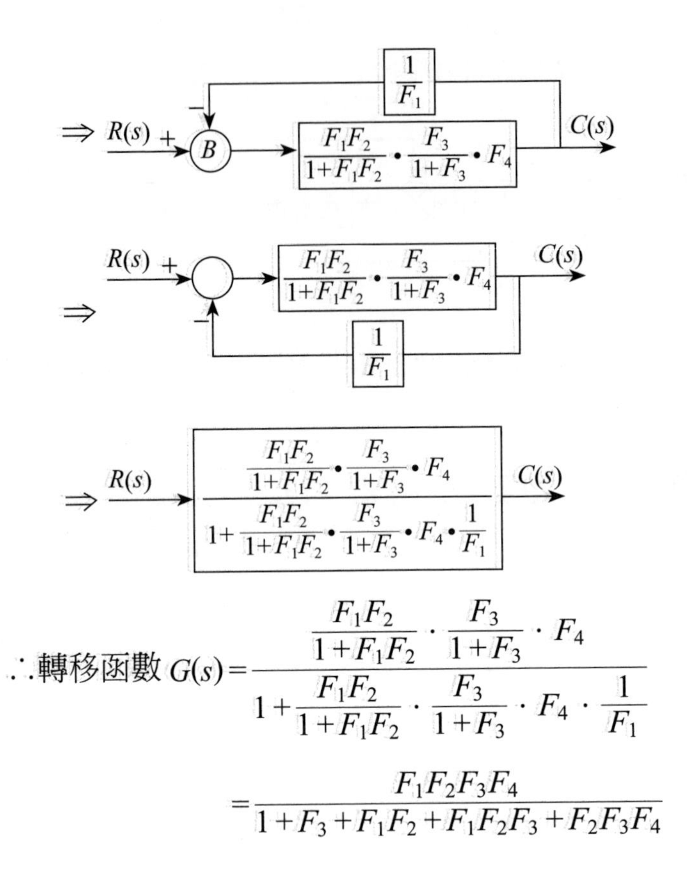

$$\therefore \text{轉移函數}\ G(s)=\frac{\dfrac{F_1F_2}{1+F_1F_2}\cdot\dfrac{F_3}{1+F_3}\cdot F_4}{1+\dfrac{F_1F_2}{1+F_1F_2}\cdot\dfrac{F_3}{1+F_3}\cdot F_4\cdot\dfrac{1}{F_1}}$$

$$=\frac{F_1F_2F_3F_4}{1+F_3+F_1F_2+F_1F_2F_3+F_2F_3F_4}$$

例 4 求下列系統之轉移函數

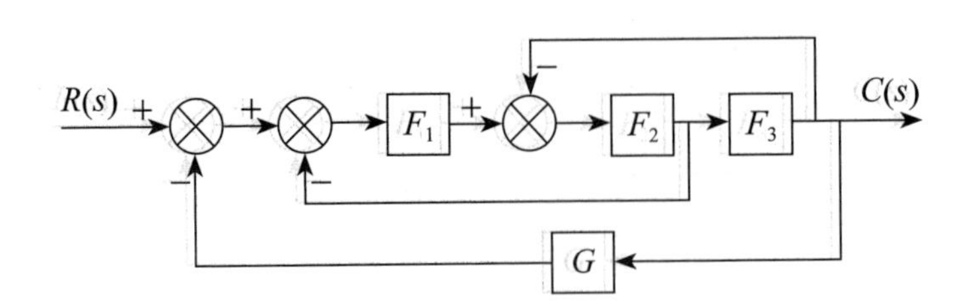

解

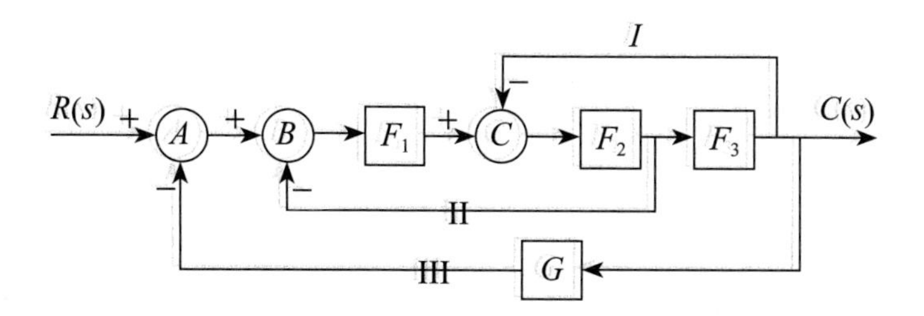

回路 I, II 交叉，因此我們將和點 C 移到和點 B 之左側：

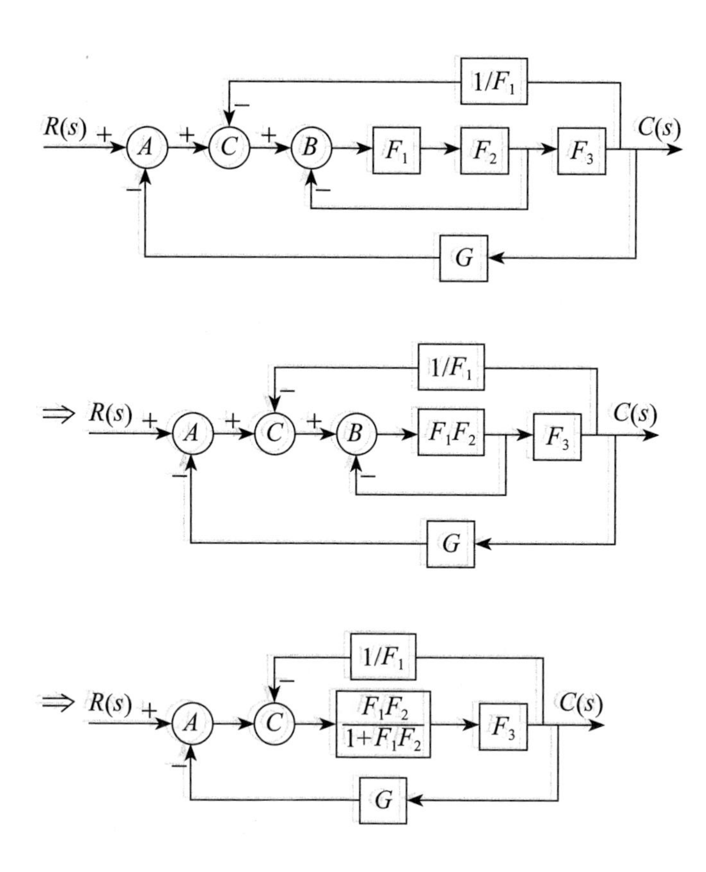

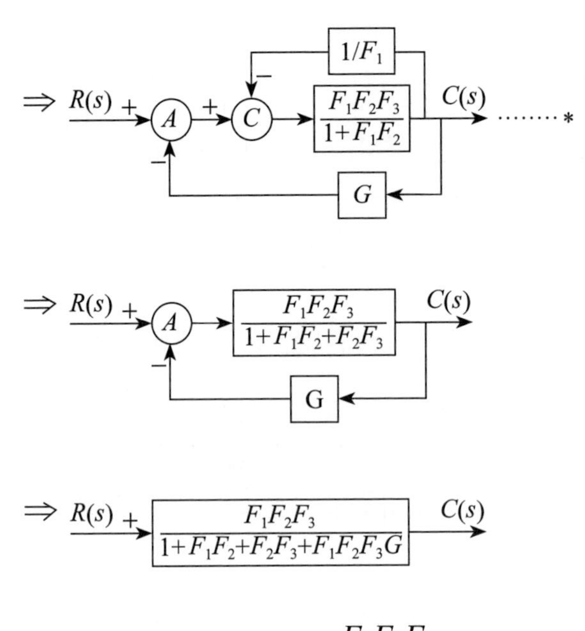

∴轉移函數為 $\dfrac{F_1F_2F_3}{1+F_1F_2+F_2F_3+F_1F_2F_3G}$

讀者在例 4* 處請留意。

例 5 化簡下列系統

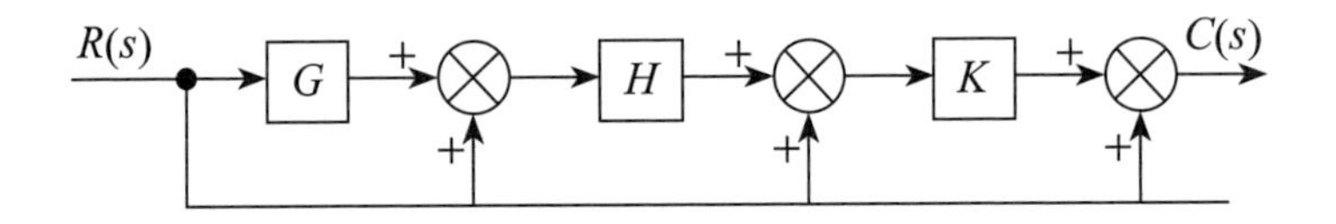

解

步驟 a

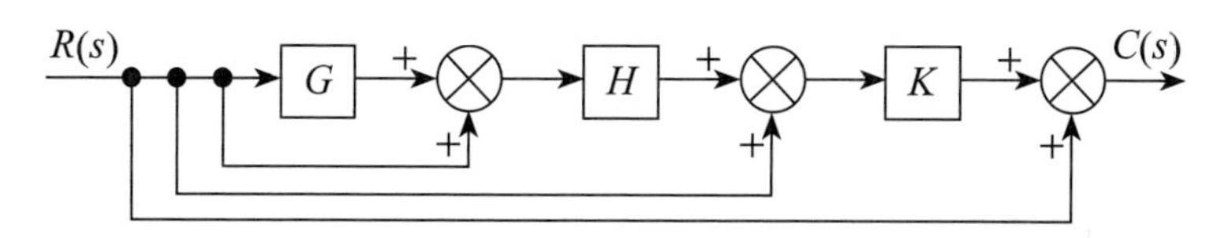

步驟 b

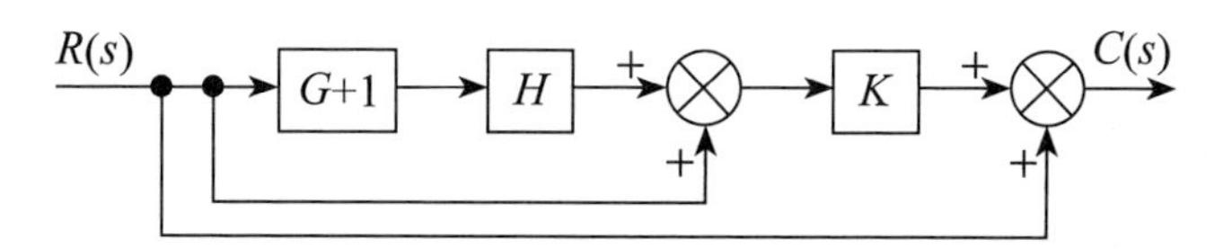

步驟 c

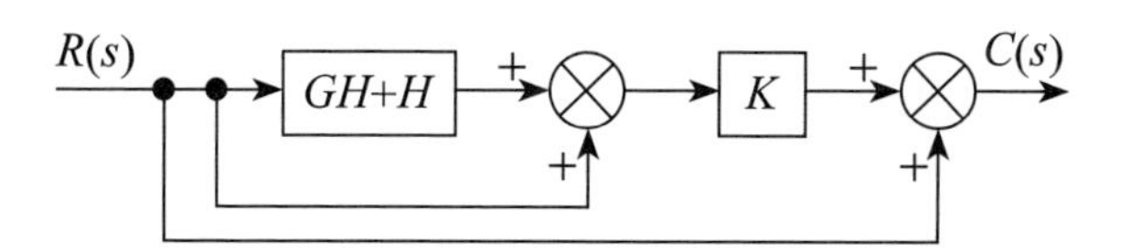

步驟 d

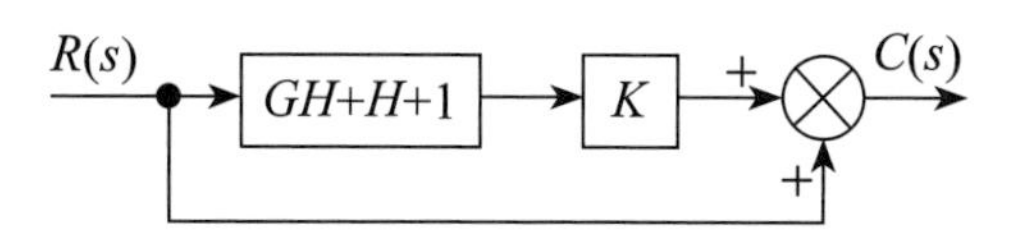

步驟 e

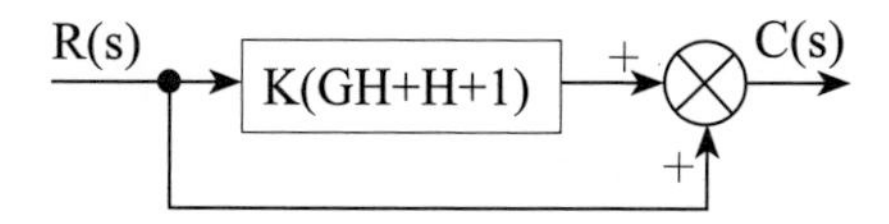

步驟 f

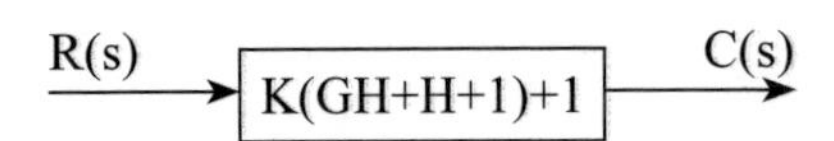

練習 3.3

求下列系統之轉移函數

1\.

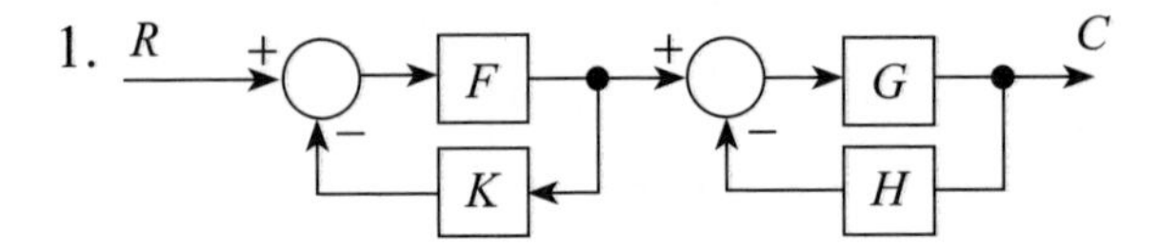

2\.

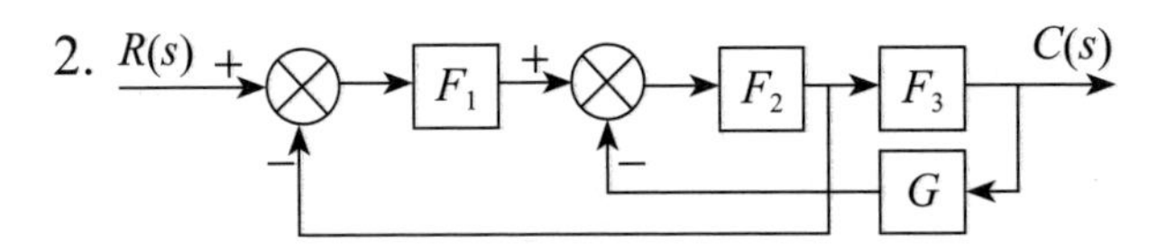

3\.

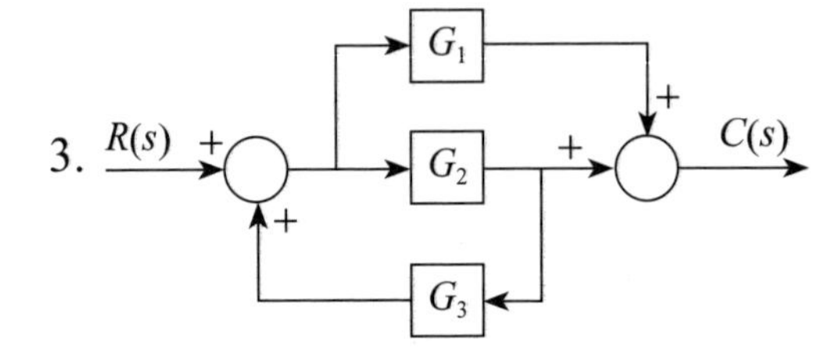

4\.

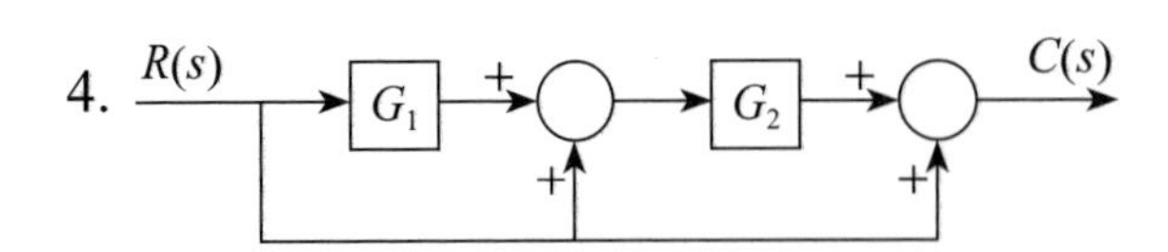

5. 試證

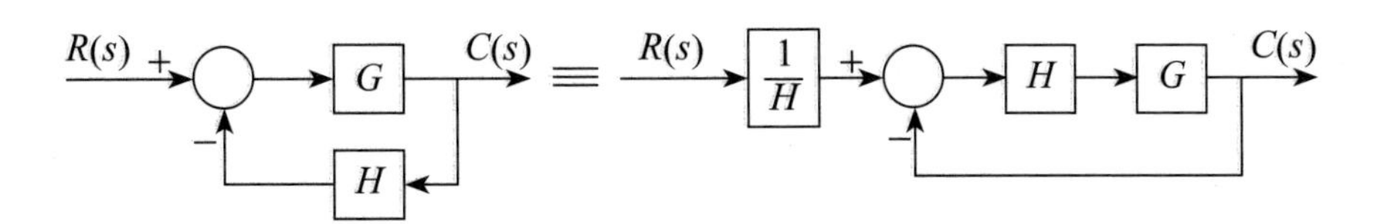

6.

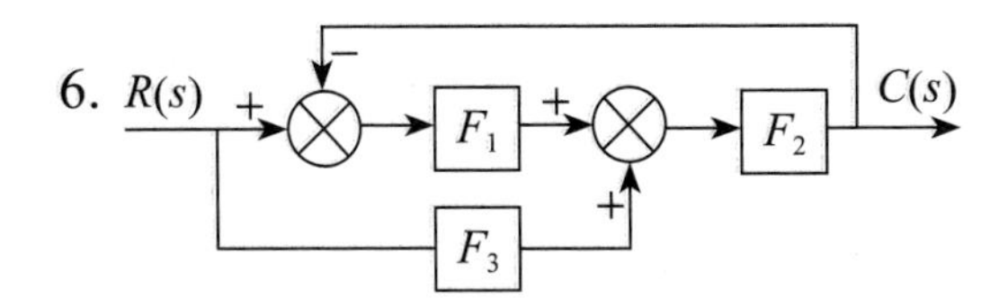

7.

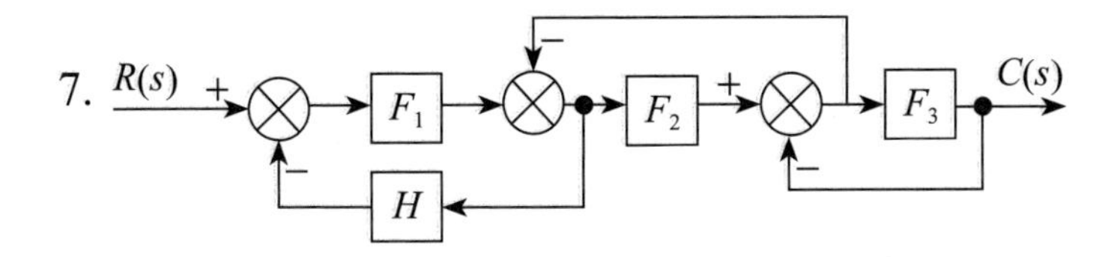

8.

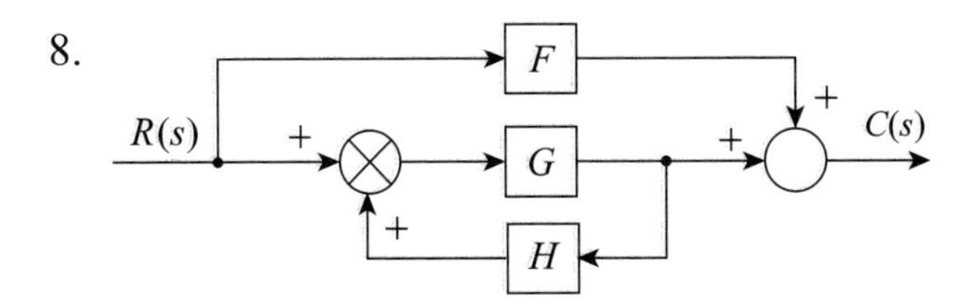

9.

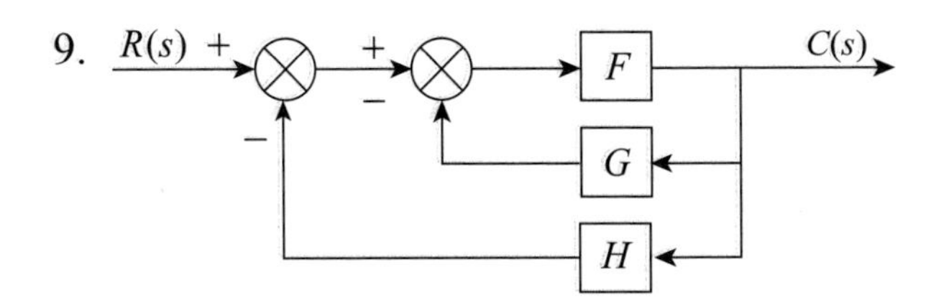

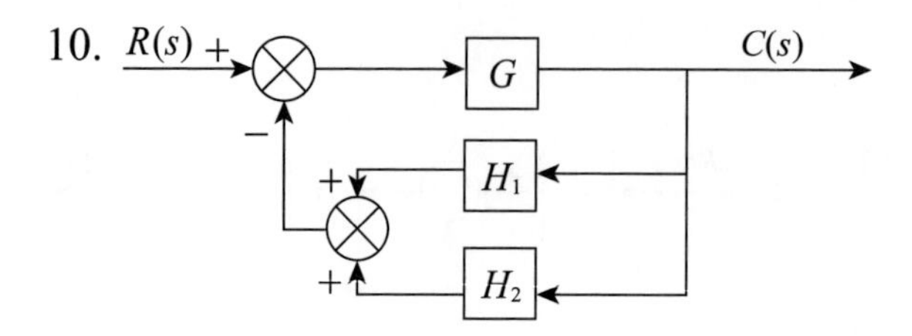
10.
R(s)
+
−
G
C(s)
+
H1
+
H2

3.4 信號流程圖

前言

線性回授系統除了方塊圖外還可用信號流程圖（Signal flow chart）表示。方塊圖是最常用做顯示系統結構及信號在系統中傳遞之流程，但繪製上有時並不容易。信號流程圖能表現出方塊圖所呈現之資訊，且比方塊圖容易繪出，事實上，方塊圖亦可轉化成信號流程圖。

信號流程圖

我們先從一個典型的信號流程圖著手，

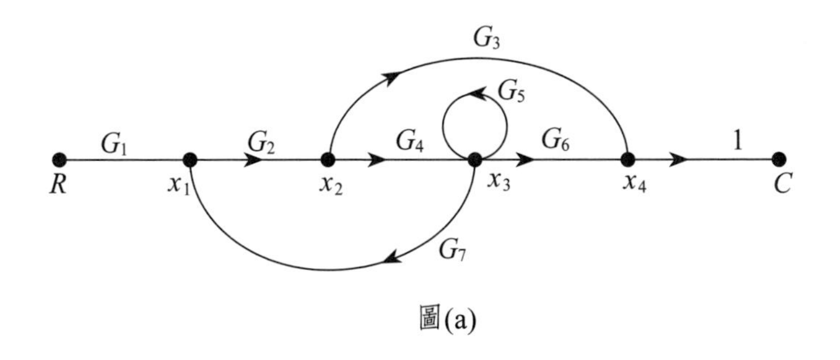

圖(a)

在上圖，我們可看到，信號流程圖是由許多節點（Node）與路線（Path）組成，圖上每一個小黑點都是節點，其中 R 為輸入節點，C 爲輸出節點，爲了方便，節點都予以編號，在本圖 $R, x_1, x_2 \cdots x_4$，C 都是節點。此外還有所謂之啞節點（Dummy node），俟後再談。

信號流程圖之路線，以圖 (a) 爲例，有：

(1) 向前路線（Forward path）：這是從輸入節點 R 一直到輸出節點 C 之路線。① $R \rightarrow x_1 \rightarrow x_2 \rightarrow x_4 \rightarrow C$ ② $R \rightarrow x_1 \rightarrow x_2 \rightarrow x_3 \rightarrow x_4 \rightarrow C$ 等都是。

(2) 回授路線（Feedback loop），這是一條回路，它表示它的出發節點與到達節點是同一節點。在圖上，$x_1 \rightarrow x_2 \rightarrow x_3 \rightarrow x_1$，是回授路線，而 $x_3 \rightarrow x_3$ 爲自環路（Self-loop）。

除了節點與路線外，信號流程圖上之 $G_1, G_2 \cdots G_7$ 均爲增益（Gains）。簡單地說增益約略就相當於轉移函數，例如，$\overset{G}{\underset{x_1}{\bullet} \longrightarrow \underset{x_2}{\bullet}}$ 表示自 x_1 輸入經 G 產生輸出 x_2，路線之增益亦可爲文符或運算子。

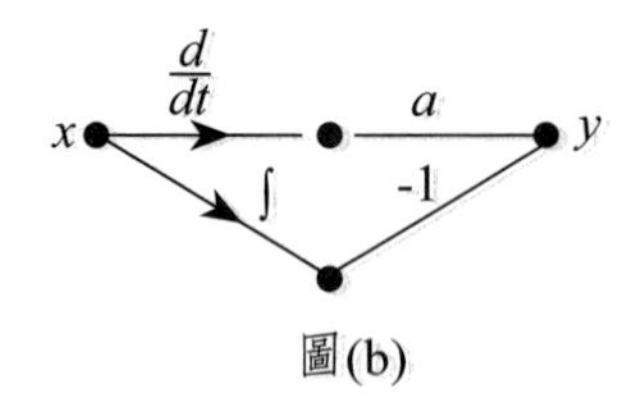

圖(b)

圖 (b)，它表示 $\frac{d}{dt}x(t) \cdot a + \int x(t)dt \cdot (-1) = y(t)$

例 1 將下列之簡化的回授系統化成信號流程圖

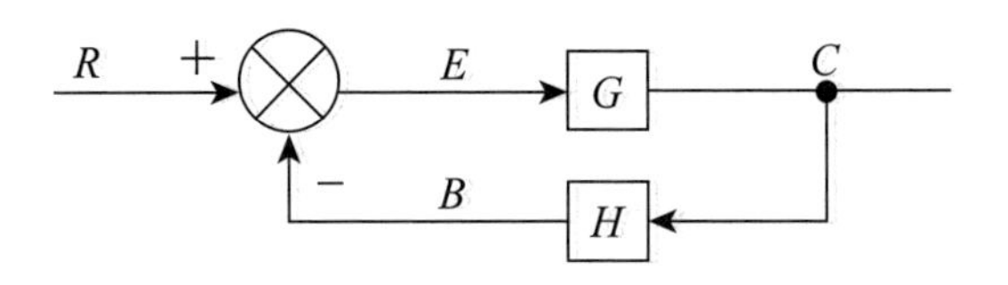

解

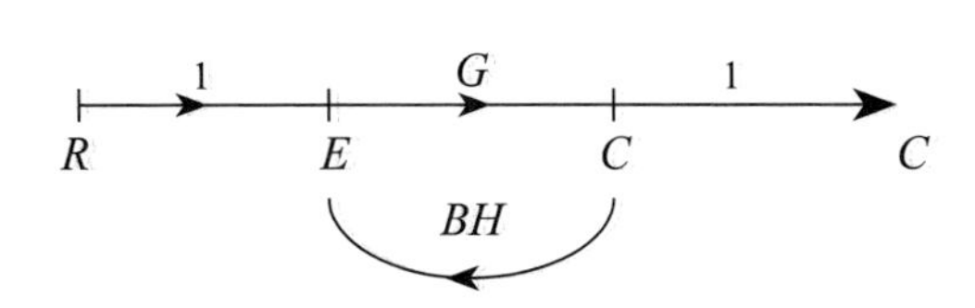

我們對信號流程圖有了初步了解後，即可進行本節之重心一梅森增益公式，它是信號流程圖化簡之核心公式。

信號流程圖代數

信號流程圖有一些代數運算法則，下列信號流程圖之一分支（branch）$x_i \xrightarrow{G} x_o$，則 $x_0 = Gx_i$，由上可推知：

(1) x_i 經 G_1 及 G_2 兩平行分支至 x_o，則 $x_0 = G_1x_i + G_2x_i = (G_1 + G_2)x_i$，因此，它可得到一個等效流程圖，$x_i \xrightarrow{G_1 + G_2} x_o$，這是所謂之加法法則。

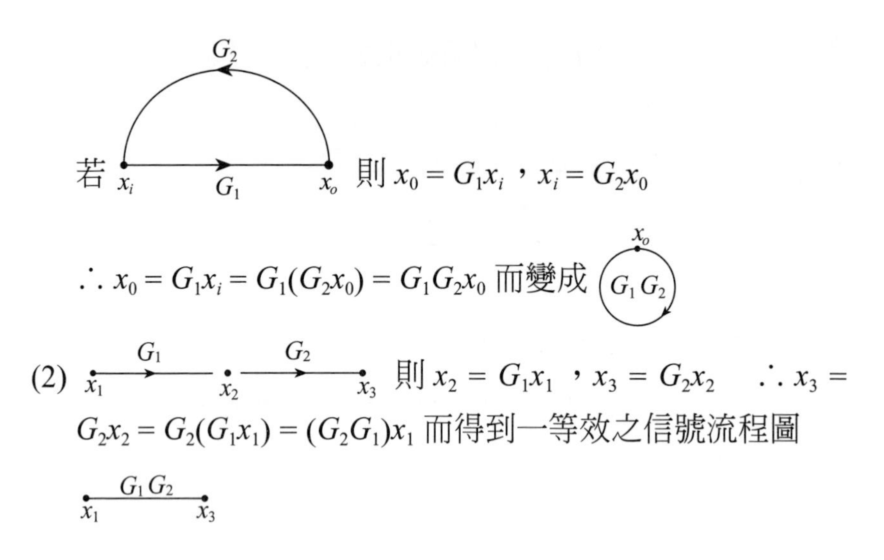

若 則 $x_0 = G_1x_i$，$x_i = G_2x_0$

$\therefore x_0 = G_1x_i = G_1(G_2x_0) = G_1G_2x_0$ 而變成

(2) 則 $x_2 = G_1x_1$，$x_3 = G_2x_2$ $\therefore x_3 = G_2x_2 = G_2(G_1x_1) = (G_2G_1)x_1$ 而得到一等效之信號流程圖

例 2 化簡下列信號流程圖

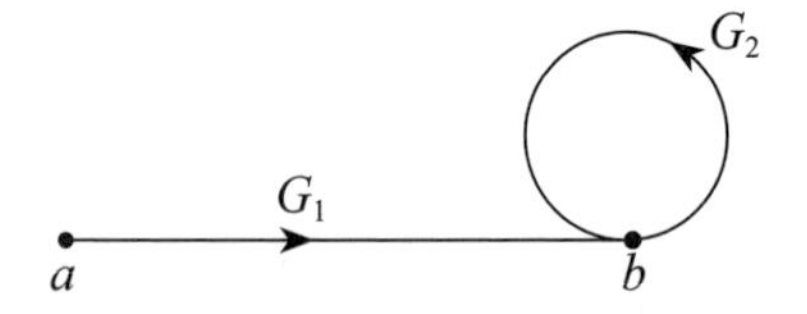

解 $b = aG_1 + bG_2 \quad \therefore b = \left(\dfrac{G_1}{1-G_2}\right)a$，因此 $a \xrightarrow{\frac{G_1}{1-G_2}} b$

有了信號流程圖之代數演算法則後，我們就接續研究本節之核心——梅森增益公式。它是信號流程圖化簡求轉移函數之重要工具。

梅森增益公式

梅森增益公式

$$T=\frac{\sum_{i}^{n}P_i\Delta_i}{\Delta}$$

n 爲前向路線之個數。

P_i = 第 i 個向前路線的回路增益

Δ = 1 −（所有回路的增益之和）+（所有兩兩沒有共同節點之回路增益乘積之和）−（所有三三沒有共同節點之回路的增益乘積之和）+ ……

Δ_i = 當不考慮所有與 P_i 接觸的回路之 Δ 值

兩個環路、路線沒有共同的節點，則我們就稱它們是「不相接（Non-touching）」的，否則便爲相接。

Δ 爲信號流程圖之特徵函數（Characteristic function）。

例 3 用梅森增益公式求出下列系統流程圖之 $\frac{C(s)}{R(s)}$

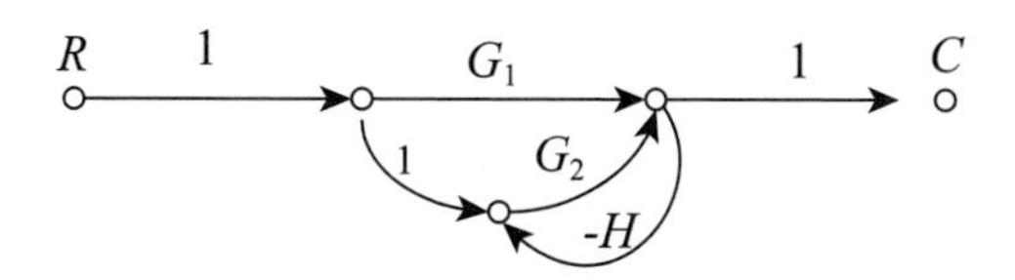

解 初學者在應用梅森增益公式求傳遞函數 $T(s)=\dfrac{C(s)}{R(s)}$ 時，往往可藉助下列之輔助表：一欄是向前路徑增益，另一欄是回路增益，以本例言：

向前路徑增益	回路增益
$P_1=1\cdot G_1\cdot 1=G_1$	$\Delta_1=1$
$P_2=1\cdot 1\cdot G_2\cdot 1=G_2$	$\Delta_2=1$

$$\Delta=L_1=1-G_2(-H)=1+G_2H$$

$$\therefore \frac{C(s)}{R(s)}=\frac{\Sigma P_i\Delta_i}{\Delta}=\frac{G_1\cdot 1+G_2\cdot 1}{1+G_2H}=\frac{G_1+G_2}{1+G_2H}$$

例 4 用梅森增益公式求出下列系統流程圖之 $\dfrac{C(s)}{R(s)}$

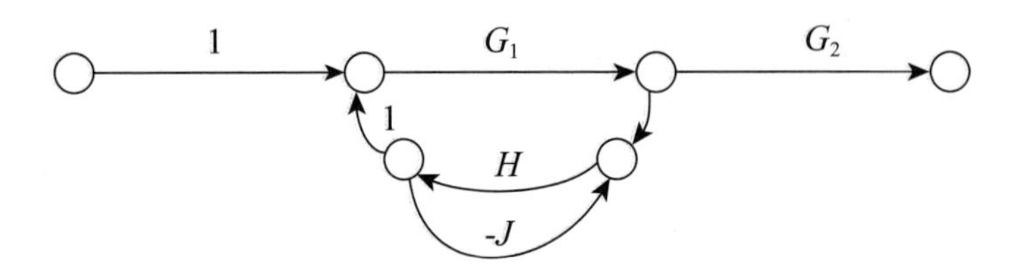

解

順向路徑增益	回路增益
$P_1=G_1G_2$	$\Delta_1=1+HJ$

$$\Delta = 1 - G_1H - (-HJ) = 1 - G_1H + HJ$$

$$\therefore \frac{C(s)}{R(s)} = \frac{\Sigma P_i \Delta_i}{\Delta} = \frac{P_1 \Delta_1}{\Delta} = \frac{G_1G_2(1+HJ)}{1-G_1H+HJ}$$

例 5 用梅森增益公式下列方塊圖之轉移函數：

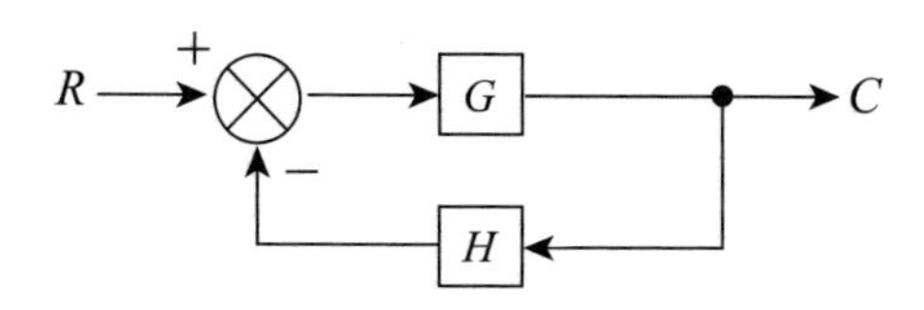

解 先繪訊號流程圖如下，我們可據此作表如下：

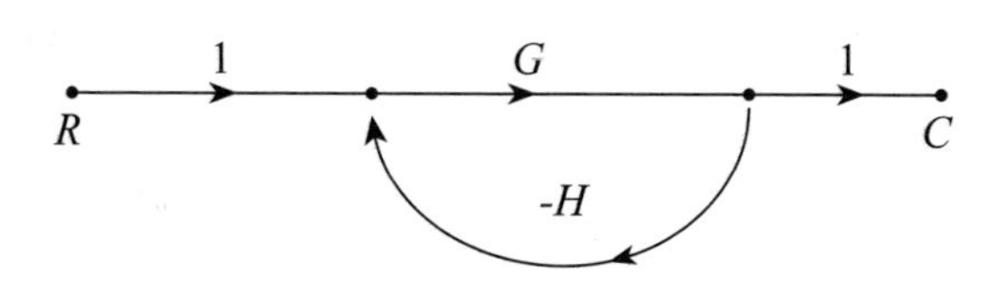

順向路徑增益	回路增益
$P_1 = 1 \cdot G \cdot 1 = G$	$\Delta_1 = 1$

$$\therefore \Delta = 1 - G(-H) = 1 + GH$$

$$\Sigma P_i \Delta_i = \mathrm{P}_1 \cdot \Delta_1 = G$$

$$\frac{C(s)}{R(s)} = \frac{\Sigma P_i \Delta_i}{\Delta} = \frac{G}{1+GH}$$

例 6　用梅森增益公式求下列方塊圖之轉移函數

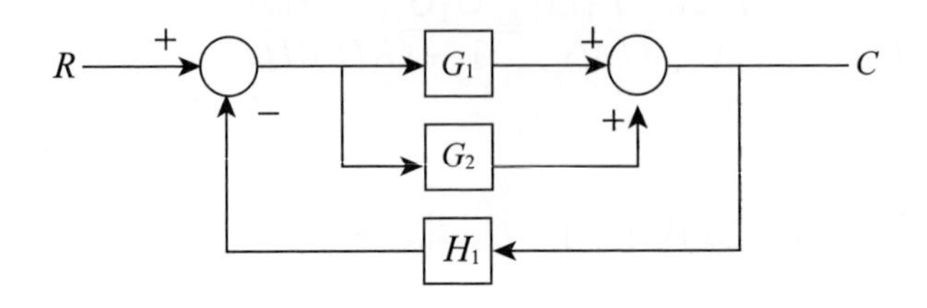

解　先繪出對應之信號流程圖：

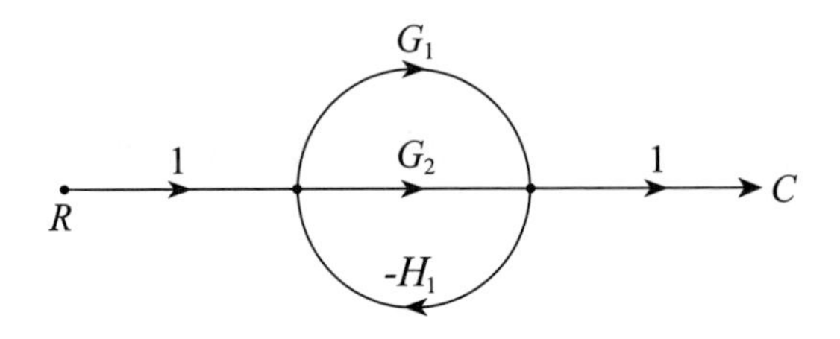

順向路徑增益	回路增益
$P_1 = 1 \cdot G_1 \cdot 1 = G_1$	$\Delta_1 = 1$
$P_2 = 1 \cdot G_2 \cdot 1 = G_2$	$\Delta_2 = 1$

$$\Delta = 1 - (G_1(-H_1) + G_2(-H_1)) = 1 + G_1H_1 + G_2H_1$$

由梅森增益公式

$$\frac{C(s)}{R(s)} = \frac{\Sigma P_k \Delta_k}{\Delta} = \frac{G_1 + G_2}{1 + G_1H_1 + G_2H_1}$$

例 7 試用梅森增益公式化簡下列信號流程圖

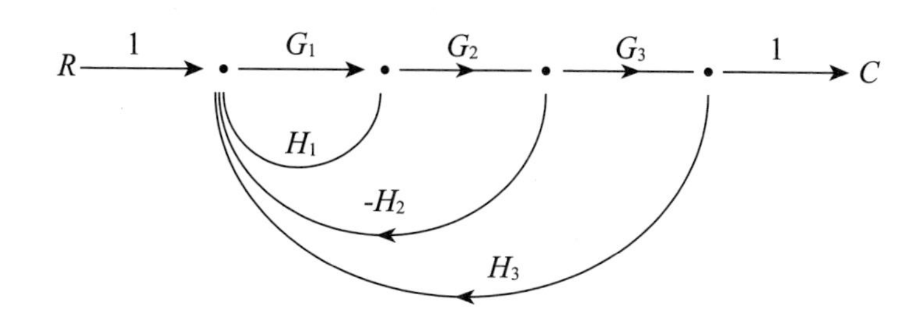

解

順向路徑增益	回路增益
$P_1 = G_1G_2G_3$	$\Delta_1 = 1$

$$\Delta = 1 - (G_1H_1 + G_1G_2(-H_2) + G_1G_2G_3H_3)$$

$$= 1 - G_1H_1 + G_1G_2H_2 - G_1G_2G_3H_3$$

$$\Sigma P_i\Delta_i = P_1\Delta_1 = P_1 = G_1G_2G_3$$

由梅森增益公式：

$$\frac{C(s)}{R(s)} = \frac{\Sigma P_i\Delta_i}{\Delta} = \frac{G_1G_2G_3}{1 - G_1H_1 + G_1G_2H_2 - G_1G_2G_3H_3}$$

例 8 試用梅森增益公式化簡下列信號流程圖

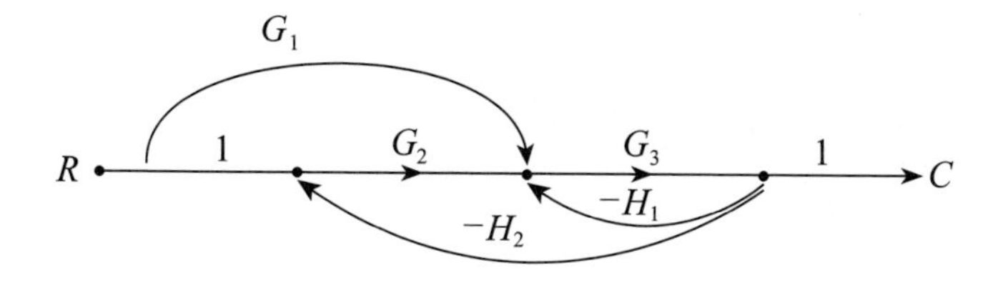

解

順向路徑增益	回路增益
$P_1 = G_2G_3$	$\Delta_1 = 1$
$P_2 = G_1G_2$	$\Delta_2 = 1$

$$\Delta = 1 - (-G_3H_1 - G_2G_3H_2) = 1 + G_3H_1 + G_2G_3H_2$$

$$\therefore \frac{C}{R} = \frac{\Sigma P_i\Delta_i}{\Delta} = \frac{G_2G_3 + G_1G_2}{1 + G_3H_1 + G_2G_3H_2}$$

練習 3.4

用梅森增益公式求下列各系統之轉移函數

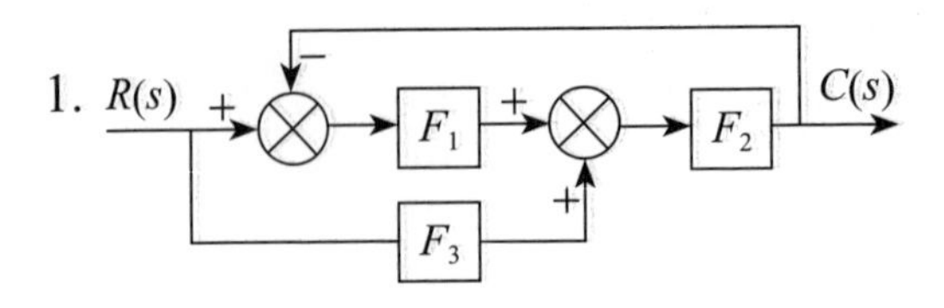

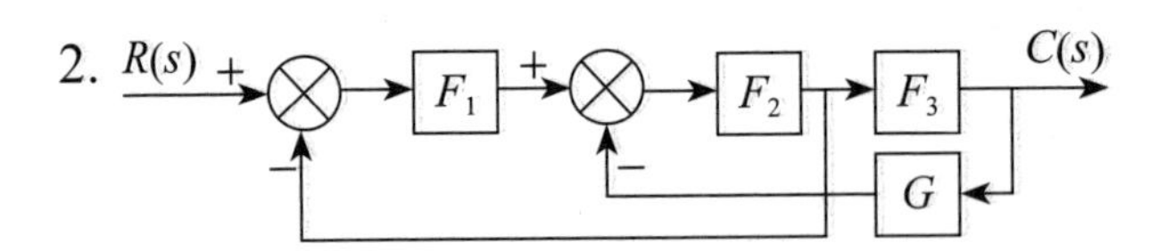

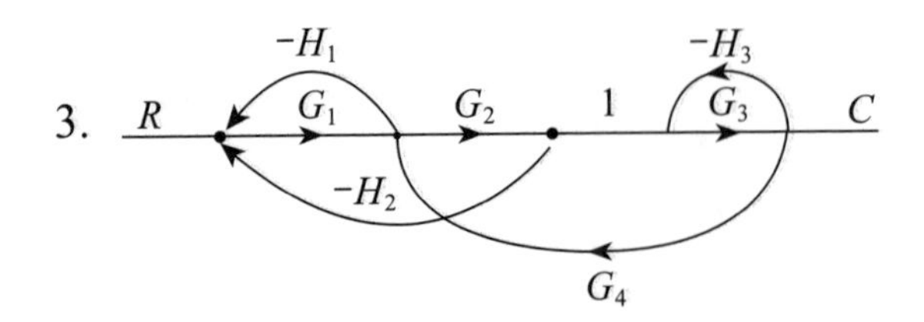

4.

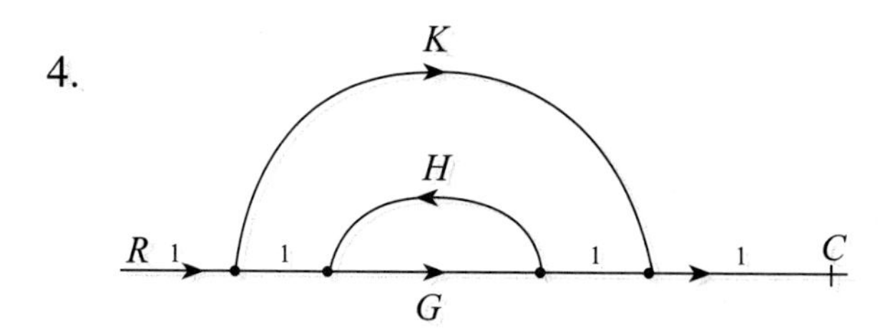

5.

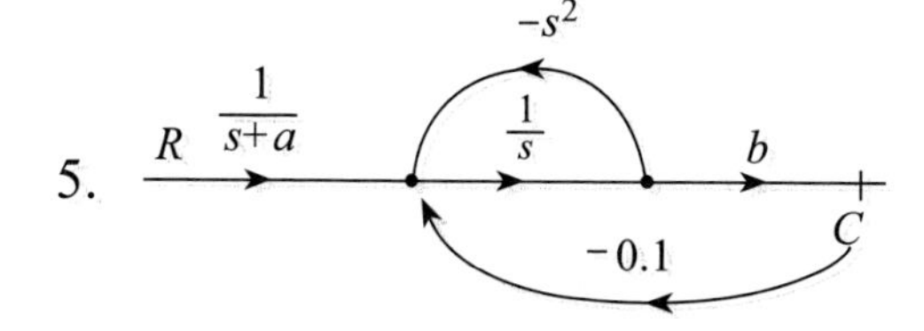

6.

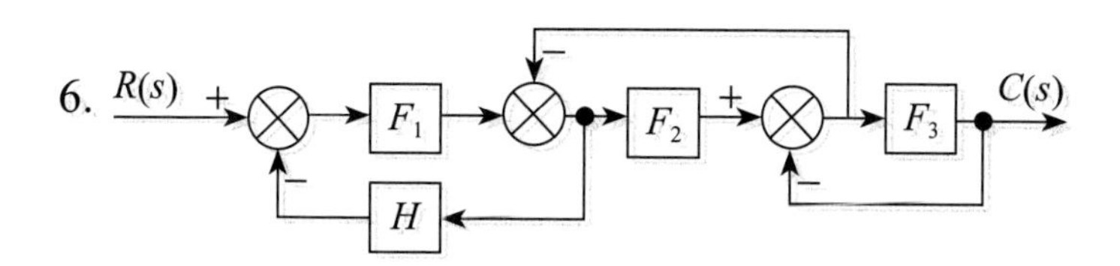

（3.2 節與 3.4 節之例題，習題均可用梅森增益公式求解，並驗證二種方法之結果相同）

第4章

時域分析

4.1 引言
4.2 控制系統之時間響應
4.3 控制系統之時域性能指標
4.4 控制系統之穩定性
4.5 穩態誤差分析

4.1 引言

當我們對一系統之性能進行研究時，會對系統模型作不同之分析，包括時域分析（也稱爲時間響應分析）、根軌跡法與頻率分析。這些都是本章與下二章之內容。

本章討論之時域分析主要是根據輸入信號對系統特性、性能指標等進行評估，因爲系統輸出信號通常是時間 t 的函數，因此稱這種分析爲時域分析。時域分析結果中之系統穩定性、系統誤差與動態性之資訊，這些都是分析和設計系統不可或缺者。

4.2 控制系統之時間響應

控制系統的時間響應是指在外力之激勵下系統輸出之樣態，它有幾種分類方式。我們先介紹其中之暫態響應（Transient response）和穩態響應（Steady-state response）。若系統之輸出為 $c(t)$，則暫態響應與穩態響應分別以 c_t 與 c_{ss} 表之。

定義 當時間 $t \to \infty$ 時，總響應中趨近於 0 之部分為暫態響應，不趨近於 0 之部分為穩態響應。

因此穩態響應指當時間 $t \to \infty$ 時系統的輸出，亦即當暫態響應消失後所還有的時間響應。

例 1 若一系統之總響應為 $c_t = 1 - e^{-t}$，則 $\lim_{t\to\infty} c_t = \lim_{t\to\infty} 1 = 1$，$\lim_{t\to\infty} e^{-t} = 0$

$\therefore$ 穩態響應為 $c_{ss} = 1$，暫態響應為 $c_t = e^{-t}$。

例 2 若一系統之轉移函數為 $G(s) = \dfrac{2}{s(s+2)}$。試依 (a) 輸入為單位脈衝信號；(b) 輸入為單位步階信號，分別求系統之暫態響應與穩態響應？

解 (a) $G(s)=\dfrac{C(s)}{R(s)}=\dfrac{2}{s(s+2)}$

$$\therefore\ C(s)=G(s)R(s)=\frac{2}{s(s+2)}\cdot 1=\frac{2}{s(s+2)}$$

$$\therefore\ c(t)=\mathcal{L}^{-1}\left(\frac{1}{s}-\frac{1}{s+2}\right)=1-e^{-2t}，t\geq 0$$

得系統之暫態響應 $c_{ss}=e^{-2t}$，$t\geq 0$，穩態響應 $c_t=1$

(b) $C(s)=G(s)R(s)=\dfrac{2}{s(s+2)}\cdot\dfrac{1}{s}=\dfrac{2}{s^2(s+2)}$

$$\therefore\ c(t)=\mathcal{L}^{-1}\left(\frac{2}{s^2(s+2)}\right)=\mathcal{L}^{-1}\left(\frac{1}{s^2}-\frac{1}{2s}+\frac{1}{2}\frac{1}{s+2}\right)$$

$$=t-\frac{1}{2}+\frac{1}{2}e^{-2t}$$

得系統之暫態響應 $c_{ss}=\dfrac{1}{2}e^{-2t}$，$t\geq 0$，穩態響應 $c_t=t-\dfrac{1}{2}$

由系統之轉移函數 $G(s)=\dfrac{C(s)}{R(s)}$ 去求 $c_{ss}(t)$ 或 $c_t(s)$ 時，我們首先需利用拉氏反轉換導出 $c(t)=$ ？如此我們可接著用定義判斷何者爲穩態響應與暫態響應。如此在計算上很繁瑣，如果只要求系統之穩態響應而不必求暫態響應時，我們可應用終值定理即可求出。但要注意，$G(s)$ 之極點必須要在 s 左半平面，有一個極點在 s 右半平面，系統之穩態響應即爲∞。

例 3 若系統之轉移函數 $G(s)=\dfrac{1}{(s^5+s^2-2)}$，輸入爲單位步階信號，求系統之穩態響應。

解 $G(s)=\dfrac{C(s)}{R(s)}=\dfrac{1}{(s^5+s^2-2)}$，$R(s)=1/s$

$\therefore C(s)=G(s)R(s)=\dfrac{1}{s(s^5+s^2-2)}$

因 $s^5+s^2-2=0$，因有一極點 $s=1$（在 s 右半平面）

∴系統不穩定，即穩態響應爲∞。

要判斷系統是否穩定，通常是利用是用 Routh 法，這將在 4.4 節討論。

練習 4.2

1. 若系統之輸出響應為 $c(t)=\dfrac{1}{3}-\dfrac{1}{4}e^{-t}\cos(t+36°)$，求系統之暫態響應與穩態響應。
2. 若一單位負回授控制系統之開迴路轉移函數 $G(s)=\dfrac{28}{s(s+12)}$ 若輸入為單位步階函數，求系統之穩態響應。
   (提示：先要求出閉迴路轉移函數後應用終值定理)
3. 若系統之轉移函數 $G(s)=\dfrac{1}{s(s+1)}$，若輸入為單位脈衝函數，求系統之穩態響應與暫態響應。

4. 若一階系統輸入 $r(t)$ 為單位斜坡函數，若輸出為 $c(t)$

(a) 驗證 $c(t)=\mathcal{L}^{-1}\left(\frac{1}{s^2}-\frac{T}{s}+\frac{T}{s+\frac{1}{T}}\right)$

$=t-T+Te^{-\frac{t}{T}}, t\geq 0$

(b) 求穩態響應 c_{ss} 與暫態響應 c_t

4.3 控制系統之時域性能指標

時域之主要性能指標有上升時間、延遲時間、尖峰時間、最大超越量與安定時間等項，這些性能指標是以單位步階函數輸入，以及零初始條件之基礎上進行評估。其定義如下：

定義

1. 上升時間（Rising time; t_r）：上升時間爲單位步階響應上升至終值時所需時間。無振盪之過阻尼系統，則定義上升時間爲從單位步階響應由最終值之 10% 上升至 90% 所需之時間。

   由上升時間，可看出系統初期響應之速度。

2. 延遲時間（Delay time; t_d）：延遲時間爲單位步階響應上升至最終值之 50% 所需時間。

3. 尖峰時間（Peak time; t_p）：尖峰時間爲單位步階響應至第一個高峰所需時間。

4. 最大超越量（Peak overshoot; M_p）：最大超越量爲單位步階響應之最大偏移量，最大超越量以 M_p 或 M.O. 表之，其數學式爲：

$$MO = \frac{c_{\max} - c(\infty)}{c(\infty)} \times 100\%$$

最大超越量與系統之相對穩定性有關，應避免太大。

5. 安定時間（Setting time, t_s）：安定時間為單位步階響應進入最終值的特定百分比Δ範圍內所需時間。通常令 $\Delta = 5\%$ 或 2%。

安定時間代表後期響應的速度。

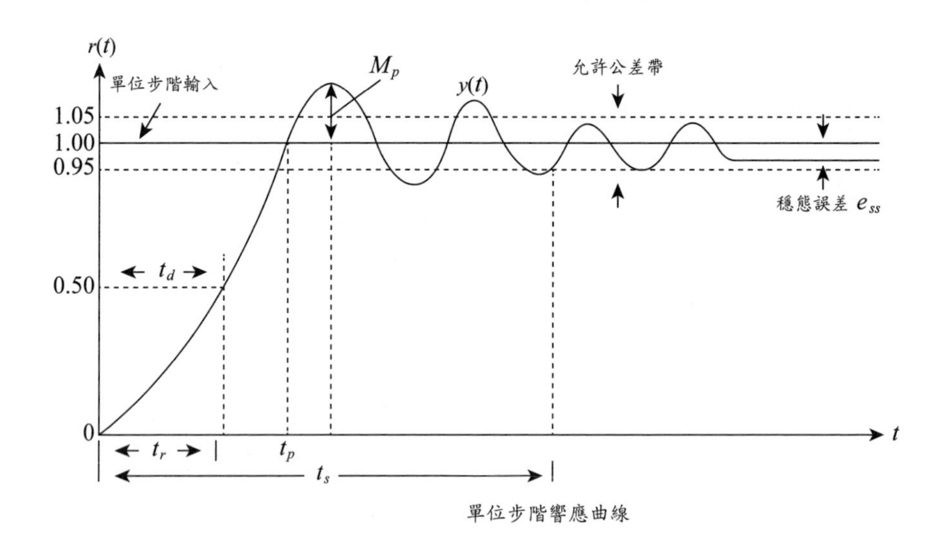

單位步階響應曲線

一階系統之步階響應

若一個系統能用 n 階微分方程式來描述，則該系統稱為 n 階系統，其中一、二階系統是最基本而常見，因此本書焦注於一、二階系統。

一階系統之微分方程式爲

$T\dot{c}(t)+c(t)=r(t)$

一階系統之輸出 $c(t)$ 與輸入 $r(t)$ 可用 $T\dot{c}(t)+c(t)=r(t)$ 表示，則轉移函數 $G(s)$ 爲

$$G(s)=\frac{C(s)}{R(s)}=\frac{1}{1+T_S}$$

證　（見 2.5 節之慣性環節）

一階系統 $T\dot{c}(t)+c(t)=r(t)$ 之輸入爲單位步階函數則輸出爲 $c(t)=1-e^{-\frac{t}{T}}$

證　因輸入爲單位步階函數，即 $r(t)=u(t)$

$$\therefore \mathcal{L}\,(u(t))=\frac{1}{s}=R(s)$$

$$\therefore C(s)=G(s)R(s)=\frac{1}{(1+T_S)}$$

又 $\mathcal{L}^{-1}\left(\frac{1}{1+T_S}\right)=\frac{1}{T}e^{-\frac{t}{T}}$，

$$\therefore c(t)=\int_0^t\frac{1}{T}e^{-\frac{t}{T}}dt=1-e^{-\frac{t}{T}} \quad t\geq 0$$

在此 T 爲時間常數 ■

對一階系統，命題 B 之結果是經常被用到的。若一階系統輸入爲單位步階函數，則輸出響應爲 $c(t)=1-e^{-\frac{t}{T}}$，$t\geq 0$，其穩態響應 $c_{ss}=1$，暫態響應 $c_t=-e^{-\frac{t}{T}}$。若輸入爲單位斜坡函數，則輸出響應爲 $c(t)=t+\dfrac{1}{T}e^{-\frac{t}{T}}-T$，$t\geq 0$，讀者應用命題 B ，即可得上述結果（見上節練習第 4 題）。

我們可繪出一階系統之單位脈衝響應曲線：圖中，曲線在縱軸之截距爲 $\dfrac{1}{T}$，過 $(0,\dfrac{1}{T})$ 作曲線交橫軸爲 T（切線斜率爲 $\dfrac{1}{T^2}$）

一階系統之單位步階響應曲線留作練習。

例 1 將說明了一階系統之性能指標之求導。

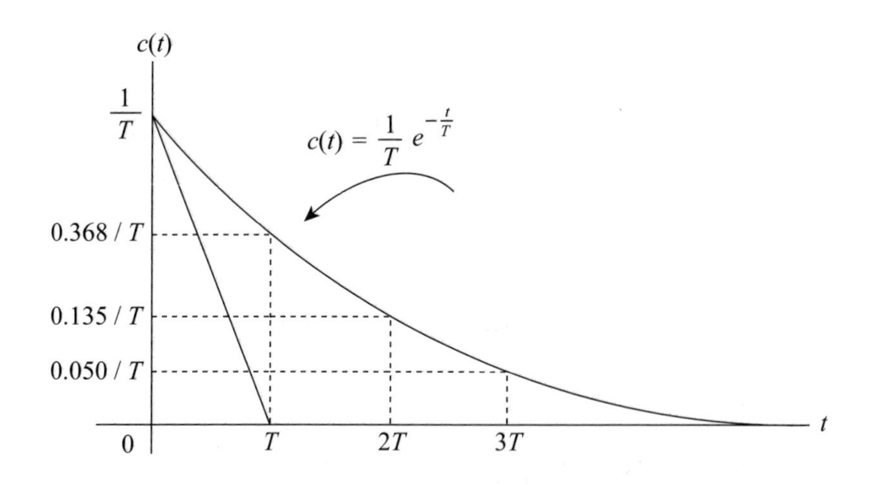

例 1 （論例）設一階系統是以單位步階函數輸入。

試求 (a) 延遲時間 t_d；(b) 上升時間 t_r；(c) 安定時間 t_s（取

$\Delta = 5\%$）。

解 (a) $c(t) = 1 - e^{-t/T}$，其輸出終值為 $\lim_{t\to\infty} c(t) = \lim_{t\to\infty}(1 - e^{-t/T}) = 1$

t_d 是到達輸出終值 50% 所需時間，所以只需解下列方程式即可：

$0.5 = 1 - e^{-t/T}$

$\therefore e^{-t/T} = 0.5$ 得 $\frac{t}{T} = -\ln 0.5 = \ln 2 = 0.693$

即 $t_d = 0.693T$

(b) 上升時間 t_r = 輸出終值 10% 到 90% 所經之時間。

$\because \begin{cases} 0.1 = 1 - e^{-t_1/T} \\ 0.9 = 1 - e^{-t_2/T} \end{cases} \quad \therefore \begin{cases} t_1 = -\ln 0.9T \\ t_2 = -\ln 0.1T \end{cases}$

$t_r = t_2 - t_1 = [-\ln 0.1 - (-\ln 0.9)]T = T\ln 9 \approx 2.197T$

(c) 依安定時間之定義

$|c(t) - c(\infty)| \le \Delta c(\infty)$，$c(\infty) = \lim_{t\to\infty}\left(1 - e^{-\frac{t}{T}}\right) = 1$，$\Delta = 5\%$

$\therefore |c(t) - c(\infty)| = \left|\left(1 - e^{-\frac{t}{T}}\right) - 1\right| = \left|e^{-\frac{t}{T}}\right| \le 5\% \cdot 1 = 5\%$

$e^{-\frac{t}{T}} \approx 5\%$ 解之 $\frac{-t}{T} \approx \ln 0.05 \approx -3.00$

$\therefore t_s \approx 3T$

例 2 若一階系統之轉移函數 $G(s) = \frac{C(s)}{R(s)} = \frac{2}{s+3}$，若輸入為單位步階函數，求系統之 t_d，t_r 和 t_s（$\Delta = 5\%$）。

解 先將 $G(s)$ 化成命題 A 之標準形式：

$$G(s)=\frac{2}{s+3}=\frac{\frac{2}{3}}{\frac{s}{3}+1} \qquad \therefore T=\frac{1}{3}$$

用例 1 之結果：

$$t_d=0.693T=0.693\times\frac{1}{3}=0.231$$

$$t_r=2.197T=2.197\times\frac{1}{3}=0.732$$

$$t_s=3T=3\times\frac{1}{3}=1$$

讀者亦可用下述方法：

$$\because T=\frac{1}{3} \qquad \therefore c(t)=1-e^{-t/\frac{1}{3}}=1-e^{-3t}$$

(1) t_d：$0.5=1-e^{-3t}$，$e^{-3t}=0.5 \quad \therefore -3t=\ln 0.5=-0.693$

得 $t_d=0.231$

(2) t_r：解下列方程組

$$\begin{cases}0.1=1-e^{-3t_1}\\0.9=1-e^{-3t_2}\end{cases} \quad t_1=0.035，t_2=0.768，$$

$\therefore t_r=t_2-t_1=0.733$

(3) t_s：

$$|c(t)-c(\infty)|\le\Delta c(\infty),\ c(\infty)=\lim_{t\to\infty}(1-e^{-3t})=1$$

$$\therefore |c(t)-1|=|1-e^{-3t}-1|=e^{-3t}\approx 0.05 \quad \therefore t_s\approx 0.999$$

二種解法在數字上略有出入，是因爲計算誤差所致。

例 3　一系統如下，若安定時間 $t_s \approx 0.2$ 秒，取 $\Delta = 5\%$ 求 K。

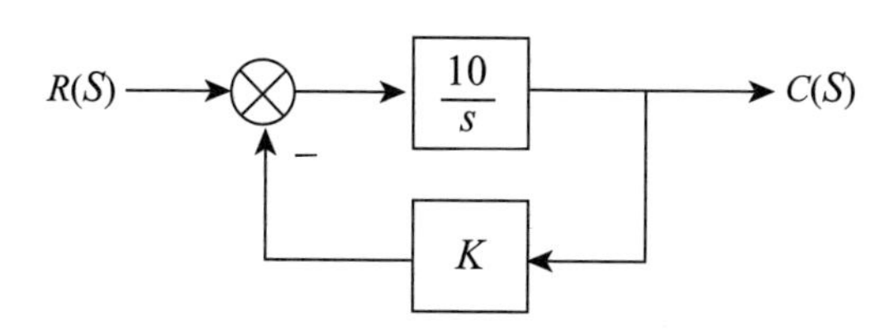

解　$$G(s)=\frac{\frac{10}{s}}{1+\frac{10}{s}K}=\frac{10}{s+10K}=\frac{\frac{1}{K}}{\frac{s}{10K}+1}$$

∴時間常數 $T=\frac{1}{10K}$

又依題給條件 $t_s = 0.2$ 秒 $= 3T = \frac{3}{10K}$

∴ $K=\frac{3}{2}$ 秒

或者 $c(t)=1-e^{-\frac{t}{T}}=1-e^{-10Kt}$, $c(\infty)=\lim\limits_{t\to\infty}(1-e^{-10Kt})=1$

∴ $|c(t)-c(\infty)|=|1-e^{-10Kt}-1|=e^{-10Kt}=e^{-2K}=0.05$

解之 $K = 1.5$ 秒

二階系統

一個系統能用二階微分方程式描述，則稱此系統爲二階系統。

定義 標準之二階系統之方塊圖

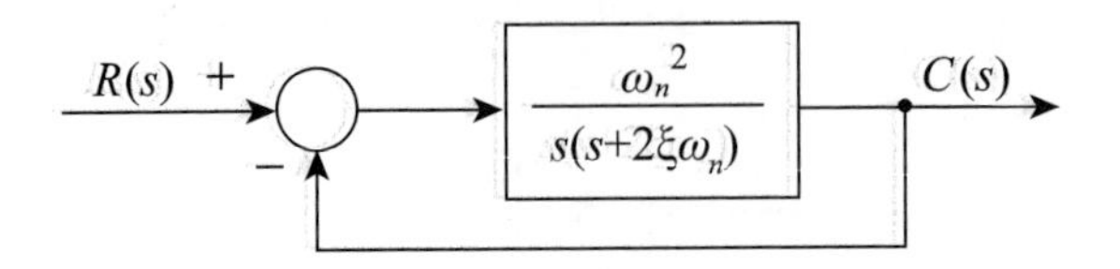

定義之

ξ：阻尼比（Damping ratio）

ω_n：自然無阻尼頻率（Natural undamped frequency）

我們可得此系統之轉移函數之標準式：

命題 C 標準之二階系統，其轉移函數

$$G(s)=\frac{\omega_n^2}{s^2+2\xi\omega_n s+\omega_n^2}$$

證

$$G(s)=\frac{C(s)}{R(s)}=\frac{\dfrac{\omega_n^2}{s(s+2\xi\omega_n)}}{1+\dfrac{\omega_n^2}{s(s+2\xi\omega_n)}}=\frac{\omega_n^2}{s^2+2\xi\omega_n s+\omega_n^2}$$ ■

系統之特徵方程式 $\Delta(s)$

由命題 C 可得系統之特徵方程式：

$$s^2+2\xi\omega_n s+\omega_n^2=0$$

解之，$s=\dfrac{-2\xi\omega_n\pm\sqrt{(2\xi\omega_n)^2-4\omega_n^2}}{2}=-\xi\omega_n\pm\omega_n\sqrt{\xi^2-1}$

當 $0<\xi<1$ 時，$s=-\xi\omega_n\pm j\sqrt{\xi^2-1}$

令 $\alpha=\xi\omega_n$，$\omega_d=\omega_n\sqrt{1-\xi^2}$，則 $s=\alpha\pm j\omega_d$

α 是阻尼因子（Damping factor），它決定了步階響應之上升與衰退率，亦即決定了系統阻尼，ω_d 爲阻尼頻率。

例 4　右圖是一個彈簧－質量－阻尼系統，其運動可用微分方程式爲：

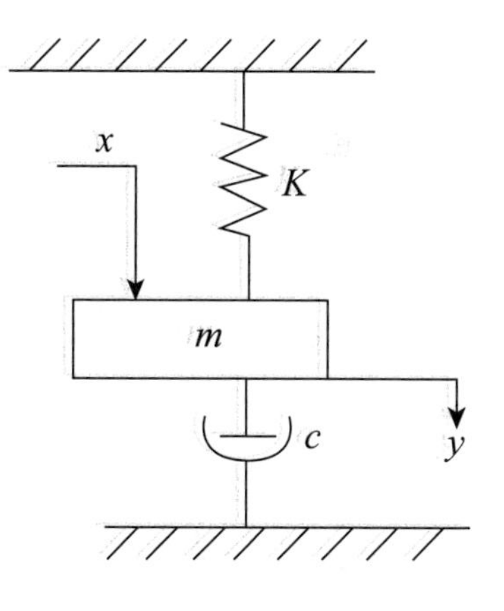

$m\ddot{x}(t)+c\dot{x}(t)+Kx(t)=y(t)$

$\therefore$轉移函數 $G(s)=\dfrac{1}{ms^2+cs+K}$

取 $\omega_n=\sqrt{\dfrac{K}{m}}$，$2\xi\omega_n=\dfrac{c}{m}$ 則

$G(s)=\dfrac{1}{K}\dfrac{\omega_n^2}{s^2+2\xi\omega_n s+\omega_n^2}$，$\dfrac{1}{K}$ 爲系統增益，$K=1$ 則爲典型二階系統之轉移函數。

例 5　一二階系統之轉移函數 $G(s)=\dfrac{64}{s^2+12s+64}$，求此系統之阻尼比。

解　比較 $\dfrac{64}{s^2+12s+64}=\dfrac{\omega_n^2}{s^2+2\xi\omega_n s+\omega_n^2}$

$\therefore\ \omega_n^2=64$，即 $\omega_n=\sqrt{64}=8$

又 $2\xi\omega_n=2\xi\cdot 8=12$　$\therefore$阻尼比 $\xi=0.75$

ξ 與 $c(t)$ 之關係

因典型二階系統之轉移函數 $G(s)$ 為：

$$G(s)=\frac{\omega_n^2}{s^2+2\xi\omega_n s+\omega_n^2}$$

故特徵方程式 $s^2+2\xi\omega_n s+\omega_n^2=0$ 之兩個根為：

$$s_{1,2}=-\xi\omega_n \mp \omega_n\sqrt{\xi^2-1}$$

因阻尼比 ξ 之範圍，我們可對系統之進行分類：

(1) $\xi > 1$ 時：特徵方程式有兩個相異負實根，稱為過阻尼（Overdampes）。

(2) $\xi = 1$ 時：特徵方程式有一對相等負實根，稱為臨界阻尼（Critically damped）當 $\xi \geq 1$ 時系統之時間響應不會有震盪現象。

(3) $1 > \xi > 0$ 時：特徵方程式有一對共軛複根，稱為欠阻尼（Under damped）。

(4) $\xi = 0$ 時：特徵方程式有一對純虛根，稱為零阻尼（Zero damped）。

當 $1 > \xi \geq 0$ 時系統之時間響應有震盪現象。

(5) $0 > \xi > -1$ 時：特徵方程式有一對正根，稱為負阻尼現象。

在此我們以單位步階輸入（因此 $R(s)=\frac{1}{s}$）為例，說明如何根據阻尼比 ξ 導出 $c(t)$。

情況 1：$\xi > 1$（過阻尼）：

$$\frac{C(s)}{R(s)}=\frac{C(s)}{1/s}=\frac{\omega_n^2}{s^2+2\xi\omega_n s+\omega_n^2}$$

$$\therefore C(s)=\frac{\omega_n^2}{s(s^2+2\xi\omega_n s+\omega_n^2)}$$

$$=\frac{\omega_n^2}{s(s-(\underbrace{-\xi\omega_n+\omega_n\sqrt{\xi^2-1}}_{a}))(s-(\underbrace{-\xi\omega_n-\omega_n\sqrt{\xi^2-1}}_{b}))}$$

$$c(t)=\mathcal{L}^{-1}\left(\frac{\omega_n^2}{s(s-a)(s-b)}\right)$$

$$=\omega_n^2\left(\mathcal{L}^{-1}\left(\frac{1}{abs}+\frac{1}{a(a-b)}\cdot\frac{1}{s-a}+\frac{1}{b(b-a)}\cdot\frac{1}{s-b}\right)\right)$$

$$=\omega_n^2\left[\frac{1}{ab}+\frac{1}{a(a-b)}e^{at}+\frac{1}{b(b-a)}e^{bt}\right]$$

又$ab=\omega_n^2$，$a-b=2\omega_n\sqrt{\xi^2-1}$，$b-a=-2\omega_n\sqrt{\xi^2-1}$

$$\therefore c(t)=\omega_n^2\left(\frac{1}{\omega_n^2}+\frac{e^{at}}{2\omega_n\sqrt{\xi^2-1}a}-\frac{e^{bt}}{2\omega_n\sqrt{\xi^2-1}\,b}\right)$$

$$=1+\frac{1}{2\sqrt{\xi^2-1}}\left(\frac{\exp(-(\xi+\sqrt{\xi^2-1})\omega_n t)}{\xi+\sqrt{\xi^2-1}}-\frac{\exp(-(\xi-\sqrt{\xi^2-1})\omega_n t)}{\xi-\sqrt{\xi^2-1}}\right)$$

■

情況 2：$\xi = 1$（臨界阻尼）：

$$G(s)=\frac{C(s)}{R(s)}=\frac{\omega_n^2}{s^2+2\omega_n s+\omega_n^2}，R(s)=\frac{1}{s}\quad\therefore C(s)=\frac{\omega_n^2}{s(s+\omega_n)^2}$$

$$c(t)=\mathcal{L}^{-1}\left(\frac{\omega_n^2}{s(s+\omega_n)^2}\right)=\mathcal{L}^{-1}\left(\frac{1}{s}-\frac{1}{s+\omega_n}-\frac{\omega_n}{(s+\omega_n)^2}\right)$$

$$=1-e^{-\omega_n t}(1+\omega_n t)$$ ■

情況 3：$1>\xi>0$（欠阻尼）：

$$G(s)=\frac{C(s)}{R(s)}=\frac{\omega_n^2}{s^2+2\xi\omega_n s+\omega_n^2}\;;\;R(s)=\frac{1}{s}$$

$$\therefore C(s)=G(s)R(s)=\frac{1}{s}G(s)$$

$$=\frac{\omega_n^2}{s(s^2+2\xi\omega_n s+\omega_n^2)}$$

$$\therefore c(t)=\mathcal{L}^{-1}\,(C(s))=\mathcal{L}^{-1}\left(\frac{\omega_n^2}{s(s^2+2\xi\omega_n s+\omega_n^2)}\right)$$

又

$$\frac{\omega_n^2}{s(s^2+2\xi\omega_n s+\omega_n^2)}=\frac{1}{s}-\frac{s+2\xi\omega_n}{s^2+2\xi\omega_n s+\omega_n^2}$$

$$=\frac{1}{s}-\frac{s+\xi\omega_n}{s^2+2\xi\omega_n s+\omega_n^2}-\frac{\xi\omega_n}{s^2+2\xi\omega_n s+\omega_n^2}$$

$$\mathcal{L}^{-1}\left(\frac{1}{s}\right)=1$$

$$\mathcal{L}^{-1}\left(\frac{s+\xi\omega_n}{s^2+2\xi\omega_n s+\omega_n^2}\right)=\mathcal{L}^{-1}\left(\frac{s+\xi\omega_n}{(s+\xi\omega_n)^2+\omega_n^2(1-\xi^2)}\right)$$

$$=e^{-\xi\omega_n t}\mathcal{L}^{-1}\left(\frac{s}{s^2+\omega_n^2(1-\xi^2)}\right)$$

$$=e^{-\xi\omega_n t}\cos\left(\omega_n\sqrt{1-\xi^2}\,t\right)$$

$$\mathcal{L}^{-1}\left(\frac{\xi\omega_n}{s^2+2\xi\omega_n s+\omega_n^2}\right)=\mathcal{L}^{-1}\left(\frac{\xi\omega_n}{(s+\xi\omega_n)^2+\omega_n^2(1-\xi^2)}\right)$$

$$=\frac{\xi}{\sqrt{1-\xi^2}}\mathcal{L}^{-1}\left(\frac{\omega_n\sqrt{1-\xi^2}}{(s+\xi\omega_n)^2+(\omega_n\sqrt{1-\xi^2})^2}\right)$$

$$=\frac{\xi}{\sqrt{1-\xi^2}}e^{-\xi\omega_n t}\mathcal{L}^{-1}\left(\frac{\omega_n\sqrt{1-\xi^2}}{s^2+(\omega_n\sqrt{1-\xi^2})^2}\right)$$

$$=\frac{\xi}{\sqrt{1-\xi^2}}e^{-\xi\omega_n t}\sin(\omega_n\sqrt{1-\xi^2}\,t)$$

$$\therefore c(t)=1-e^{-\xi\omega_n t}\left(\cos\omega_n\sqrt{1-\xi^2}\,t+\frac{\xi}{\sqrt{1-\xi^2}}\sin\omega_n\sqrt{1-\xi^2}\,t\right)$$

$$=1-\frac{e^{-\xi\omega_n t}}{\sqrt{1-\xi^2}}\left(\sqrt{1-\xi^2}\cos\omega_n\sqrt{1-\xi^2}\,t+\xi\sin\omega_n\sqrt{1-\xi^2}\,t\right)$$

$$=1-\frac{e^{-\xi\omega_n t}}{\sqrt{1-\xi^2}}\sin(\omega_n\sqrt{1-\xi^2}\,t+\cos^{-1}\xi)，t\geq 0$$ ■

情況 4：$\xi=0$：

$$G(s)=\frac{\omega_n^2}{s^2+\omega_n^2}=\frac{C(s)}{R(s)}=\frac{C(s)}{1/s}$$

$$\therefore C(s)=\frac{\omega_n^2}{s(s^2+\omega_n^2)}$$

得 $c(t)=\mathcal{L}^{-1}\left(\frac{\omega_n^2}{s(s^2+\omega_n^2)}\right)=1-\cos\omega_n t$（留作練習） ■

現在我們導出以單位步階響應作用下欠阻尼（$1>\xi>0$）二階系統之性能指標。

1. 尖峰時間（t_p）

爲求尖峰時間（響應曲線第一個最大值），我們只需求 $c(t)$

之極值。

爲求 $c(t)$ 之極大值，令 $c'(t)=0$：

$$c'(t)=\frac{\xi\omega_n}{\sqrt{1-\xi^2}}e^{-\xi\omega_n t}\sin(\omega_n\sqrt{1-\xi^2}\,t+\cos^{-1}\xi)$$

$$-\frac{e^{-\xi\omega_n t}}{\sqrt{1-\xi^2}}\cdot\omega_n\sqrt{1-\xi^2}\cos(\omega_n\sqrt{1-\xi^2}\,t+\cos^{-1}\xi),$$

取 $K=\dfrac{\omega_n}{\sqrt{1-\xi^2}}$

$$=Ke^{-\xi\omega_n t}[\xi\sin(\omega_n\sqrt{1-\xi^2}\,t+\cos^{-1}\xi)$$

$$-\sqrt{1-\xi^2}\cos(\omega_n\sqrt{1-\xi^2}\,t+\cos^{-1}\xi)]$$ ，取 $\cos^{-1}\xi=\theta$

$$=Ke^{-\xi\omega_n t}[\cos\theta\sin(\omega_n\sqrt{1-\xi^2}\,t+\theta)-\sin\theta\cos(\omega_n\sqrt{1-\xi^2}\,t+\theta)]$$

$$=Ke^{-\xi\omega_n t}\sin[(\omega_n\sqrt{1-\xi^2}\,t+\theta)-\theta]$$

$$=Ke^{-\xi\omega_n t}\sin(\omega_n\sqrt{1-\xi^2}\,t)=0$$

$\because e^{-\xi\omega_n t}\neq 0\quad \therefore \sin(\omega_n\sqrt{1-\xi^2}\,t)=0$

得 $\sin\sqrt{1-\xi^2}\,t=n\pi$，$n=0, 1, 2, \cdots$ ■

讀者可驗證當 $t=\dfrac{n\pi}{\omega_n\sqrt{1-\xi^2}}$，$n=1, 3, 5\cdots$ 時 $c(t)$ 有相對極大值，而 $n=2, 4, 6\cdots$ 時有相對極小值。

依 t_p 之定義，t_p 爲步階響應之第一個最大值，即 $n=1$ 時 $c(t)$ 之相對極大值。

$$\therefore t_p=t_{\max}=\frac{\pi}{\omega_n\sqrt{1-\xi^2}}$$

2. 上升時間（t_r）

因 $t = t_r$ 時 $c(t) = 1$

$\therefore 1 = 1 - (e^{-\xi\omega_n t}/\sqrt{1-\xi^2}) \sin(\omega_n\sqrt{1-\xi^2}\,t + \cos^{-1}\xi)$

但 $e^{-\xi\omega_n t}/\sqrt{1-\xi^2} \neq 0$

$\therefore \sin(\omega_n\sqrt{1-\xi^2}\,t + \cos^{-1}\xi) = 0$

解之 $t = \dfrac{\pi - \cos^{-1}\xi}{\omega_n\sqrt{1-\xi^2}} = \dfrac{\pi - \tan^{-1}\dfrac{\sqrt{1-\xi^2}}{\xi}}{\omega_n\sqrt{1-\xi^2}}$

即 $t_r = \dfrac{\pi - \tan^{-1}\dfrac{\sqrt{1-\xi^2}}{\xi}}{\omega_n\sqrt{1-\xi^2}}$ ■

3. 安定時間（t_s）

根據定義，安定時間爲步階響應進入最終值之特定百分比（如 $\Delta = 2\%, 5\%\cdots$）內所需時間，因爲安定時間之導出涉及阻尼正波的包絡線（Envelop），在觀念上超過本書程度，因此我們只列出結果：$t_s \approx \dfrac{3}{\xi\omega_n}$，$\Delta = 5\%$，及 $t_s \approx \dfrac{4}{\xi\omega_n}$，$\Delta = 2\%$。

4. 最大超越量 M_p

由定義 $M_p = \dfrac{c_{\max} - c(\infty)}{c(\infty)}$，$c_{\max}$ 在 $1 > \xi > 0$ 時 $c(\infty) = 1$，

$$\therefore M_p = \frac{c_{\max} - c(\infty)}{c(\infty)} = c_{\max} - 1 = c(t_p) - 1$$

$$= c\left(\frac{\pi}{w_n\sqrt{1-\xi^2}}\right) - 1$$

$$= -\frac{\exp\left\{-\frac{\xi\pi}{\sqrt{1-\xi^2}}\right\}}{\sqrt{1-\xi^2}}\sin\left(\omega_n\sqrt{1-\xi^2}\cdot\frac{\pi}{\omega_n\sqrt{1-\xi^2}}+\cos\xi\right)$$

$$= -\frac{\exp\left\{-\frac{\xi\pi}{\sqrt{1-\xi^2}}\right\}}{\sqrt{1-\xi^2}}\sin(\pi+\cos\xi)$$

$$= \frac{\exp\left\{-\frac{\xi\pi}{\sqrt{1-\xi^2}}\right\}}{\sqrt{1-\xi^2}}\sin(\cos\xi)$$

$$\le \frac{\exp\left\{-\frac{\xi\pi}{\sqrt{1-\xi^2}}\right\}}{\sqrt{1-\xi^2}}\cdot\sqrt{1-\xi^2}$$

從而，在 $1>\xi>0$ 下，$M_p=\exp\left\{-\frac{\xi\pi}{\sqrt{1-\xi^2}}\right\}$ ■

例 6 若系統之單位步階響應爲 $c(t)=1+0.2e^{-40t}-1.2e^{-20t}$，$t\ge 0$。求系統之自然無阻尼頻率與阻尼比。

解 利用單位步階響應之導函數爲單位脈衝響應，然後應用拉氏轉換求出系統之轉移函數，與 $\frac{\omega_n^2}{s^2+2\xi\omega_n s+\omega_n^2}$ 比較下，可找到自然無阻尼頻率 ω_n 與阻尼比 ξ。

系統之單位脈衝函數 $g(t)=\dot{c}(t)=-8e^{-40t}+24e^{-20t}$

$\therefore G(s)=\mathcal{L}(g(t))=\mathcal{L}(-8e^{-40t}+24e^{-20t})$

$$=\frac{-8}{s+40}+\frac{24}{s+20}=\frac{800}{s^2+60s+800}$$

比較 $\dfrac{800}{s^2+60s+800}=\dfrac{\omega_n^2}{s^2+2\xi\omega_n s+\omega_n^2}$

$\therefore \omega_n^2=800$，得 $\omega_n=28.28$，$2\xi\omega_n=60$

$\therefore \xi=\dfrac{60}{2\omega_n}=\dfrac{60}{2\times 28.28}=1.06$

例 7 假設下列系統之阻尼比為 β，$1>\beta>0$，求 K 與自然無阻尼頻率 ω_n。

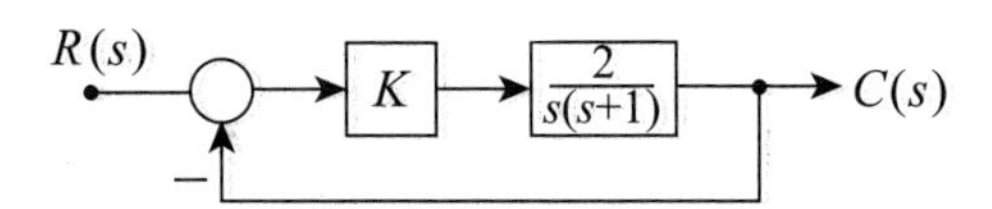

解

$$G(s)=\frac{\dfrac{K\cdot 2}{s(s+1)}}{1+\dfrac{K\cdot 2}{s(s+1)}}=\frac{2K}{s^2+s+2K}$$

比較 $\dfrac{2K}{s^2+s+2K}=\dfrac{\omega_n^2}{s^2+2\xi\omega_n s+\omega_n^2}=\dfrac{\omega_n^2}{s^2+2\beta\omega_n s+\omega_n^2}$

$\therefore \begin{cases}2\beta\omega_n=1\\2K=\omega_n^2\end{cases}\quad \omega_n=\dfrac{1}{2\beta}$，$K=\dfrac{1}{8\beta^2}$

例 8 求下列二階欠阻尼系統之 t_r, t_p, MO, t_s（$\Delta=5\%$）。

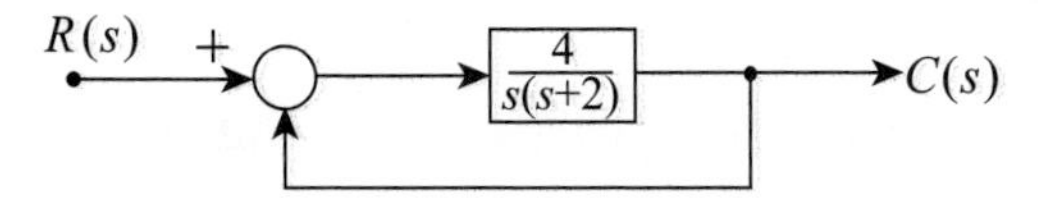

解　系統之特徵方程式爲 $s(s+2)+4=s^2+2s+4=0$

比較 $s^2+2s+4=s^2+2\zeta\omega_n s+\omega_n^2=0$

得 $\omega_n=2$，$\xi=\dfrac{1}{2}$

$$\therefore (1)\ t_r=\frac{\pi-\cos^{-1}\xi}{\omega_n\sqrt{1-\xi^2}}=\frac{\pi-\cos^{-1}\frac{1}{2}}{2\sqrt{1-\left(\frac{1}{2}\right)^2}}=\frac{\pi-\frac{1}{3}\pi}{\sqrt{3}}=\frac{\frac{2}{3}\pi}{\sqrt{3}}=1.21$$

$$(2)\ t_p=\frac{\pi}{\omega_n\sqrt{1-\xi^2}}=\frac{\pi}{\sqrt{3}}=1.82$$

$$(3)\ MO=\exp\left\{\frac{-\xi\pi}{\sqrt{1-\xi^2}}\right\}=\exp\left\{\frac{-\frac{1}{2}\pi}{\sqrt{1-\frac{1}{4}}}\right\}=0.16$$

$$(4)\ \Delta=5\%\ \therefore t_s=\frac{3}{\xi\omega_n}=\frac{3}{\frac{1}{2}\times 2}=3$$

例 9　若一系統之轉移函數 $G(s)=\dfrac{64}{s^2+8s+64}$

(a) 求阻尼比

(b) 若以單位步階函數輸入求輸出響應之 MO

(c) $\Delta=5\%$，求 t_s

解　(a) $\because G(s)=\dfrac{64}{s^2+8s+64}$

$\therefore$系統之特徵方程式爲 $s^2+8s+64=0$

比較 $s^2+8s+64=s^2+2\xi\omega_n s+\omega_n^2$

$\therefore\ \omega_n = 8$，$\xi = 0.5$

得阻尼比 $\xi = 0.5$

(b) $MO = \exp\left\{-\dfrac{\xi\pi}{\sqrt{1-\xi^2}}\right\} = \exp\left\{-\dfrac{0.5\pi}{\sqrt{0.75}}\right\} = 0.16$

(c) $t_s = \dfrac{3}{\xi\omega_n} = \dfrac{3}{0.5\times 8} = 0.75$

練習 4.3

1. 求下列系統之自然無阻尼頻率與阻尼比。

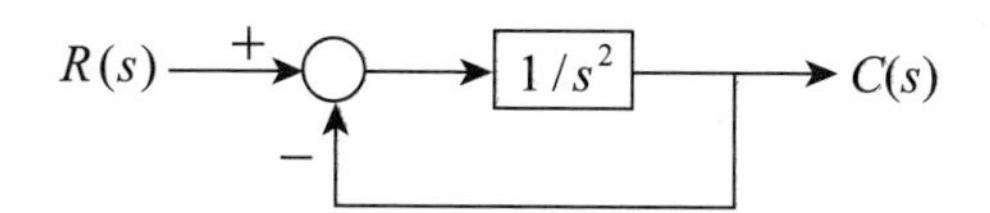

2. 若控制系統之單位步階響應為 $g(t) = 1 + 0.5e^{-30t} - 1.5e^{-10t}$，求系統之自然無阻尼頻率與阻尼比。

   (提示：轉移函數 $\Phi(s) = \mathcal{L}(\dot{g}(t))$)

3. 若單位反饋系統之開環轉移函數為 $\dfrac{1}{s(s+1)}$，求系統之上升時間 (t_r)、峰值時間 (t_p)、最大超越量 MO 及 $\Delta = 5\%$ 之安定時間 (t_s)。

4. $R(s)$ —○— $100/s$ — $C(s)$，回授路徑 K（−）

   若在 $\Delta = 5\%$ 且 $t_s \le 0.1$ 之條件下，求 K。

5. 試繪出一階系統的單位步階響應曲線。

6. 若系統之單位步階響應為 $x(t) = 1 + 0.2e^{-60t} - 1.2e^{-10t}$，求 (a) 阻尼比 ξ；(b) 自然無阻尼頻率 ω_n。

(提示：$G(s) = \dfrac{600}{s^2 + 70s + 600}$)

7. 單位負回授系統之開回路轉移函數 $G(s) = \dfrac{K}{s(s+2)}$，若系統之閉回路系統之阻尼比為 0.5，求 K。

8. 設二階系統之阻尼比為 0.707，其單位步階響應之最大超越量（MO）為何？

9. 設一系統能用下列微分方程式表示

$T\dot{c}(t) + c(t) = \beta\dot{r}(t) + r(t)$

若 $1 > T - \beta > 0$，試導出 t_d 與 t_s 之公式（假定系統之輸入為單位步階函數）。

10. 若二階系統之單位步階響應為 $x(t) = 8 - 12.5\mathrm{e}^{-1.2t}\sin(1.6t + 53.1°)$

求 (a) t_p；(b) MO；(c) t_s（$\Delta = 5\%$）。

（給定 $\sin 53.1° = 0.8$，$\cos 53.1° = 0.6$）

4.4 控制系統之穩定性

引言

穩定性的直觀意義

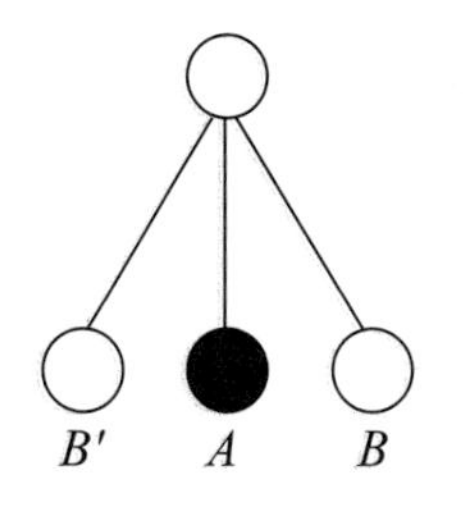

在談系統之穩定性（Stability）前，我們先對穩定性作一直觀說明。考慮一個單擺，假定單擺原先停在 A 點，現在我們對單擺施力，在重力作用下單擺由位置 A 到 B，在慣性力作用下，由 B 運動到 B' 處，如此反復振盪運動，不考慮摩擦，在空氣介質之阻尼作用下，若單擺最後停在 A，那麼這單擺是穩定，否則單擺不是穩定的。

因此，我們可推想系統穩定性取決於輸入或干擾對輸出響應之影響之程度，直覺地，一個穩定的系統在有外加之輸入或干擾外均處於穩定之狀態，當這些外加之輸入或干擾消失後又可恢復到原先之穩定狀態。一個不穩定系統顯然並無任何工程實質意義。因此，設計控制系統時，穩定性始終是一個重要考慮。

表4.1　二階系統單位步階輸入在不同阻尼下之$c(t)$圖態

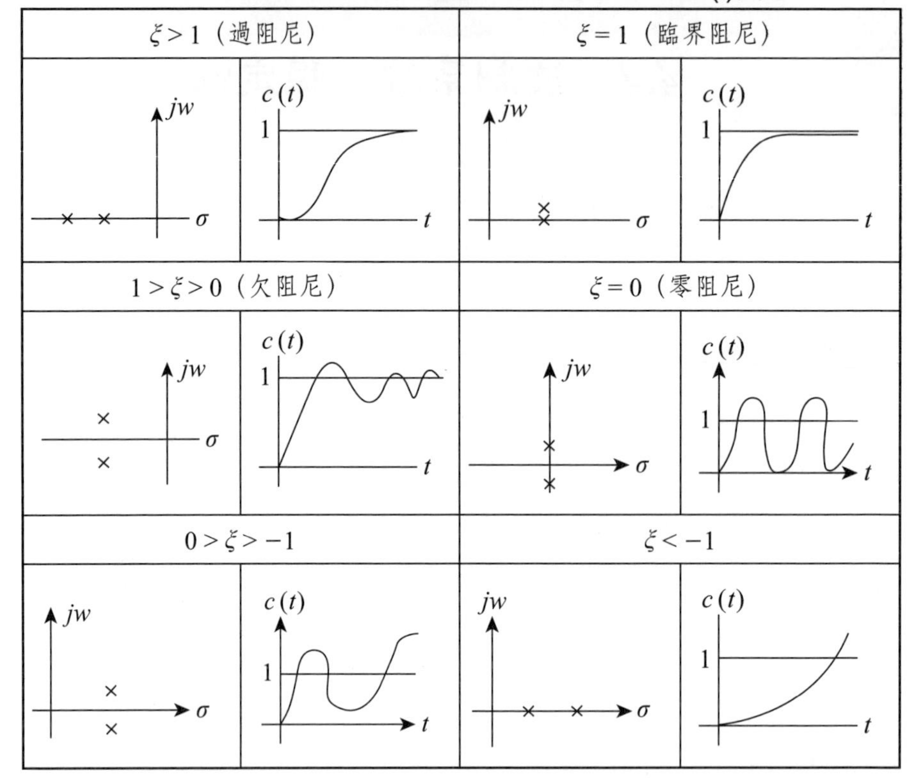

在上表中，我們可看到二階系統不同之ξ值系統下$c(t)$曲線，由$c(t)$圖態可看出系統之穩定之關係，在$\xi > 0$時系統穩定，$\xi \leq 0$時則否。

穩定性之定義

系統之穩定性之定義方式有好幾種，本書只介紹其中之BIBO穩定，其定義如下：

定義 若一系統之每個輸入爲有界則其輸出亦爲有界則稱此系統爲有界。

定義即爲 BIBO 穩定（Bounded-input bounded output stability），若 $r(t)$ 爲系統輸入，$c(t)$ 爲系統輸出，則 BIBO 穩定之數學表示爲

$$|r(t)| \leq \text{a} < \infty \text{且} \; |c(t)| \leq \text{b} < \infty \Rightarrow \text{BIBO 穩定}$$

命題 A 設系統之脈衝響應爲 $g(t)$ 則系統爲 BIBO 穩定之充要條件爲 $\int_0^\infty |g(\tau)| d\tau < \infty$。

證 ① $\int_0^\infty |g(\tau)| d\tau = a < \infty$ 系統 $\Rightarrow$ BIBO 穩定：

設 $r(t)$ 爲系統輸入，$c(t)$ 爲系統輸出，

由轉移函數 $G(s) = \dfrac{C(s)}{R(s)}$

$C(s) = G(s)R(s)$

$\mathcal{L}^{-1}(C(s)) = \mathcal{L}^{-1}(G(s)R(s))$

$c(t) = g(t) * r(t)$，即下列摺積關係成立：

$c(t) = \int_0^t r(t-\tau) g(\tau) d\tau$

$$\therefore |c(t)| = |\int_0^t r(\mathrm{t}-\tau)g(\tau)d\tau|$$
$$\leq \int_0^\infty |r(t-\tau)g(\tau)|d\tau$$
$$\leq \int_0^\infty |r(t-\tau)||g(\tau)|d\tau$$
$$\leq \int_0^\infty a|g(\tau)|d\tau$$
$$\leq a\int_0^\infty |g(\tau)|d\tau \leq \infty$$

∴系統為 BIBO 穩定

②系統為 BIBO 穩定 $\Rightarrow \int_0^\infty |g(\tau)|d\tau < \infty$，亦即$\int_0^\infty |g(\tau)|d\tau = \infty \Rightarrow$系統不為 BIBO 穩定：

∵系統之轉移函數 $G(s)$ 為脈衝響應 $g(t)$ 之拉氏轉換：

$$G(s) = \mathcal{L}(g(t)) = \int_0^\infty g(t)e^{-st}dt$$

$$\therefore |G(s)| = |\int_0^\infty g(t)e^{-st}dt|$$
$$\leq \int_0^\infty |g(t)e^{-st}dt|dt = \int_0^\infty |g(t)| \cdot |e^{-st}|dt$$
$$\leq \int_0^\infty |g(t)|dt$$

又

$|G(s)| \to \infty$時$\int_0^\infty |g(t)|dt = \infty$，即 $g(t)$ 為無界。因此，我們可結論出若 $|G(s)| \to \infty$，則系統為無界。 ■

在判斷系統是否穩定時命題 A 並不利於運算，因此，Routh 發展出 Routh 準則。

Routh 準則

Routh 準則是用代數根與係數關係來判斷線性非時變系統之穩定性。

簡單地說，Routh 準則首先建立 Routh 表（Routh tabulation 或 Routh array），然後利用系統特徵方程式之係數判斷系統是否穩定，而系統穩定之充要條件是所有特徵根之實部都爲負。

Routh 想法

設系統之特徵方程式爲

$$
\begin{aligned}
D(s) &= a_0 s^n + a_1 s^{n-1} + a_2 s^{n-2} + \cdots + a_{n-1} s + a_n \text{ , } a_0 \neq 0 \\
&= a_0 \left(s^n + \frac{a_1}{a_0} s^{n-1} + \frac{a_n}{a_0} s^{n-2} + \cdots + \frac{a_{n-1}}{a_0} s + \frac{a_n}{a_0} \right) \\
&= a_0 \prod_{i=1}^{n} (s - s_i) \text{ ，}
\end{aligned}
$$

s_i 爲系統之特徵根，利用一元 n 次方程式根與係數之關係：

$$\begin{cases} \dfrac{a_1}{a_0} = -(s_1 + s_2 + \cdots + s_n) \\ \dfrac{a_2}{a_0} = s_1 s_2 + s_1 s_3 + \cdots + s_{n-1} s_n \\ \dfrac{a_3}{a_0} = -(s_1 s_2 s_3 + s_1 s_2 s_4 + \cdots + s_{n-2} s_{n-1} s_n) \\ \cdots\cdots \\ \dfrac{a_n}{a_0} = (-1)^n s_1 s_2 \cdots s_n \end{cases}$$

由上述方程組可知，要使所有特徵根的實部均爲負就必須：

(1) $D(s)$ 之各項係數均不能爲 0（即不可缺項）。

(2) $a_1, a_2, \cdots a_n$ 同號。

Routh 判定過程

由上述理解，我們可建立 Routh 表之穩定性判定過程：

1. 特徵方程式 $\Delta(s) = 0$ 之次數決定了 Routh 表之列數，亦即 n 次特徵方程式之 Routh 表應有 $n + 1$ 個列。因此在應用 Routh 準則前，首先要求出線性非時變系統之方程式 $\Delta(s)$：

   $\Delta(s) = a_0 s^n + a_1 s^{n-1} + a_2 s^{n-2} + \cdots + a_{n-1} s + a_n = 0$

   $a_0, a_1, \cdots a_n$ 均爲實數。

2. 我們將將一個 Routh 表表列如下：

Routh 表

s^n	a_0	a_2	$a_4\cdots\cdots$
s^{n-1}	a_1	a_3	$a_5\cdots\cdots$
s^{n-2}	b_1	b_2	$b_3\cdots\cdots$
s^{n-3}	c_1	c_2	$c_3\cdots\cdots$
$\vdots$	$\vdots$		
s^1	$\vdots$		
s^0	$\vdots$		
第1行	第2行		

表之前二列是由 $\Delta(s)$ 之係數依序列出。

3. 第三列之 $b_1, b_2, b_3\cdots$之計算式：

$$b_1=\frac{-\begin{vmatrix}a_0 & a_2\\ a_1 & a_3\end{vmatrix}}{a_1}=\frac{a_1a_2-a_0a_3}{a_1}$$

$$b_2=\frac{-\begin{vmatrix}a_0 & a_4\\ a_1 & a_5\end{vmatrix}}{a_1}=\frac{a_1a_4-a_0a_5}{a_1}$$

$\cdots\cdots$

4. 第四列之 c_1, c_2,$\cdots$之計算式（即將第一列刪掉後再做類似求 $b_1, b_2\cdots$之動作）

$$c_1=\frac{-\begin{vmatrix}a_1 & a_3\\ b_1 & b_2\end{vmatrix}}{b_1}=\frac{a_3b_1-a_1b_2}{b_1}$$

$$c_2=\frac{-\begin{vmatrix}a_1 & a_5\\ b_1 & b_3\end{vmatrix}}{b_1}=\frac{a_5b_1-a_1b_3}{b_1}$$

……

問題：請「猜」Routh 表第 b_3 與 c_3 公式爲何？

5. 完成之 Routh 表之第 2 行元素均有相同之正負號，則 $\Delta(s)=0$ 根之實部均爲負，所有根均分布在 s 平面之左半平面，這意味著系統爲穩定。

   若 $\Delta(s)=0$ 之根有不同之正負號，那麼變號數恰爲 $\Delta(s)=0$ 實部爲正之根數，亦即 $\Delta(s)=0$ 在右半平面之根數。

6. 若 Routh 表第 2 行有 0 時，可用一個任意小之數 ε 取代 0，依步驟 4, 5 繼續。若 ε 之上下元素符號相同表示 $\Delta(s)=0$ 有共軛複根，則系統不穩定。

7. 若 Routh 表之某列元素均爲 0 時，我們可以 0 列之上一列數字建立一輔助方程式（方法如例 6 後之說明），用 s 微分後之係數取代原先之 0 列，再依前述規則進行分析。

例 1 若系統之特徵方程式 $\Delta(s)=s^3+2s^2+3s+1$，試用 Routh 準則判斷系統之穩定性。

解 建立 Routh 表：

s^3	1	3
s^2	2	1
s^1	$\frac{5}{2}$	0
s^0	1	0

$$b_1 = \frac{-\begin{vmatrix} 1 & 3 \\ 2 & 1 \end{vmatrix}}{2} = \frac{5}{2}，b_2 = 0$$

$$c_1 = \frac{-\begin{vmatrix} 2 & 1 \\ \frac{5}{2} & 0 \end{vmatrix}}{\frac{5}{2}} = 1，c_2 = 0$$

Routh 表第 2 行均爲同號（正號），由規則 5，$\Delta(s) = 0$ 之所有根之實部均爲負，所有特徵根都在 s 平面之左半平面，∴系統爲穩定。

例 2 系統之特徵方程式 $\Delta(s) = s^3 + s^2 + 3s + K + 2 = 0$，試求 K 以使系統爲穩定。

解 建立 Routh 表：

s^3	1	3
s^2	1	$K+2$
s^1	$1-K$	0
s^0	$K+2$	0

$$b_1 = \frac{-\begin{vmatrix} a_0 & a_2 \\ a_1 & a_3 \end{vmatrix}}{a_1} = \frac{-\begin{vmatrix} 1 & 3 \\ 1 & K+2 \end{vmatrix}}{1} = 3 - K - 2 = 1 - K$$

$$b_2 = 0$$

$$c_1 = \frac{-\begin{vmatrix} a_1 & a_3 \\ b_1 & b_2 \end{vmatrix}}{b_1} = \frac{-\begin{vmatrix} 1 & K+2 \\ 1-K & 0 \end{vmatrix}}{1-K} = K+2$$

系統穩定之條件爲第 2 行之 $1, 1, 1-K, K+2$ 維持同號：

$\therefore 1 - K > 0$ 且 $K + 2 > 0$，即 $1 > K > -2$。

例 3 （Routh 表第 2 行有 0 之情況）若系統之 $\Delta(s) = s^3 + 3s^2 + 3s + 9$，試用 Routh 準則判斷系統之穩定性。

解 建立 Routh 表

s^3	1	3
s^2	3	9
s^1	ε	0
s^0	9	

（3 與 9：同號）

$$b_1 = \frac{-\begin{vmatrix} a_0 & a_2 \\ a_1 & a_3 \end{vmatrix}}{a_1} = \frac{-\begin{vmatrix} 1 & 3 \\ 3 & 9 \end{vmatrix}}{1} = 0$$，令 $b_1 = \varepsilon$，

ε 為任意小之數 $b_2 = 0$

$$s_4 = \frac{-\begin{vmatrix} a_1 & a_3 \\ b_1 & b_2 \end{vmatrix}}{b_1} = \frac{-\begin{vmatrix} 3 & 9 \\ \varepsilon & 0 \end{vmatrix}}{\varepsilon} = \frac{9\varepsilon}{\varepsilon} = 9$$

因第 2 行 ε 之上面、下面元素分別為 3, 9 均為同號，表示系統不穩定。

例 4 一系統之特徵方程式 $s^3 - s^2 + 1 = 0$ 問 (a) 此系統是否穩定；(b) 特徵方程式在複平面右半平面之根數。

解 建立 Routh 表

s^3	1	0
s^2	-1	1
s^1	1	0
s^0	1	

（1 與 1：同號）

因 Routh 表第 2 行變號 2 次，故不穩定，而特徵方程式在複平面之右半平面有 2 根。

例 5 設一系統之轉移函數為 $G(s)=\dfrac{s^3+s+1}{s^4+s^3-3s^2-s+5}$

問此系統之特徵方程式有幾個根在右半平面？此系統是否穩定？

解 此系統之特性方程式為 $s^4+s^3-3s^2-2s+1=0$，建立 Routh 表如下：

s^4	1	−3	1
s^3	1	−2	0
s^2	−1	1	
s^1	1		
s^0	1		

（①：s^3 列與 s^2 列間變號；②：s^2 列與 s^1 列間變號）

因 Routh 表第 2 行變號 2 次，特徵方程式有 2 個根在複平面之右半平面，故不穩定。

例 6 是規則 7 之應用。讀者在應用規則 7 時應體會輔助方程式之設法。

例 6 系統之特性方程式 $s^3+2s^2-s-2=0$。

s^3	1	−1
s^2	2	−2
s^1	0	

因 Routh 表 s^1 列數字均為 0，故用 s^2 之數字形成一輔助方程式

$2s^2-2=0$

上式對 s 微分

$4s-0=0$，因此，改以 4，0 作為 s^1 列全部元素，然後再求 s^0 之元素：

$$\frac{-\begin{vmatrix} 2 & -2 \\ 4 & 0 \end{vmatrix}}{4} = -2$$

s^3	1	−1
s^2	2	−2
s^1	4	0
s^0	−2	

因新表之第 2 行變號 1 次項在右半面有 1 根，故系統不穩定。

爲了說明 Routh 表之某列元素全爲 0，其輔助方程式之作法，再舉例說明如下：

例 7 系統之特徵方程式 $s^6 + 4s^5 - 4s^4 + 4s^3 - 7s^2 - 8s + 10 = 0$，求 s 之根。

解

s^6	1	−4	−7	10	
s^5	4	4	−8		
s^4	−5	−5	10		
s^3	−20	−10	0		*
s^2	−2.5	10			
s	−90	0			
s^0	10				

讀者請自行驗證之。s^3 原爲 0 列，因此，我們設輔助方程式 $-5s^4 - 5s^2 + 10 = 0$，即 $s^4 + s^2 - 2 = (s^2 - 1)(s^2 + 20)$，得四個根 $s = -1, 1, j\sqrt{20}, -j\sqrt{20}$。其餘二根爲 $(s^6 + 4s^5 - 4s^4 + 4s^3 - 7s^2 - 8s + 10)/(s^4 + s^2 - 2) = s^2 + 4s - 5 = (s - 1)(s + 5) \Rightarrow \therefore s = 1, -5$。

練習 4.4

用Routh準則，根據下列特徵方程式，判斷系統之穩定性（1～4）。

1. $s^4 + 2s^3 + 9s^2 + 9s + 25 = 0$
2. $s^3 + 5s^2 + 7s + 50 = 0$
3. $s^3 + 6s^2 + 11s + 16 = 0$
4. $s^4 + s^3 + s^2 + s + 1 = 0$
5. 若單位回授系統之開環轉移函數 $G(s) = \dfrac{K}{s(s+1)(s+2)}$ 為穩定，試求 K 之範圍。
6. 系統之特性方程式為 $s^3 + 3Ks^2 + (K + 2)s + 4 = 0$，若系統為穩定，求 K。
7. 若系統之輸入為 $r(t)$，輸出為 $y(t)$，其微分方程式為

   $\dddot{y} + (K+0.5)\ddot{y} + 4K\dot{y} + 2y = 2r$

   求系統穩定之條件。
8. 若系統如下圖所示：

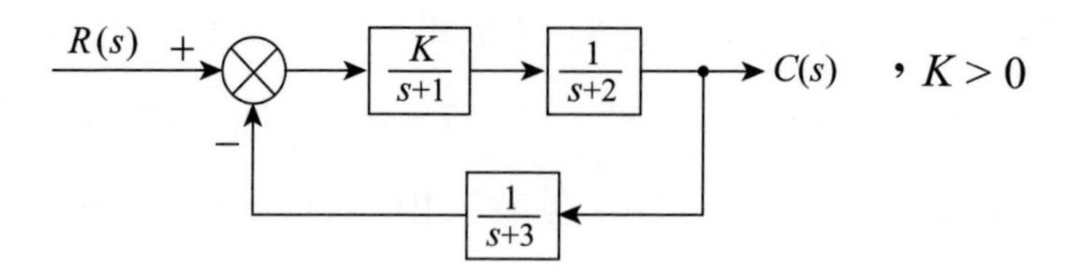

求使上述系統穩定之條件。

9. 設單位負回授系統之開環轉移函數為 $G(s)=\dfrac{K(s+1)}{s(s-1)(s+5)}$，問 K 在何範圍可使系統穩定？

4.5 穩態誤差分析

前言

系統之輸出量會因系統結構、輸入訊號或外部干擾作用而偏離了其期望數值，這個偏離值就是誤差。實務上，即便系統之元件、作業環境均無外部干擾情況下，系統仍可能有誤差。

系統之運作大致是由暫態，再到某一平衡狀態，即所謂之穩態，在不同階段會有不同之誤差，因此，系統誤差大致可分瞬態誤差和穩態誤差二部分，其中瞬態誤差會隨時間而逐漸衰減，因此穩態誤差就成爲系統誤差之主要部分，也是衡量系統穩定性之重要指標。

在研究系統穩態誤差時，必須記住只有在系統穩定之前提下，系統誤差才有分析的意義，因此分析穩定誤差前須先判斷系統之穩定性，在這個意義下，前節之 Routh 表便可派上用場。

系統誤差

定義 系統之誤差（$e(t)$）之定義有下列二種：

(1) 從輸出端：$e(t) \triangleq r(t) - c(t)$

(2) 從輸入端：$e(t) \triangleq r(t) - b(t)$

上述 $r(t)$ 是輸入信號，$c(t)$ 是輸出信號，$b(t)$ 是回授信號。

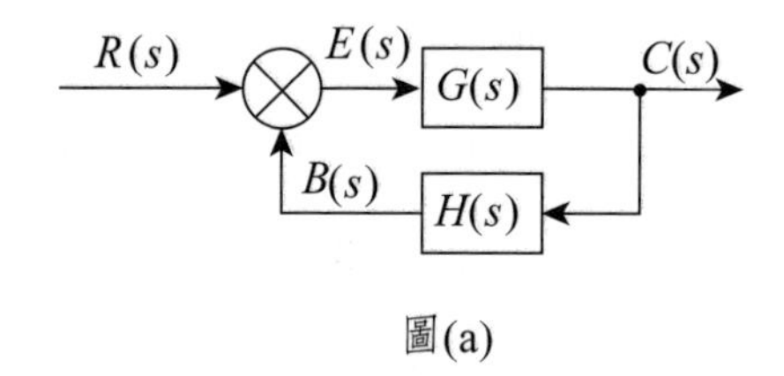

圖(a)

由上圖易知 $H(s) = 1$ 時，系統為單位回授，則定義之 (1), (2) 是相等的。

干擾作用

我們說過系統誤差會因外部干擾而產生，當我們考慮干擾作用時，要考慮二個信號：一是輸入信號，它是在系統之輸入端進入系統，一是干擾信號，干擾信號 $n(t)$ 多作用在受控對象，一個典型之帶有干擾信號之閉環系統之方塊圖如下：

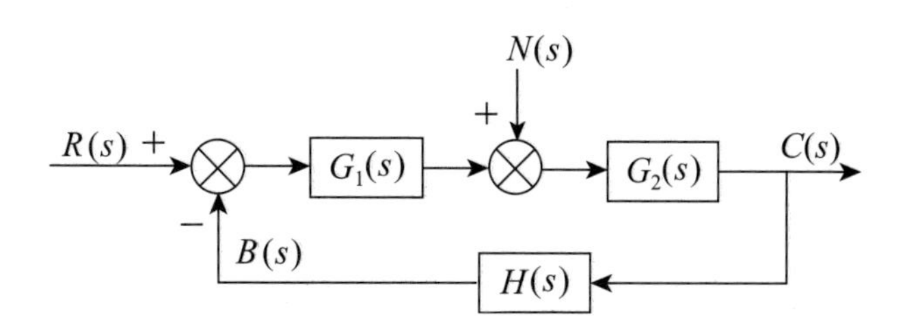

我們就以上圖爲例說明如何求多輸入系統之閉環轉移函數，當我們計算這類系統之轉移函數大致是下列二種閉環轉移函數之和：

一是：令 $n(t)=0$ 求 $r(t)$ 作用下之閉環轉移函數。

二是：令 $r(t)=0$ 求 $n(t)$ 作用下之閉環轉移函數。

A. 求 $r(t)$ 作用下之閉環轉移函數 $\Phi(s)=\dfrac{C(s)}{R(s)}$：

令 $n(t)=0$

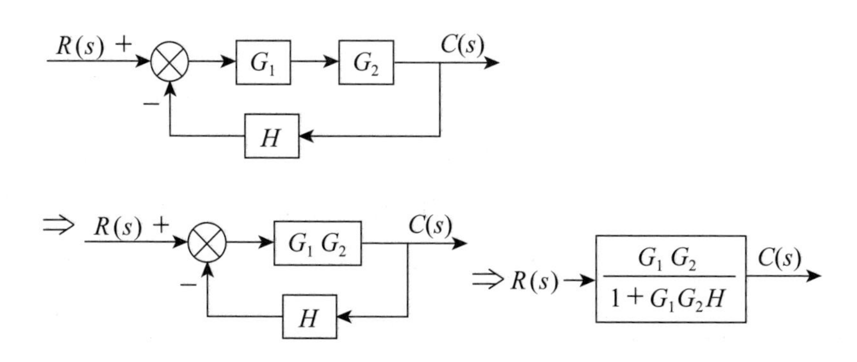

$$\therefore \Phi_1(s)=\frac{C(s)}{R(s)}=\frac{G_1(s)G_2(s)}{1+G_1(s)G_2(s)H(s)}$$

B. 求 $n(t)$ 作用下之閉環轉移函數 $\Phi(s)=\dfrac{C(s)}{N(s)}$：

令 $r(t)=0$

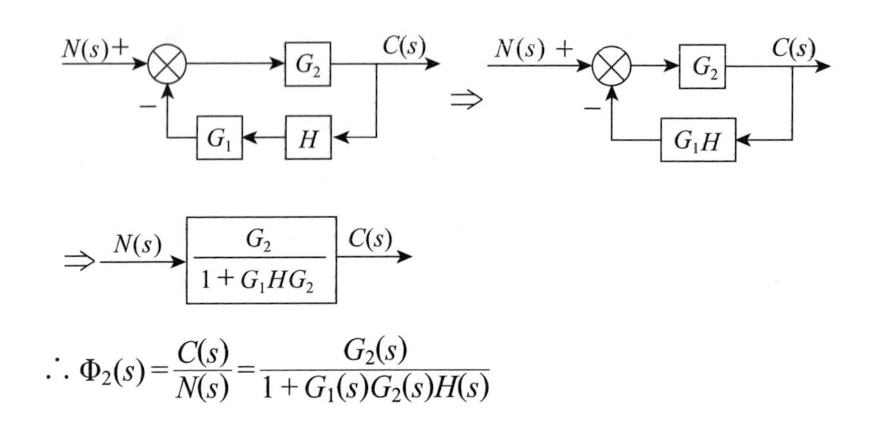

$$\therefore \Phi_2(s)=\frac{C(s)}{N(s)}=\frac{G_2(s)}{1+G_1(s)G_2(s)H(s)}$$

C. 系統之轉移函數 $\Phi(s)=\Phi_1(s)R(s)+\Phi_2(s)N(s)$

$$=\frac{G_1G_2}{1+G_1G_2H}R(s)+\frac{G_2}{1+G_1G_2H}N(s)$$

穩態誤差之意義

在 4.2 節控制系統之時間響應分暫態響應與穩態響應二部分，由穩態響應可分析出系統之穩態誤差，由穩態誤差我們可確知系統對某些典型信號（如單位脈衝信號等）輸入到系統後實際輸出與預期輸出之差異。系統穩態誤差愈小，系統之穩定性自然愈好。因此系統設計者最重要之工作之一就是壓縮系統之穩態誤差。

在正式討論穩態誤差前，我們仍再次強調，必須在系統穩定之前討論穩定誤差。

系統之動態結構圖如下圖

則系統之誤差轉移函數 $\Phi_e = \dfrac{E(s)}{R(s)} = \dfrac{1}{1+G(s)H(s)}$ 。

證　$E(s) = R(s) - B(s) = R(s) - H(s)C(s)$　①

$= R(s) - H(s)\,E(s)\,G(s)$

移項得

$(1 + G(s)H(s))E(s) = R(s)$　②

$\therefore \Phi_e(s) = \dfrac{E(s)}{R(s)} = \dfrac{1}{1+G(s)\,H(s)}$　■

系統之動態結構圖如命題 A，則系統之開環誤差 $e(t)$ 之 $E(s) = \dfrac{R(s)}{1+G(s)}$

證

由命題 A，$\frac{E(s)}{R(s)}=\frac{1}{1+G(s)H(s)}$，取 $H(s)=1$，則 $E(s)=\frac{R(s)}{1+G(s)}$

■

系統之分類

因爲系統之分類與穩態誤差與系統分類有關，所以先對系統分類作一定義。

定義 將一個標準回授系統之開環轉移函數 GH 寫成下列二種標準型式：

(1) 時間常數形式

$$GH=\frac{K\prod_{i=1}^{m}(z_i s+1)}{s^{\ell}\prod_{j=1}^{n}(T_j s+1)}\text{，}K\text{ 爲開環增益} \qquad ①$$

(2) 零點極點形式

$$GH=\frac{K_1\prod_{i=1}^{m}(s+z_i)}{s^{\ell}\prod_{j=1}^{n}(s+p_j)}$$

，$\ell\geq 0, -z_i$，$-p_j$ 分別爲 GH 有限個非零之零點與極點 K_1 爲根軌跡增益 ②

①，②二式分母之 s 冪次 ℓ，表示系統爲 ℓ 型系統。

我們在穩態誤差分析前，需判斷系統是否為穩定，要用到 Routh 分析，在應用 Routh 分析時，需用定義之 (2) 式。

例 1 試將下列系統作一分類

(a) 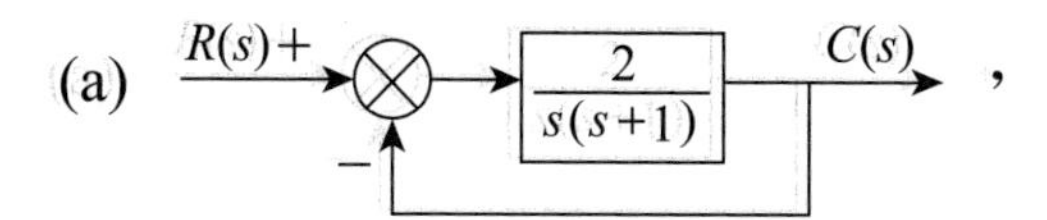

，

(b) 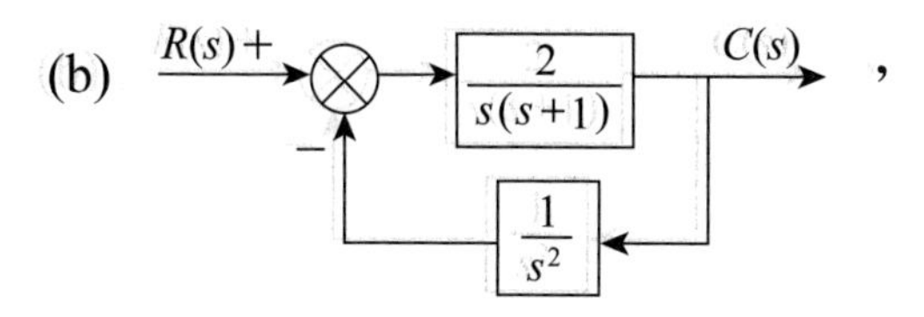

，

(c) R(s) +　−　$\frac{1}{s+1}$　C(s)　$\frac{s}{s+2}$，

解

(a) $GH=\frac{2}{s(s+1)}$：1 型系統

(b) $GH=\frac{2}{s(s+1)}\cdot\frac{1}{s^2}=\frac{2}{s^3(s+1)}$：3 型系統

(c) $GH=\frac{1}{(s+1)}\frac{s}{(s+2)}=\frac{s}{(s+1)(s+2)}$：0 型系統

根據定義，我們可依 GH 之 ℓ 值將系統分成 0 型、1 型、2 型…，實際上，對 $\ell\geq 3$ 類型系統不多見，因此，我們的討論將集中在 0～2 型系統之穩態誤差，至於 3 型以上系統，同法可推論之。

穩態誤差

參考下圖，我們可定義穩態誤差：

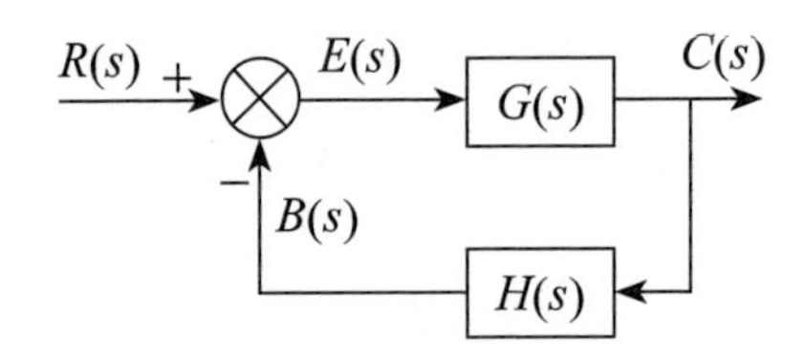

定義 系統誤差定義爲 $e(t) \triangleq r(t) - c(t)$，系統之穩態誤差 c_{ss} 定義爲 $e_{ss} = \lim_{t\to\infty} e(t)$

命題 C 若 $sE(s)$ 之極點均落於 s 平面之左半平面，則系統之穩態誤差 $e_{ss} = \lim_{s\to 0} sE(s) = \lim_{s\to 0} \dfrac{sR(s)}{1+G(s)H(s)}$

證 $\because c(t) = c_t(t) + c_{ss}(t)$

$$\therefore \lim_{t\to\infty} c(t) = \lim_{t\to\infty} (c_t(t) + c_{ss}(t)) = \underbrace{\lim_{t\to\infty} c_t(t)}_{0} + \lim_{t\to\infty} c_{ss}(t)$$

由本節命題 A，$E(s) = \dfrac{R(s)}{1+G(s)H(s)}$

依假設，$sE(s)$ 之極點均落於 s 平面之左半平面。由終值定理：

$$e_{ss}=\lim_{s\to 0}sE(s)=\lim_{s\to 0}\frac{sR(s)}{1+G(s)H(s)}$$ ■

若將步階函數，斜坡函數與拋物線函數（$r(t)=\frac{1}{2}At^2$）輸入，由命題 C 我們可得對應之穩態誤差，以斜坡函數爲例：

斜坡函數 $r(t)=At$，則其拉氏轉換之結果爲 $R(s)=\mathcal{L}(At)=\frac{A}{s^2}$，由命題 C，穩態誤差 $e_{ss}=\lim_{s\to 0}\frac{sR(s)}{1+G(s)H(s)}=\lim_{s\to 0}\frac{s\cdot\frac{A}{s^2}}{1+G(s)H(s)}=\lim_{s\to 0}\frac{A}{s(1+G(s)H(s))}=\frac{A}{\lim_{s\to 0}sG(s)H(s)}$，$\lim_{s\to 0}sG(s)H(s)$ 稱爲速度誤差常數 K_v（Velocity error constant）。

類似地，我們還可定義位置誤差常數 K_p（Position error constant）與加速度誤差常數（Acceleration error constant）K_a如下：

定義 定義三種誤差常數如下：

1. 位置誤差常數 K_p：$K_p\triangleq\lim_{s\to 0}G(s)H(s)$。
2. 速度誤差常數 K_v：$K_v\triangleq\lim_{s\to 0}sG(s)H(s)$。
3. 加速度誤差常數 K_a：$K_a\triangleq\lim_{s\to 0}s^2G(s)H(s)$。

我們以型 1 系統爲例，說明 K_p, K_v 與 K_a 在典型輸入下之穩態誤差。

$$G(s)\,H(s)=\frac{K(1+\tau_1 s)(1+\tau_2 s)\cdots(1+\tau_m s)}{s\,(1+T_1 s)(1+T_2 s)\cdots(1+T_n s)}，n>m$$

對上式取 $s\to 0$ 得：

$K_p=\lim\limits_{s\to 0}G(s)H(s)=\infty$，

$K_v=\lim\limits_{s\to 0}sG(s)H(s)=K$，

$K_a=\lim\limits_{s\to 0}s^2G(s)H(s)=0$。

(1) 步階輸入：$r(t)=\mathrm{A}\cdot u(t)$，$R(s)=A/s$，$A$ 爲常數

由命題 C，

$$e_{ss}=\lim_{s\to 0}\frac{sR(s)}{1+G(s)H(s)}=\lim_{s\to 0}\frac{s\cdot\frac{A}{s}}{1+G(s)H(s)}=\lim_{s\to 0}\frac{A}{1+G(s)H(s)}$$

$$=\frac{A}{\lim\limits_{s\to 0}(1+G(s)H(s))}=\frac{A}{1+\infty}=0$$

(2) 斜坡輸入：$r(t)=At$，$R(s)=\frac{A}{s^2}$，A 爲常數

由命題 C，

$$e_{ss}=\lim_{s\to 0}\frac{s\cdot R(s)}{1+G(s)H(s)}=\lim_{s\to 0}\frac{s\cdot\frac{A}{s^2}}{1+G(s)H(s)}=\lim_{s\to 0}\frac{A}{s(1+G(s)H(s))}$$

$$=\frac{A}{\lim\limits_{s\to 0}s+\lim\limits_{s\to 0}sG(s)H(s)}=\frac{A}{K_v}=\frac{A}{K}$$

(3) 拋物線輸入：$r(t)=\frac{1}{2}At^2$，$R(s)=\frac{A}{s^3}$

由命題 C，

$$e_{ss}=\lim_{s\to 0}\frac{sR(s)}{1+G(s)H(s)}=\lim_{s\to 0}\frac{s\cdot\frac{A}{s^3}}{1+G(s)H(s)}$$

$$= \lim_{s\to 0} \frac{A}{s^2 + s^2 G(s)H(s)} = \frac{A}{\lim\limits_{s\to 0} (s^2 + s^2 G(s)H(s))} = \frac{A}{\lim\limits_{s\to 0} s^2 G(s)H(s)}$$

$$= \frac{A}{K_a} = \frac{A}{0} = \infty$$

表4.2　型0～2系統步階、斜坡、拋物線輸入之穩態誤差

系統類別	K_p	K_v	K_a	$r(t) = A \cdot u(t)$ $e_{ss} = \frac{A}{1+K_p}$	$r(t) = At$ $e_{ss} = \frac{A}{K_v}$	$r(t) = \frac{1}{2}At^2$ $e_{ss} = \frac{A}{K_a}$
0	K	0	0	$\frac{A}{1+K_p}$	∞	∞
1	∞	K	0	0	$\frac{A}{K_v}$	∞
2	∞	∞	K	0	0	$\frac{A}{K_a}$

一般而言，系統之 ℓ 值愈高，準確度愈高。亦即 ℓ 值愈高之系統可消除穩態誤差，但閉回路系統之穩定性較難達到。

命題 D

若一系統之輸入爲典型輸入函數之組合，即

$r(t) = (a + bt + ct^2)u(t)$，$u(t)$ 爲單位步階函數。

則穩態誤差 $e_{ss} = \frac{a}{1+K_p} + \frac{b}{K_v} + \frac{2c}{K_a}$

證 $r(t)=(a+bt+ct^2)u(t) \quad \therefore R(s)=\dfrac{a}{s}+\dfrac{b}{s^2}+\dfrac{2c}{s^3}$

由命題 B，

$$e_{ss}=\lim_{s\to 0}\frac{sR(s)}{1+G(s)H(s)}=\lim_{s\to 0}\frac{s\left(\dfrac{a}{s}+\dfrac{b}{s^2}+\dfrac{2c}{s^3}\right)}{1+G(s)H(s)}=\lim_{s\to 0}\frac{a+\dfrac{b}{s}+\dfrac{2c}{s^2}}{1+G(s)H(s)}$$

$$=\lim_{s\to 0}\frac{a}{1+G(s)H(s)}+\lim_{s\to 0}\frac{b}{s+sG(s)H(s)}+\lim_{s\to 0}\frac{2c}{s^2+s^2G(s)H(s)}$$

$$=\frac{a}{1+K_p}+\frac{b}{K_v}+\frac{2c}{K_a}$$

■

命題 E 若開環系統之轉移函數為$\dfrac{N(s)}{D(s)}$，則其閉環特徵方程式 $D(s)+N(s)=0$

證 開環系統之轉移函數$\dfrac{N(s)}{D(s)}$ ∴閉環系統之轉移函數

$$\Phi(s)=\frac{N(s)/D(s)}{1+N(s)/D(s)}=\frac{N(s)}{N(s)+D(s)}$$

∴閉環特徵方程式為 $N(s)+D(s)=0$

■

例 2 若一單位回授系統之開回路轉移函數 $G(s)=\dfrac{10(s+1)}{s^2(s+5)}$，輸入訊號 $r(t)=(5-t+0.5t^2)u(t)$，求系統輸出穩態誤差？

解 1. 先判斷系統之穩定性

開回路轉移函數 $G(s)=\dfrac{10(s+1)}{s^2(s+5)}$，得閉回路系統之特徵

方程式$\Delta(s) = s^2(s+5) + 10(s+1) = s^3 + 5s^2 + 10s + 10 = 0$，由 Routh 表：

s^3	1	10
s^2	5	10
s^1	8	0
s^0	10	

∴此系統爲穩定

2. 先求 K_p, K_v 與 K_a，$G(s)=\dfrac{10(s+1)}{s^2(s+5)}=\dfrac{2(s+1)}{s^2(0.2s+1)}$，型 2 系統，由表 4-1

$$K_p=\lim_{s\to 0}G(s)=\infty \qquad \therefore e_{ss}=\frac{a}{1+K_p}+\frac{b}{K_v}+\frac{2c}{K_a}G(s)$$

$$K_v=\lim_{s\to 0}sG(s)=\infty \qquad =\frac{5}{1+\infty}-\frac{1}{\infty}+\frac{1}{2}=0.5$$

$$K_a=\lim_{s\to 0}s^2G(s)=2$$

例 3　若單位回授系統之開環轉移函數 $G(s)=\dfrac{20}{(0.1s+1)(s+2)}$

求輸入 $r(t) = (2 + t + t^2)u(t)$ 之系統穩態誤差？

解　$G(s)=\dfrac{20}{(0.1s+1)(s+2)}=\dfrac{200}{(s+10)(s+2)}$

∴閉環特徵方程式爲 $D(s) = (s+10)(s+2) + 200$

$= s^2 + 12s + 220 = 0$

由 Routh 表

s^2	1	220
s^1	12	0
s^0	220	

∴此系統為穩定。接著要求穩態誤差：

$$G(s)=\frac{200}{(s+10)(s+20)}$$

$$K_p=\lim_{s\to 0}G(s)=\lim_{s\to 0}\frac{200}{(s+10)(s+20)}=10$$

$$K_v=\lim_{s\to 0}sG(s)=\lim_{s\to 0}s\cdot\frac{200}{(s+10)(s+20)}=0$$

$$K_a=\lim_{s\to 0}s^2G(s)=\lim_{s\to 0}s^2\cdot\frac{200}{(s+10)(s+20)}=0$$

$$r(t)=2+t+t^2$$

$$\therefore e_{ss}=\frac{2}{1+K_p}+\frac{1}{K_v}+\frac{2}{K_a}=\frac{2}{11}+\frac{1}{0}+\frac{2}{0}=\infty$$

練習 4.5

1. 試證單位斜坡輸入下之穩定誤差 $e_{ss}=\lim_{s\to 0}\frac{1}{sG(s)}=\frac{1}{K_v}$。
2. 驗證表 4.1 之 2 型系統之 K_p, K_v, K_a 及步階、斜坡與拋物線函數輸入時之穩態誤差。

3. 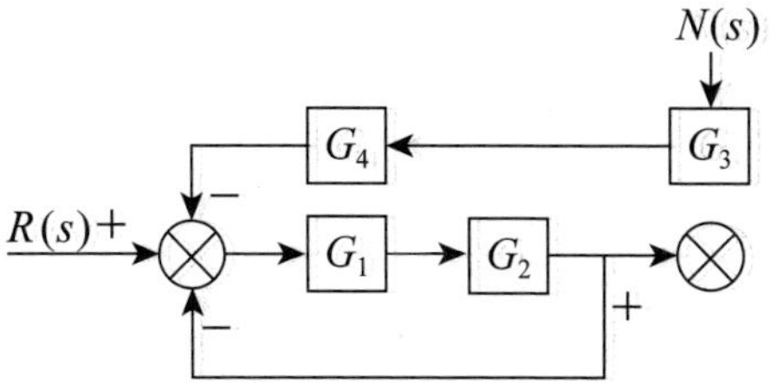 求 $\dfrac{C(s)}{R(s)}$。

4. 考慮下列回授系統

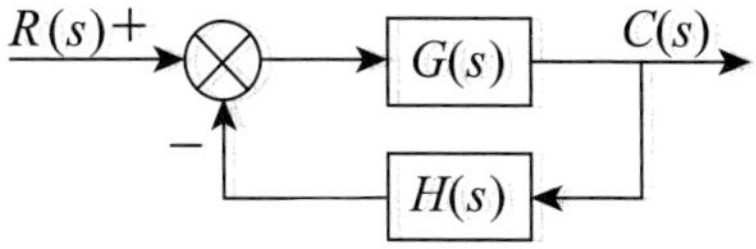

試證

(a) $E(s)=\left[1-\dfrac{G(s)}{1+G(s)H(s)}\right]R(s)$

(b) $e_{ss}=$ ？

5. 下列二階系統當輸入單位斜坡信號時，則輸出之穩態誤差為何？

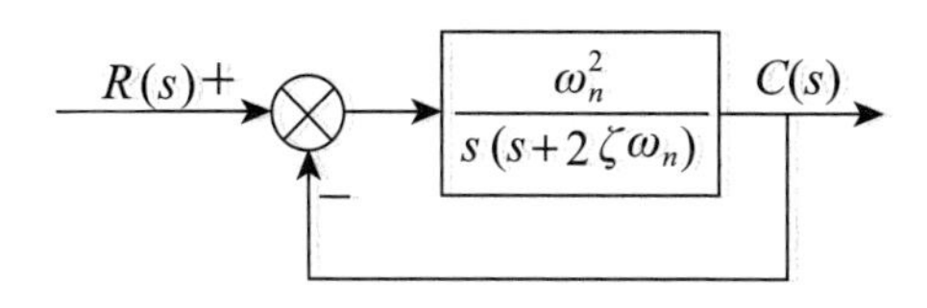

6. 在下列系統

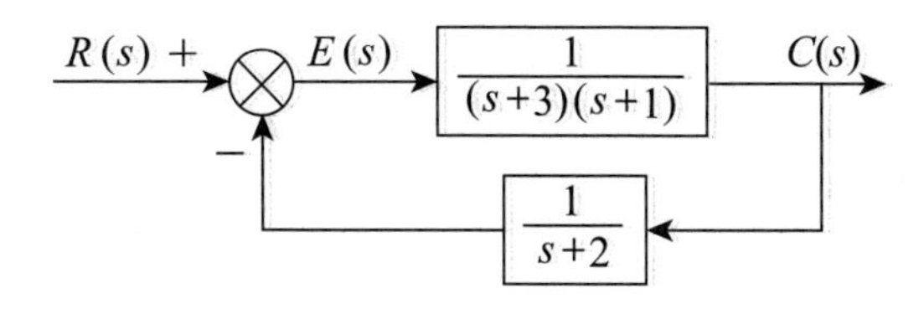

(a) 用 Routh 準則判斷系統是否穩定？

(b) e_{ss} = ？

7. 一單位負回授系統之開回路轉移函數為 $G(s)=\dfrac{K(s+1)}{s^2+s+8}$

(a) 問此閉路系統是否穩定？

(b) 若以步階響應輸入下，求穩態誤差？

8. 若一回授系統如下：

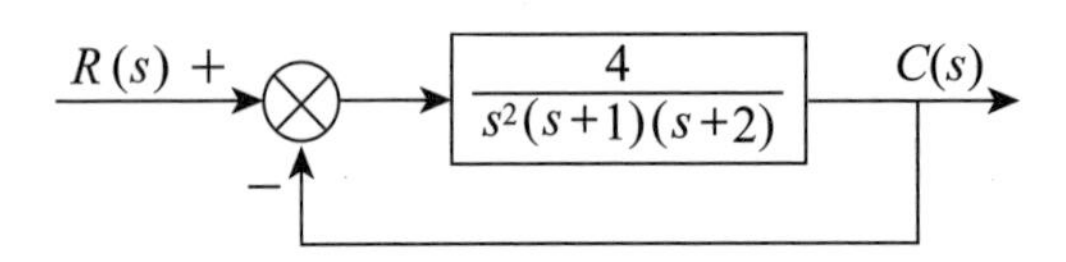

若輸入信號 $r(t) = (2 + 3t + 5t^2)u(t)$，求 e_{ss} = ?

(提示：由 Ruth 準則，系統不穩定)

第5章

根軌跡分析

5.1 引言
5.2 根軌跡之基本概念
5.3 根軌跡繪圖規則

5.1 引言

在上一章我們知道閉環系統之極點在 s 平面之位置決定了系統之性能指標。而系統參數之變化範圍會影響到閉環系統極點之位置從而影響到系統之性能指標。

考慮一個我們已熟悉之方程式

$(s^n + a_1 s^{n-1} + a_2 s^{n-2} + \cdots + a_{n-1} s + a_0) + K(s^m + b_1 s^{m-1} + b_2 s^{m-2} + \cdots + b_0) = 0$

$$\therefore 1 + \frac{K(s^m + b_1 s^{m-1} + \cdots + b_0)}{s^n + a_1 s^{n-1} + \cdots + a_0} = 0$$

上式之 K 即爲系統之回路增益，亦即系統之參數，系統之參數可能不止一個。

K 改變時，閉路系統之極點在 s 平面上之位置亦隨之改變，而改變之軌跡即爲根軌跡。

對一、二階系統而言，系統特徵方程式之根很容易求得，但對三階以上之系統這就是一件困難的工作，美國學者 W. R. Evans 在 1948 年提出根軌跡法以解決上述問題。

根軌跡法是根據系統開環系統轉移函數之零點與極點之分布去研究一個或多個參數之變化對閉環系統之極點影響之一種圖示方法。

複數

在本章與下章之頻域分析都要用到複（變）數觀念，在此僅將就本章需要部分作一簡要複習。

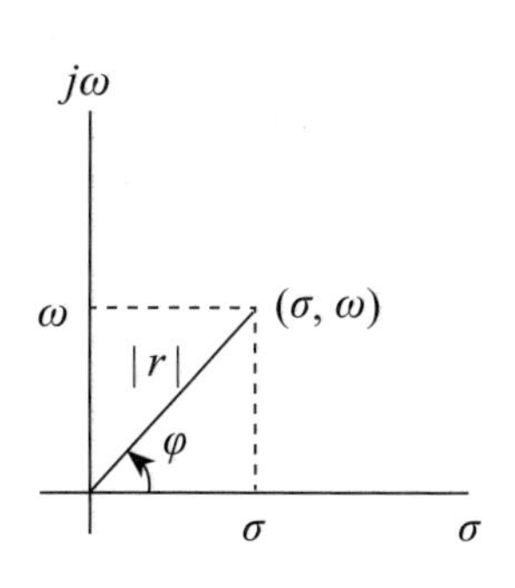

在控制理論上，複數常以 s 表示，$s = \sigma + j\omega,\ j=\sqrt{-1}$, σ, ω 均爲實數，我們可將 s 表現在複數平面上，這個複數平面稱爲阿岡圖（Argan's diagram）。

$s = \sigma + j\omega$ 之長度記做 $|s|=\sqrt{\sigma^2+\omega^2}$，長度也稱爲幅値或大小，而幅角（亦稱相位）爲 $\varphi=\tan^{-1}\left(\frac{\omega}{\sigma}\right)$，我們也以 $\arg(s)$ 表幅角，因此 $\arg(s)=\tan^{-1}\left(\frac{\omega}{\sigma}\right)$。

因爲任異複數 $s=\sigma+j\omega$ 之極式（Polar form）爲

$$\sigma+j\omega=\sqrt{\sigma^2+\omega^2}\left(\frac{\sigma}{\sqrt{\sigma^2+\omega^2}}+j\frac{\omega}{\sqrt{\sigma^2+\omega^2}}\right) \tag{1}$$

$$=\sqrt{\sigma^2+\omega^2}\,(\cos\theta+j\sin\theta),\ \theta=\tan^{-1}\frac{\omega}{\sigma}=\arg(s)$$

$$=|s|\,\underline{/s}\,,\ \underline{/s} \text{ 爲 } s \text{ 之幅角或相位。} \tag{2}$$

又 Euler 公式 $e^{j\theta}=\cos\theta+j\sin\theta$

$$\therefore\ \sigma+j\omega=|s|e^{j\theta} \tag{3}$$

由 (3) 我們可得下列命題

命題 A s_1, s_2 爲任意二個異於 0 之複數，則：

(1) $|s_1\, s_2| = |s_1|\,|s_2|,\ \angle s_1 s_2 = \angle s_1 + \angle s_2$

(2) $\dfrac{|s_1|}{|s_2|} = \dfrac{|s_1|}{|s_2|},\ \angle s_1/s_2 = \angle s_1 - \angle s_2$

(3) $|s_1^n| = |s_1|^n,\ \angle s_1^n = n\angle s_1$；特別地，$\angle s_1^{-1} = -\angle s_1$

證 （又證 (1) 部分）

令 $s_1 = \sigma_1 + j\omega_1, s_2 = \sigma_2 + j\omega_2$，那麼 $s_1 = r_1 e^{j\theta_1}, s_2 = r_2 e^{j\theta_2}$，其中 $r_1 = \sqrt{\sigma_1^2 + \omega_1^2}, r_2 = \sqrt{\sigma_2^2 + \omega_2^2}, \theta_1 = \tan^{-1}\dfrac{\omega_1}{\sigma_1}, \theta_2 = \tan^{-1}\dfrac{\omega_2}{\sigma_2}$

則

$$\because\ |e^{j\theta}| = |\cos\theta + j\sin\theta| = 1$$

$$\begin{aligned}\therefore\ |s_1\, s_2| &= |r_1 e^{j\theta_1} \cdot r_2 e^{j\theta_2}| = |r_1 r_2 e^{j(\theta_1+\theta_2)}| \\ &= |r_1 r_2|\,|e^{j(\theta_1+\theta_2)}| = |r_1 r_2| = |r_1 e^{j\theta_1}|\,|r_2 e^{j\theta_2}| \\ &= |r_1|\,|r_2| = |s_1|\,|s_2|\end{aligned}$$

又 $s_1 s_2 = r_1 r_2 e^{j(\theta_1+\theta_2)}$

$$\therefore\ \underbrace{\angle s_1 s_2}_{\theta_1+\theta_2} = \underbrace{\angle s_1}_{\theta_1} + \underbrace{\angle s_1}_{\theta_2}$$ ■

命題 A 亦可用隸莫弗定理（De Movire theorem）導出，隸莫弗定理說：

$s_1 = r_1(\cos\theta_1 + j\sin\theta_1), s_2 = r_2(\cos\theta_2 + j\sin\theta_2)$，$j = \sqrt{-1}$則

$s_1 \cdot s_2 = r_1 r_2(\cos(\theta_1 + \theta_2) + j\sin(\theta_1 + \theta_2))$；$\angle s_1 \cdot s_2 = \theta_1 + \theta_2$

$s_1/s_2 = r_1/r_2(\cos(\theta_1 - \theta_2) + j\sin(\theta_1 - \theta_2))$；$\underline{/s_1/s_2} = \theta_1 - \theta_2$

$s_1^n = r_1^n(\cos n\theta_1 + j\sin n\theta_1)$; $\underline{/s_1^n} = n\underline{/s_1} = n\theta_1$

上述結果之幅角表示：

$\arg(s_1 s_2) = \theta_1 + \theta_2 = \arg(s_1) + \arg(s_2)$

$\arg(s_1/s_2) = \theta_1 - \theta_2 = \arg(s_1) - \arg(s_2)$

$\arg(s_1^n) = n\theta_1 = n\arg(s_1)$

例 1 若系統之 $GH(s) = \dfrac{1}{s(s+2)^3}$，求 $s = j2$ 時 $GH(s)$ 之相位與大小。

解 (a) 幅角（相位）

$$GH(j2) = \frac{1}{(j2)(j2+2)^3}$$

$$\therefore \underline{/GH(j2)} = \underline{\Big/\frac{1}{(j2)(j2+2)^3}} = -\underline{/(j2)\,(j2+2)^3}$$

$$= -\underline{/j2} - \underline{/(j2+2)^3} = -\underline{/j2} - 3\,\underline{/(j2+2)}$$

$$= -\tan^{-1}\left(\frac{2}{0}\right) - 3\tan^{-1}\left(\frac{2}{2}\right)$$

$$= -90° - 3 \cdot 45° = -225°$$

(b) 大小（幅值）

$$\text{又} \ |GH(j2)| = \left|\frac{1}{(j2)(j2+2)^3}\right| = \frac{1}{16}\left|\frac{1}{j}\right|\left|\frac{1}{j+1}\right|^3 = \frac{1}{32\sqrt{2}} = 0.02$$

例 2 若系統之 $GH(s)=\dfrac{s+1}{s(s+2)(s+4)}$，求 $s=-2+j2$ 時 $GH(s)$ 之幅角與大小。

解 (a) 幅角（相位）

$$GH(-2+j2)=\frac{-1+j2}{(-2+j2)(j2)(2+j2)}=\frac{(-1+j2)}{8(-1+j)j(1+j)}$$

只需計算 $\dfrac{-1+j2}{(-1+j)j(1+j)}$ 之幅角即可：

$$\angle GH(-2+j2)=\angle(-1+j2)-\angle(-1+j)-\angle j-\angle(1+j)$$

$$=\tan^{-1}\frac{2}{-1}-\tan^{-1}(-1)-\tan^{-1}\frac{1}{0}-\tan^{-1}1$$

$$=-\tan^{-1}2+45°-90°-45°$$

$$=-63.43°+45°-90°-45°=-153.43°$$

(b) 大小（幅值）

$$|GH(s=-2+j2)|=\left|\frac{-1+j2}{8(-1+j)j(1+j)}\right|=\frac{\sqrt{5}}{8\sqrt{2}\cdot 1\sqrt{2}}=\frac{\sqrt{5}}{16}\doteqdot 0.14$$

給定一複數 $G(j\omega)$，則

$G(j\omega)=u(\omega)+jv(\omega)$，$u, v$ 爲實函數

$=|G(j\omega)|\angle G(j\omega)$

$=M(\omega)e^{j\phi(\omega)}$, $M(\omega)$ 爲幅值，$\varphi(\omega)$ 爲相位。

上式中 $M(\omega)=|G(j\omega)|=\sqrt{u^2(\omega)+v^2(\omega)}$

而 $\varphi(\omega)=\angle G(j\omega)=\tan^{-1}\dfrac{v(\omega)}{u(\omega)}$

我們對 $G(j\omega)$ 有 3 種表示方式：

(1) $G(j\omega)=u(\omega)+jv(\omega)$ 爲直角坐標表示法

(2) $G(j\omega)=|G(j\omega)|\ \underline{/G(j\omega)}$ 爲極坐標表示法

(3) $G(j\omega)=M(\omega)e^{j\phi(\omega)}$ 爲指數表示法

我們曾說過，轉移函數 $G(s)$

一般可表示如下：

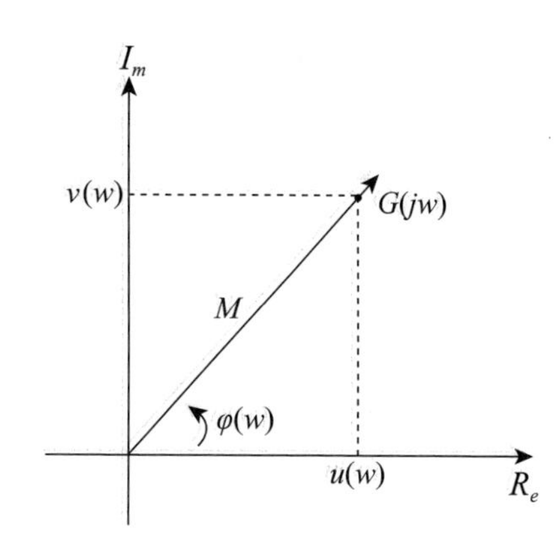

$$G(s)=\frac{K\prod_{j=1}^{m}(s+z_j)}{\prod_{i=1}^{n}(s+p_i)}$$

由複變函數理論知：

$$G(s)=|G(s)|e^{j\phi}$$
$$=|G(s)|\ \underline{/\phi}$$

上式中

$|G(s)|$ 是 $G(s)$ 之絕對值，即幅值。

$\phi\equiv\arg(G(s))=\tan^{-1}\left(\dfrac{I_mG(s)}{Re\,G(s)}\right)$，其中 $I_mG(s)$ 爲 $G(s)$ 之虛部，$ReG(s)$ 爲 $G(s)$ 之實部。

$$\therefore G(s)=\left|\frac{K\prod_{j=1}^{m}(s+z_j)}{\prod_{i=1}^{n}(s+p_i)}\right|\ \underline{/\left(\sum_{j=1}^{m}\phi_{iz}-\sum_{i=1}^{n}\phi_{ip}\right)}$$

例 3 若 $GH(s)=\dfrac{K(s+z_1)}{(s+p_1)(s+p_2)(s+p_3)}$，給定一點 s，則開迴路之極點和零點至測試點 s 之幅角如下：

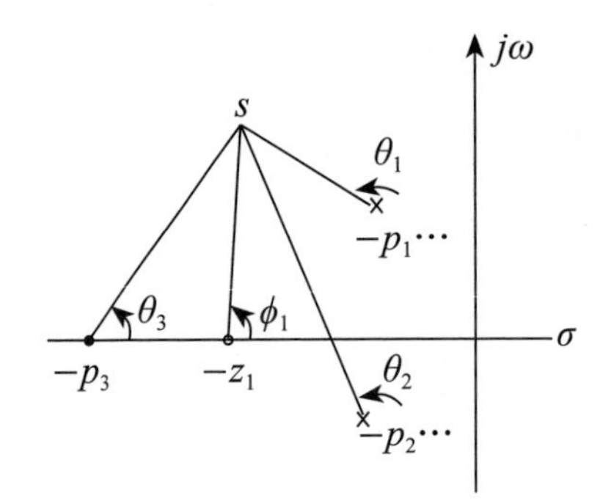

$$\therefore \angle GH(s) = \phi_1 - \theta_1 - \theta_2 - \theta_3$$

練習 5.1

1. 承例 2，求 $s=j2$ 之幅角及幅值。
2. 試繪下列開迴路之極點和零點至測試點 s 之幅角，又 $\angle GH(s)$ $=$？

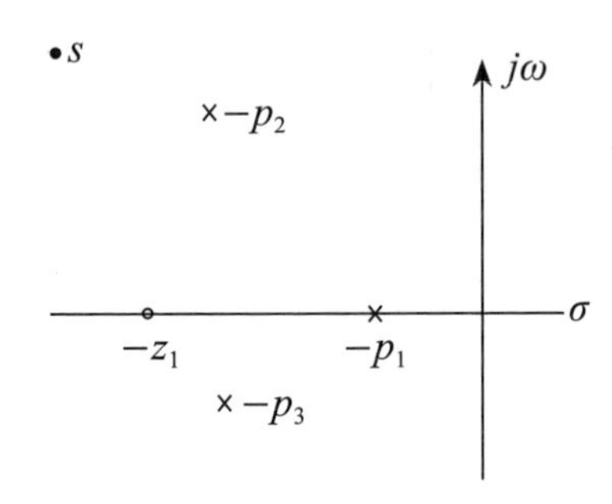

3. 試繪下列開迴路之極點和零點至測試點 s 之幅角，又 $\angle GH(s)$ =？

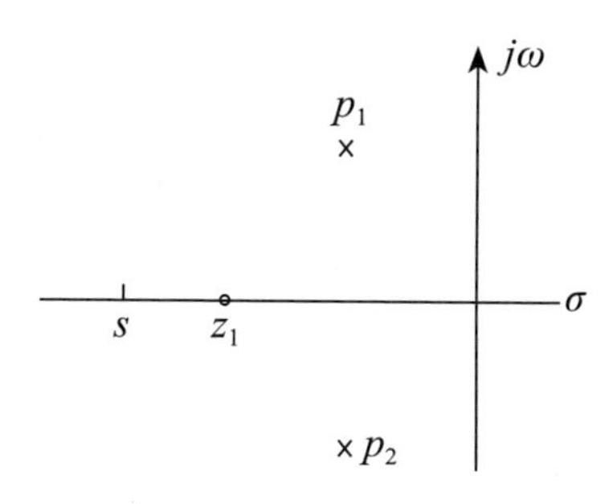

5.2 根軌跡之基本概念

例 1 （引例）設一開回路系統轉移函數 $GH(s)=\dfrac{K(s+1)}{(s+2)(s+3)}$，試求 (a) 單位負回授控制系統之閉環轉移函數與特徵方程式；(b) 驗證 $K=0, K=\pm\infty$時，特徵方程式的根分別為 $G(s)H(s)$ 之極點與零點。

解 (a) 閉環系統路轉移函數 $\Phi(s)=\dfrac{G}{1+G}=\dfrac{\dfrac{K(s+1)}{(s+2)(s+3)}}{1+\dfrac{K(s+1)}{(s+2)(s+3)}}$

$$=\frac{K(s+1)}{(s+2)(s+3)+K(s+1)}$$

∴特徵方程式為 $(s+2)(s+3)+K(s+1)=0$

(b) 由 (a)

$$\frac{(s+2)(s+3)}{K}+(s+1)=0$$

$K\rightarrow\infty$時 $\left[\dfrac{(s+2)(s+3)}{K}+(s+1)\right]=s+1=0$

∴ $s=-1$，此恰為 $GH(s)$ 之零點

$K\rightarrow 0$ 時 $((s+2)(s+3)+K(s+1))=(s+2)(s+3)=0$

∴ $s=-2,-3$，此恰為 $GH(s)$ 之極點

由例1.我們可得到：

1. $K=0$ 時，多項式 $D(s)$ 的根即爲開環轉移函數 GH 之極點。
2. $K=\pm\infty$ 時，$D(s)+KN(s)=0$ 之根趨近 $N(s)=0$ 之根（$\because D(s)+KN(s)=0 \Rightarrow \frac{D(s)}{K}+N(s)=0 \quad \therefore K\to\infty$ 時 $D(s)+KN(s)=0$ 之根趨近 $N(s)=0$ 之根），亦即 K 從0到∞之閉回路軌跡是以開回路極點爲始點，而以開回路零點爲終點。

根軌跡因 K 之正負值而分成三類：

1. $\infty > K \geq 0$ 時根的軌跡稱爲根軌跡（Root loci）。
2. $0 > K > -\infty$ 時根的軌跡稱爲輔助根軌跡（Complementary root loci）。
3. $\infty > K > -\infty$ 時根的軌跡稱爲完整根軌跡（Complete root locus）。亦即完整根軌跡是由根軌跡與輔助根軌跡所合成之軌跡。

標準回授控制系統（如下圖）

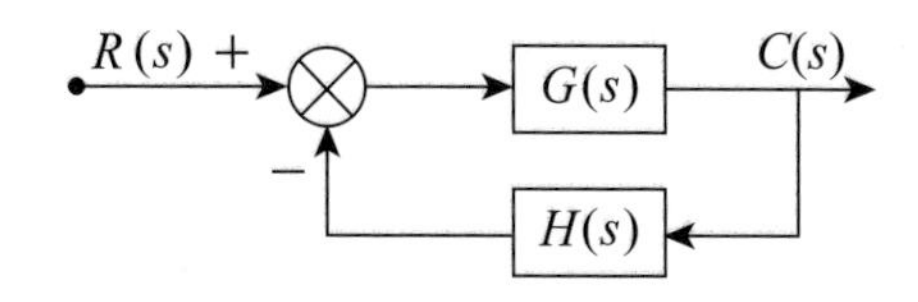

轉移函數 $GH(s)=\dfrac{KN(s)}{D(s)}=\dfrac{K(s^m+a_{m-1}s^{m-1}+\cdots+a_0)}{s^n+b_{n-1}s^{n-1}+\cdots+b_0}$，$K$ 爲開路增益亦即系統之參數，$n \geq$ m，則系統之閉回路極點爲 $D(s)+KN(s)=0$ 之根。

證　設開回路系統之轉移函數 GH 可表爲下列二有理多項式之商：

$GH(s)=\dfrac{KN(s)}{D(s)}$，$K$ 爲實常數，$\infty > K > -\infty$，其中 K 爲開路增益，則

閉回路系統之轉移函數 $\Phi(s)=\dfrac{G(s)}{1+G(s)H(s)}=\dfrac{G(s)}{1+\dfrac{KN(s)}{D(s)}}$

$$=\frac{G(s)D(s)}{D(s)+KN(s)}$$

特徵方程式 $D(s)+K(N(s))=0$ 之根即爲閉路極點。 ■

命題 A 說明了標準回授控制系統轉換函數 $GH(s)=\dfrac{KN(s)}{D(s)}$ 之閉回路極點爲特徵方程式 $D(s)+KN(s)=0$ 之根。

命題 A 之轉移函數 $\Phi(s)=\dfrac{G(s)}{1+G(s)H(s)}$，對應閉環系統之特徵方程式爲 $1+G(s)H(s)=0$ $\therefore GH(s)=-1$，由此我們可得到二個重要結果：

(1) $GH(s)=-1$ $\therefore |G(s)H(s)|=1$，此即幅值條件

(2) $GH(s)=-1=e^{(2k+1)180^\circ}$ $k=0, \pm1, \pm2\cdots$，因此 $\underline{/GH(s)}=$

$(2k+1)180°$，$k = 0, \pm1, \pm2\cdots$，此即相位條件，規定相角以逆時針方向爲正。

綜上，我們可有命題 B。

給定一閉環系統如下圖，

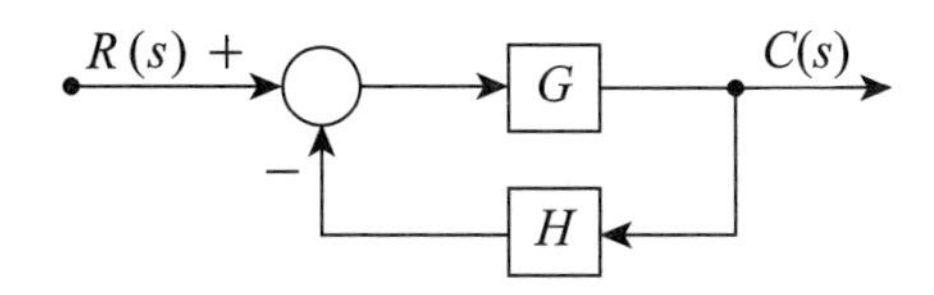

則 (1) $|GH(s)| = 1$

(2) $\underline{/GH(s)} = \begin{cases} (2k+1)180°，k=0,\pm1,\pm2\cdots，K>0 \\ (2k)180°，k=0,\pm1,\pm1\cdots，K<0 \end{cases}$

由命題 B，我們可輕易地導出下列結果：

命題 C

$GH(s) = \dfrac{K(s+z_1)(s+z_2)\cdots(s+z_m)}{(s+p_1)(s+p_2)\cdots(s+p_n)}$，$K>0$

則 $K = \dfrac{\prod_{i=1}^{n}|s+p_i|}{\prod_{j=1}^{m}|s+z_j|}$

證

$$GH(s)=\frac{K(s+z_1)(s+z_2)\cdots(s+z_m)}{(s+p_1)(s+p_2)\cdots(s+p_n)}$$，K_1 爲系統參數

$$=K_1\frac{\prod_{j=1}^{m}(s+z_j)}{\prod_{i=1}^{n}(s+p_i)}$$

由命題 B，

(1) 幅角條件 $|GH(s)|=K\frac{\prod_{j=1}^{m}|s+z_j|}{\prod_{i=1}^{n}|s+p_i|}=1$

(2) 相角條件 $\angle GH(s)=\sum_{j=1}^{m}\angle(s+z_j)-\sum_{i=1}^{n}\angle(s+p_i)$

$$=(2k+1)180°, K>0$$

因此，可得 $K=\frac{\prod_{i=1}^{n}|s+p_i|}{\prod_{j=1}^{m}|s+z_j|}$

例 2　負回授系統開環轉移函數 $GH(s)=\frac{K(s+1)}{s(s+2)}$，求 $s=-0.5$ 時之參數 K？

解　$GH(s)=\frac{K(s+1)}{s(s+2)}$，1 個零點 $z_1=-1$，2 個極點 $p_1=0,\ p_2=-2$

$\therefore\ s=-0.5$ 時之參數 K

$$K=\frac{|s-p_1||s-p_2|}{|s-z_1|}=\frac{0.5\times1.5}{0.5}=1.5$$

根軌跡法是求閉環特徵方程式的根，若 s 能滿足 $1+GH(s)=0$ 即 $G(s)H(s)=-1$ 則 s 必定落在根軌跡上，故 $GH(s)=-1$ 特稱爲根軌跡方程式。

例 3 考慮下列特徵方程式：

$$1+\frac{K}{s(s^2+1)}=0$$

判斷 $s=1+j$ 是否落在此系統之根軌跡上？

解 方法一：

若 $s=1+j$ 爲特徵方程式 $1+\frac{K}{s(s^2+1)}=0$ 之一個根，那麼 $s=1+j$ 必須滿足 $GH(1+j)=-1$，即

$$\frac{K}{s(s^2+1)}=-1，\frac{1}{s(s^2+1)}=-\frac{1}{K}$$

$$\frac{1}{(1+j)[(1+j)^2+1]}=\frac{1}{(1+j)(j2+1)}=\frac{1}{-1+j3}=-\frac{1}{K}$$

因 K 爲實數，上述方程式無實數解，故 $s=1+j$ 不落在此根軌跡上。

方法二：

$$-\angle(1+j)-\angle[(1+j)^2+1]=-\angle(1+j)-\angle(1+j2)$$

$$=-\tan^{-1}1-\tan^{-1}\frac{1}{2}$$

$$=-45^\circ-26.57^\circ=-71.57^\circ$$

不爲 180° 之倍數 $\quad\therefore s=1+j$ 不落在此根軌跡上。

練習 5.2

1. 設一開回路回授系統之開回路轉移函數 $GH(s)=\frac{K(s+2)}{s^2+2s+2}$，$K>0$，驗證 $s=-2+j\sqrt{2}$ 位在根軌跡上。

2. 設一開回路回授系統之開環回路轉移函數 $GH(s)=\frac{K}{s(s+2)^2}$，$K>0$，驗證 $s=j2$ 之根軌跡上，並求 K。

3. 設一開回路回授系統之開回路轉移函數 $GH(s)=\frac{16(s+1)}{s(s+2)^2}$

   (a) 求 $s=-2+j2$ 在 $GH(s)$ 之幅角與幅值；(b) 判斷 $s=-2+j2$ 是否在根軌跡上。

4. 若單位負回授系統之開回路轉移函數 $GH(s)=\frac{K}{(s+1)(s+2)(s+4)}$，問 $s=-1+j\sqrt{3}$ 是否落在閉回路之根軌跡上並求出對應之 $K=$？

5. 系統之特徵方程式 $K+s(s+5)(s+40)=0$，問 $s=-5+j5$ 是否在此系統之根軌跡上？

5.3 根軌跡繪圖規則

由上節命題 A，標準回授系統之轉移函數 $GH(s)=\dfrac{KN(s)}{D(s)}$ 之閉回路極點為方程式 $D(s)+KN(s)=0$ 之根，系統之極點會因 K 值之不同而改變其在 s 平面之位置。在這個意義上，每次 K 值改變就要重解一次方程式，是一件麻煩的工作。幸電腦軟體已可輕易處理。

我們在本節將發展出 7 個根軌跡之繪圖規則，它雖不能指出正確之根軌跡，但對我們已足矣。

根軌跡繪製規則

（根軌跡之起點與終點）若一系統有 n 個開環極點，m 個開環零點（$n>m$）則系統之根軌跡分支均以開環極點為起點，故根軌跡有 n 個分支，其中 m 個分支以開環零點為終點，其餘 $n-m$ 個分支以∞為終點。

證　∵系統之閉環轉移函數 $\Phi(s)=\dfrac{G(s)}{1+G(s)H(s)}$，則 $\Phi(s)$ 之特徵方程式 $1+G(s)H(s)=0$

$$\because\ G(s)H(s)=-1\text{，又 } G(s)H(s)=K\frac{\prod_{j}(s+z_j)}{\prod_{i}(s+p_i)}$$

$$\therefore\ \frac{\prod_{j}(s+z_j)}{\prod_{i}(s+p_i)}=-\frac{1}{K} \qquad (1)$$

當 $K=0$ 時，只有當 $s=-p_i$ 時才能滿足上式

∴根軌跡之各分支之起點爲開環極點。

$$\text{由 (1) } \frac{1}{K}\prod_{i}(s+p_i)=-\prod_{j}(s+z_j) \qquad (2)$$

$K\to\infty$時，只有 $s\to z_j$ 或 $s\to\infty$時才能滿足 (2) 之幅值條件。因此 $K\to\infty$時根軌跡之 m 條分支趨向於開環零點，其餘 $n-m$ 條分支趨向無窮遠處。 ■

簡言之，根軌跡之分支數爲閉環特徵根之個數，而根軌跡以開環極點爲起點，並以開環零點爲終點。

根軌跡與開環轉移函數 GH 之極點，零點之組態有關，根據規則一，我們可建立一些最基本之根軌跡圖。

表例

極（零）點分析	根軌跡	例　子
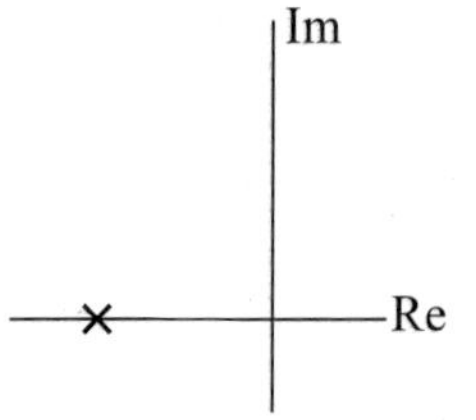 Im Re	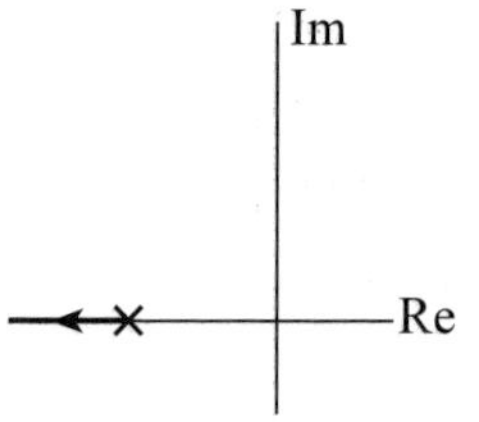 Im Re	$GH=\frac{1}{s+2}$ 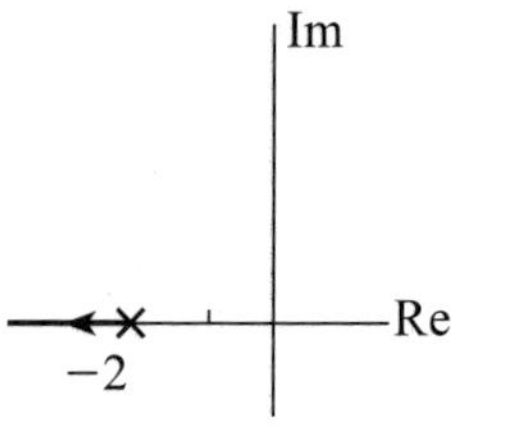 Im Re -2

極（零）點分析	根軌跡	例　子
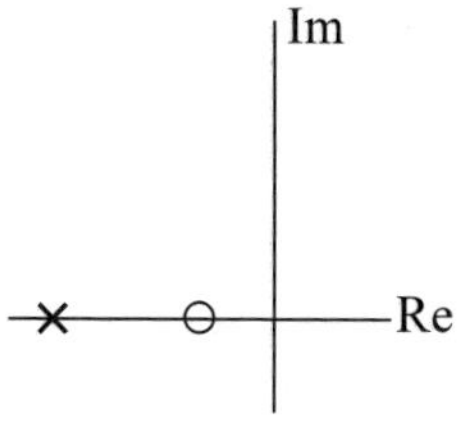 Im, Re	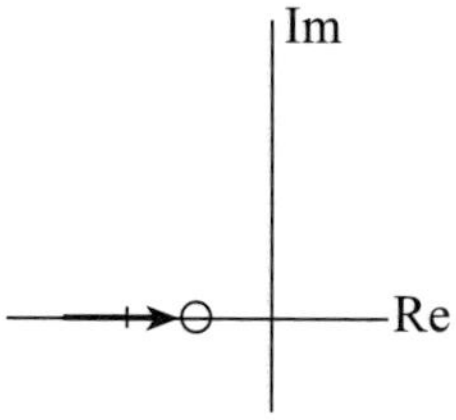 Im, Re	$GH=\frac{s+1}{s+2}$ 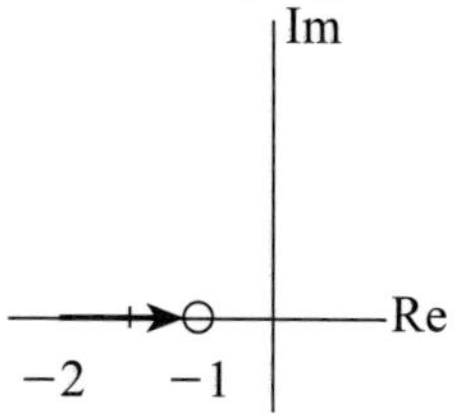 Im, Re, −2, −1
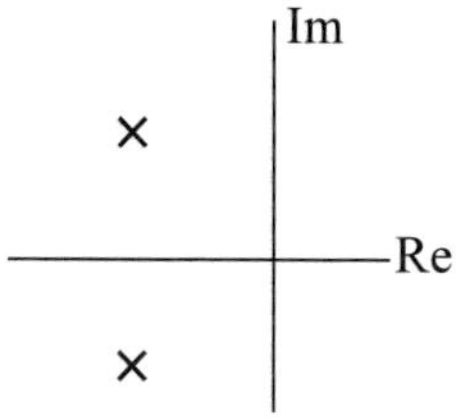 Im, Re	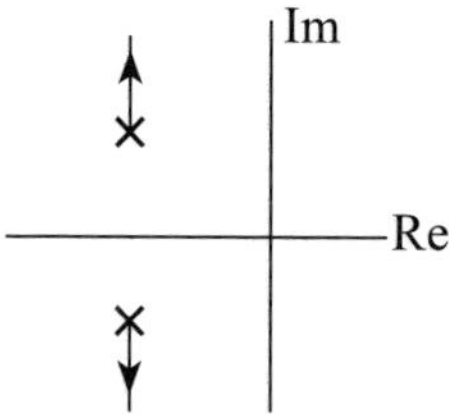 Im, Re	$GH=\frac{1}{s^2+2s+2}$ 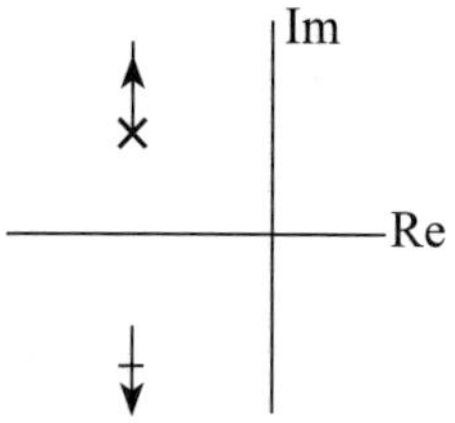 Im, Re
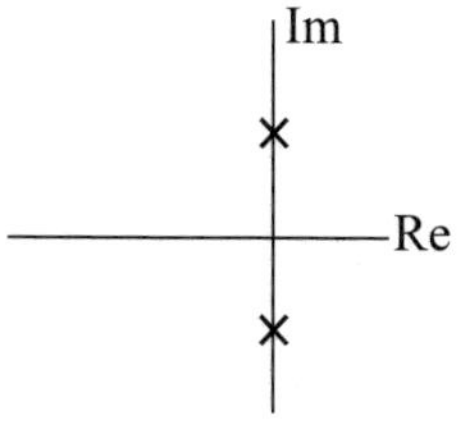 Im, Re	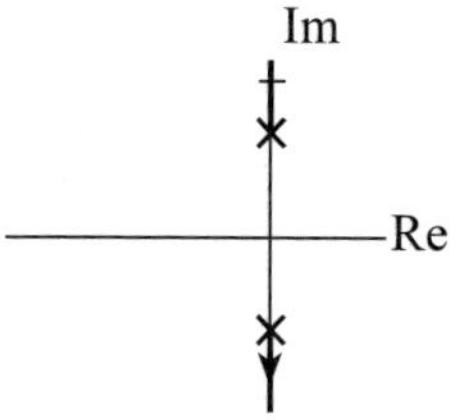 Im, Re	$GH=\frac{1}{s^2+2}$ 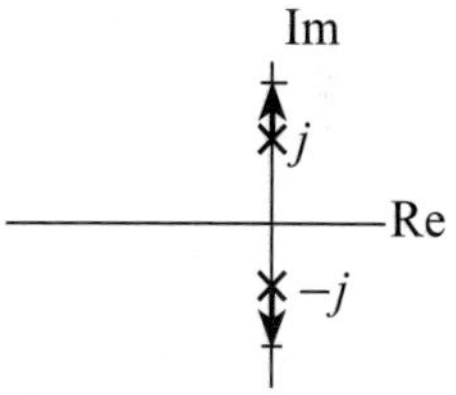 Im, Re, j, $-j$
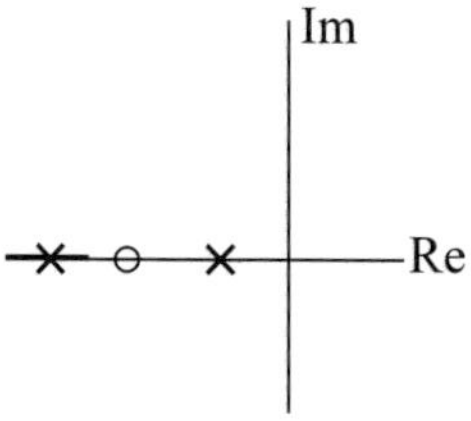 Im, Re	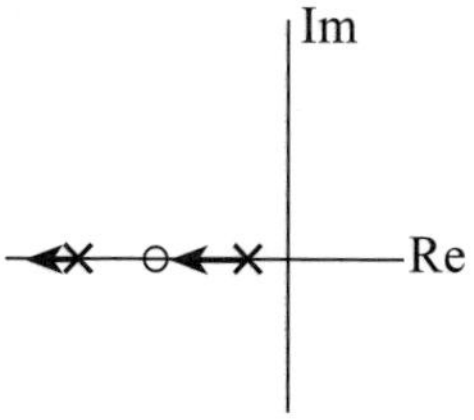 Im, Re	$GH=\frac{s+2}{(s+1)(s+3)}$ 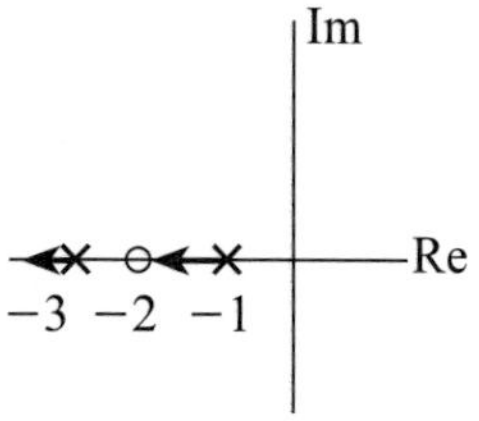 Im, Re, −3, −2, −1

例 1　下列之控制系統之轉移函數之起點、終點及根軌跡範圍。

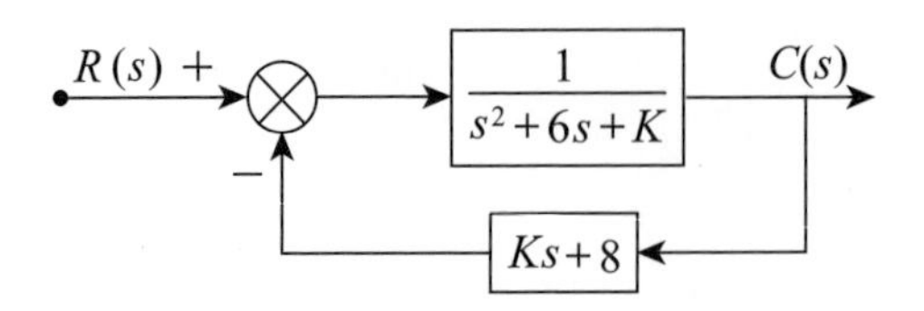

解　系統之轉移函數

$$\Phi(s)=\frac{\dfrac{1}{s^2+6s+K}}{1+\dfrac{Ks+8}{s^2+6s+K}}$$

$$=\frac{1}{(s^2+6s+K)+Ks+8}$$

∴特徵方程式 $s^2+6s+8+K(s+1)=0$

得 $1+\dfrac{K(s+1)}{s^2+6s+8}=0$

∴根軌跡作圖之開環轉移函數 $G(s)=\dfrac{s+1}{s^2+6s+8}=\dfrac{s+1}{(s+4)(s+2)}$

有二個極點 -4, -2, 一個零點 -1，故有 2 條分支，其中有一支之終點爲 $-\infty$，由規則一易知一支由 $-2\rightarrow-1$，起點 -2，終點 -1，一支爲 $-4\rightarrow-\infty$，起點 -4，終點 $-\infty$

∴根軌跡在 $(-2,-1)$ 與 $(-\infty,-4)$

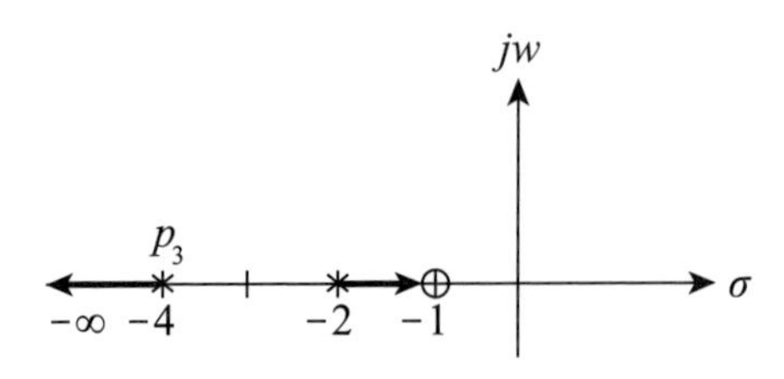

規則二 （根軌跡之連續性與對稱性）系統之根軌跡的各條分支都是連續的，並且對稱實軸或在實軸（σ 軸）上。

證 系統之特徵方程為有理式，故若極點為實數，則必位在實軸上，若二極點 s_1，s_2 為共軛複數，則 s_1，s_2 對稱實數軸（σ 軸）。 ■

因此，一旦繪出實軸上部的根軌跡，可利用對稱性而繪出實軸下部之根軌跡。

規則三 （實軸上之根軌跡）：

(1) $K > 0$：實軸上根軌跡的區段右側之開環零點與極點個數和為奇數。

(2) $K < 0$：實軸上根軌跡的區段右側之開環零點與極點個數和為偶數。

在證明規則三前，我們先舉個例子說明規則三之意思。

例 2　若一系統之開環轉移函數 GH 之極點與零點分布如圖，

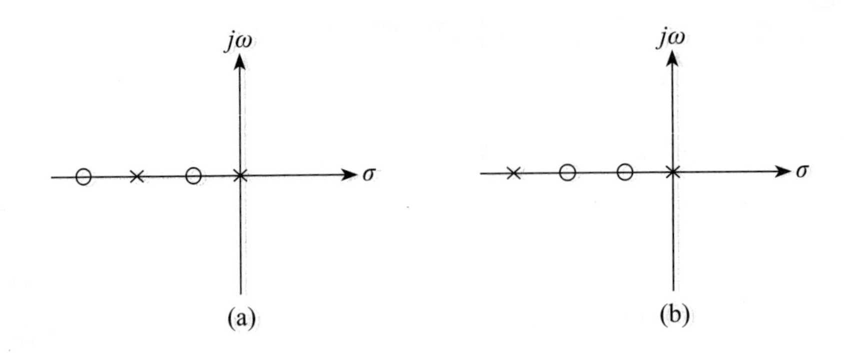

(a)　(b)

解

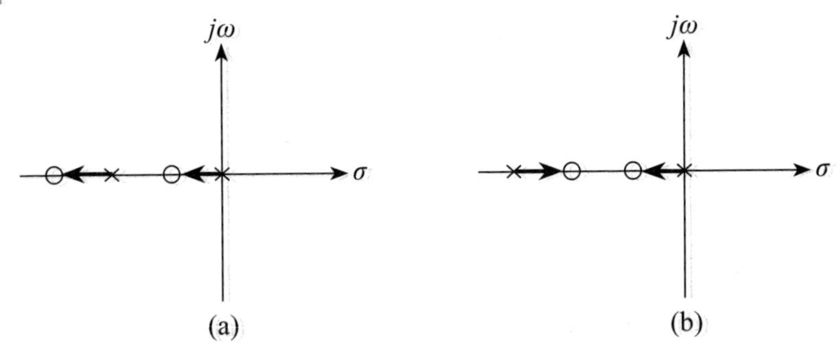

(a)　(b)

有了上述之了解後，我們便可證明規則 3：

若 p_i 或 z_j 爲 $GH(s)$ 在實數軸上之極點或零點，則我們只證 $K>0$ 部分，$K<0$ 可同理推之。

$$\begin{cases} \angle GH(p_i) \text{ 或 } \angle GH(z_j) = 0° \\ \angle GH(p_i) \text{ 或 } \angle GH(z_j) = 180° \end{cases}$$

因爲 $\angle(s+\sigma_1+j\omega_1) + \angle(s+\sigma_1-j\omega_1) = \tan^{-1}\left(\dfrac{\omega_1}{s+\sigma_1}\right) + \tan^{-1}\left(\dfrac{-\omega_1}{s+\sigma_1}\right)$ $=0$，對所有實數 s 均成立，$\therefore \arg GH(\sigma) = 180n_r + \arg K$，$n_r$ 爲

σ 右邊有限個零點與極點個數之和。

爲了滿足 $\underline{/GH(s)} = (2\ell + 1)180°$，$\ell = 0, \pm1, \pm2, \cdots$，則當 $K > 0$ 時，實軸上之根軌跡區段右側之極點、零點個數和必爲奇數。 ■

由規則三可知，開環轉移函數之共軛複數之極點和零點對實數軸之根軌跡沒有影響，故在求實數軸之根軌跡時，可不予考慮。

對初學者而言，在實軸上之極點、零點作編碼也許更易於判斷。

例 3 $GH(s) = \dfrac{K(s+1)}{(s+2)(s+1+j)(s+1-j)}$，$K > 0$，問實軸上哪些在根軌跡上？

解 系統有零點 -1，極點 $-2, -1-j, -1+j$ 其中只 $-1, -2$ 在實軸上又 $K > 0$。

$\therefore$ 根軌跡在 $(-2, -1)$ 上。

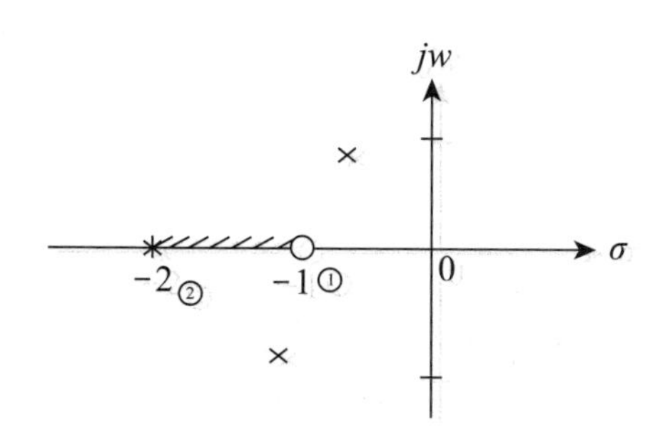

例 4 $GH(s)=\dfrac{K(s+3)}{s(s+1)^2(s+2)}$，$K>0$，問實軸上哪些在根軌跡上？

解 系統有零點 -3，極點 $0, -1, -1, -2$

$\therefore$根軌跡在 $(-1, 0), (-2, -1), (-3, -\infty)$ 上

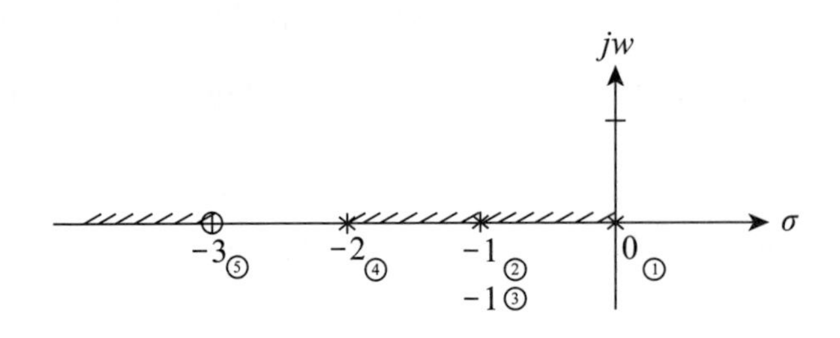

規則四 （漸近線）根軌跡之漸近線（Asymptotes）爲 $s\to\pm\infty$ 時之軌跡，漸近中心（Center of aymptotes）σ_c

$$\sigma_c=\frac{\sum\limits_{i=1}^{n} p_i-\sum\limits_{j=1}^{m} z_j}{n-m}$$

上式之 $-p_i$ 爲 GH 極點，$-z_j$ 爲零點，極點個數爲 n，零點個數爲 m，系統根軌跡漸近線與實軸間之夾角 θ 爲

$$\theta=\begin{cases}\dfrac{[(2k+1)180]^\circ}{n-m}, & K>0\\[2ex] \dfrac{[(2k)180]^\circ}{n-m}, & K<0\end{cases}$$

上式之 $k=0, 1, 2, \cdots$

證　(一) 先證 θ 部分：

從距原點無窮遠處取點 s 則 $|s| >> |z_j|$

$\therefore \angle GH(s+z_j) \approx \angle GH(s) = \theta$，$j = 1, 2, \cdots, m$

同理 $|s| >> |p_i|$ 對任一極點 p_i 亦成立

$\therefore \angle GH(s+p_i) \approx -\angle GH(s) = -\theta$，$j = 1, 2, \cdots, n$

由上節命題 B，

$$\angle GH(s) = \angle \frac{K\prod_{i=1}^{m}(s+p_j)}{\prod_{j=1}^{n}(s+z_j)} = -(n-m)\theta = \begin{cases}(2k+1)180°，K>0\\(2k)180°，K<0\end{cases}$$

$$\therefore \theta = \begin{cases}\dfrac{[(2k+1)180]°}{n-m}，K>0\\[2ex]\dfrac{(2k\ 180)°}{n-m}，K<0\end{cases}，k = 0, \pm 1, \pm 2\cdots$$

(二) 次證 $\sigma_c = -\dfrac{\Sigma p_i - \Sigma z_j}{n-m}$ 部分：

由 $D(s) + KN(s) = 0$，即

$$s^n + b_{n-1}s^{n-1} + \cdots + b_0 + K(s^m + a_{m-1}s^{m-1} + \cdots + a_0) = 0 \quad (1)$$

$(1) \div (s^m + a_{m-1}s^{m-1} + \cdots + a_0)$ 得

$$s^{n-m} + (b_{n-1} - a_{m-1})s^{n-m-1} + \cdots + K = 0$$

上述方程式有 $n-m$ 個根，且所有根之和爲 $-(b_{n-1} - a_{m-1})$，

其中 $b_{n-1} = \Sigma - p_i$，$a_{n-1} = \Sigma - z_j$

當 $s \to \infty$ 時，漸近線交實軸於 $(\sigma_c, 0)$，其中

$$\sigma_c = \frac{\Sigma p_i - \Sigma z_j}{n-m}$$

■

若 $n = m$ 時，根軌跡無漸近線。一般將根軌跡之漸近線近似視爲直線。

例 5 系統之 $GH(s)=\dfrac{K(s+1)}{s^2(s+3)}$；$K>0$ 之漸近線與實軸之交夾角與漸近中心。

解 $GH=\dfrac{K(s+1)}{s^2(s+3)}$ 之 $p_i=0, 0, -3$，$z_j=-1$，$n=3$，$m=1$

$\therefore$ 漸近中心 $\sigma_c=\dfrac{\sum\limits_i p_i-\sum\limits_j z_j}{n-m}=\dfrac{(-3)-(-1)}{2}=-1$

又 $n-m=2$ $\therefore$ 有二條漸近線

與實軸間之角度爲：

$\because K>0$ $\therefore \theta=\dfrac{(2k+1)180^\circ}{n-m}$，$k=0, 1$

即 $\theta=\dfrac{180^\circ}{2}=90^\circ$ 與 $\theta=\dfrac{(3\times180)^\circ}{2}=270^\circ$（即 -90°）

我們將常用之 $n-m$ 與 θ 之關係列表如下：

$n-m$	θ		θ'
1	180°		180°
2	90°, 270°	或	90°, −90°
3	60°, 180°, 300°		60°, 180°, −60°
4	45°, 135°, 225°, 315°		45°, 135°, −135°, −45°

一些書將漸近線與實軸之交角定理成：若 $K>0$ 時，$\theta=\frac{(2k+1)180^\circ}{n-m}$，$k=0, \pm 1, \pm 2\cdots\cdots$時，結果就如表之 θ'，θ 與 θ' 二者是代表相同的角。

例 6 $GH(s)=\frac{K(s+3)}{s(s+2)(s^2+2s+2)}$，$K>0$ 之 σ_c 及漸近線與實軸之交角。

解 $GH(s)=\frac{K(s+3)}{s(s+2)(s^2+2s+2)}$ 之 $p_i=0, -2, -1+j, -1-j$，

$\Sigma p_i=-4$，$z_j=-3$，$n=4$，$m=1$

$$\therefore \sigma_c=\frac{\sum_i p_i-\sum_j z_j}{n-m}=-\frac{-4-(-3)}{3}=-\frac{1}{3}$$

$n-m=3$ $\therefore$有三條漸近線，它們與實軸之夾角為：

$$K>0 \quad \therefore \theta=\frac{(2k+1)180^\circ}{n-m}=\frac{(2k+1)180^\circ}{3}，k=0, 1, 2$$

即 $\theta_1=\frac{180^\circ}{3}=60^\circ$

$\theta_2=\frac{540^\circ}{3}=180^\circ$

$\theta_3=\frac{900^\circ}{3}=300^\circ$（即 -60°）

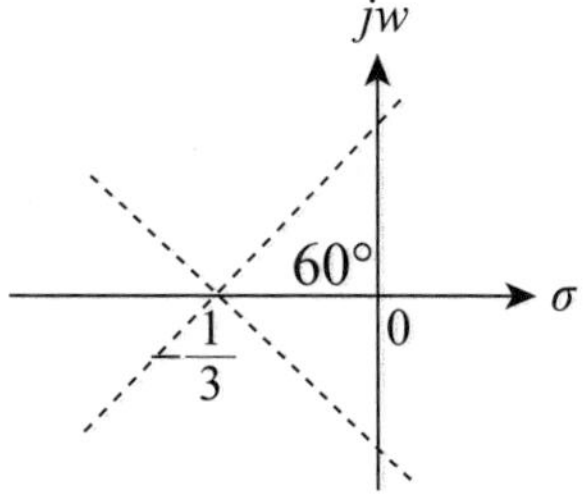

在證明命題 A 前，我們先說一個代數結果：

引理 A　若連續函數 $f(x)$ 在 $x=a$ 處有 p 次根，則 $f'(a)=0$

證　我們可設 $f(x)=(x-a)^p h(x)$，顯然 $f'(a)=p(x-a)^{p-1}h(x)+(x-a)^p h'(x)|_{x=a}=0$

定義　（分叉點 Breakaway point）若有二個或二個以上之根軌跡相交在 $(\sigma, 0)$ 處相交則 $(\sigma, 0)$ 爲分叉點，我們也可說，有二個或二個以上之根軌跡在 $(\sigma, 0)$ 處分離則稱 $(\sigma, 0)$ 爲分叉點。

規則五　若 s 爲分叉點，其必要條件爲 $\left.\frac{dK}{ds}\right|_{s=0}=0$

證　考慮系統之特徵方程式 $D(s)+KN(s)=0$，系統之分叉點，相當於有 ℓ 條根軌跡在實數軸（σ 軸）相交，即特徵方程式之 ℓ 重根。

令 $f(s)=D(s)+KN(s)=0$

$$f'(s)=D'(s)+KN'(s)=0$$

$$\therefore K=-\frac{D'(s)}{N'(s)} \tag{1}$$

代 (2) 入 $D'(s)+KN'(s)=0$

得 $D'(s)-\frac{D(s)}{N(s)}N'(s)=0$

$\therefore D'(s)N(s)-D(s)N'(s)=0 \quad (2)$

$K=-\frac{D(s)}{N(s)}$

$\therefore \frac{dK}{ds}=-\frac{N(s)D'(s)-D(s)N'(s)}{N^2(s)}=0$

即 $N(s)D'(s)-D(s)N'(s)=0 \quad (3)$

比較 (1), (3) 得：若 s 爲分叉點，其必要條件爲 $\frac{dK}{ds}=0$。■

但應注意的是：規則五之逆未必成立。

由規則五，我們可建立規則六。

若 σ_b 爲分叉點則 σ_b 滿足

$$\sum_{i=1}^{n}\frac{1}{(\sigma_b+p_i)}=\sum_{j=1}^{m}\frac{1}{(\sigma_b+z_j)}$$

證　因爲分叉點 $(\sigma_b, 0)$ 在實軸上，當極點遠離實軸時，根軌跡

$$K=\frac{D(s)}{N(s)}=\frac{\prod_i(s+p_i)}{\prod_j(s+z_j)}$$

二邊取 ln：

$$\ln K=\sum_i \ln(s+p_i)-\sum_j \ln(s+z_j)$$

$$\frac{d\ln K}{ds}=\sum_i\frac{1}{s+p_i}-\sum_j\frac{1}{s+z_j}=0$$

$$\therefore \sum_i \frac{1}{s+p_i} = \sum_j \frac{1}{s+z_j}$$

解此方程式，可得分叉點之位置。 ■

例 7 求開環路之轉移函數 $GH(s)=\dfrac{K(s+2)}{s^2+2s+5}$ 之分叉點。

解 方法一（利用規則六）

$$\frac{s+2}{s^2+2s+5}=\frac{s+2}{(s+1+j2)(s+1-j2)}$$

由規則六，解

$$\frac{1}{s+1+j2}+\frac{1}{s+1-j2}=\frac{1}{s+2}$$

$$\frac{(s+1+j2)+(s+1-j2)}{(s+1+j2)(s+1-j2)}=\frac{1}{s+2}$$

即 $\dfrac{2s+2}{s^2+2s+5}=\dfrac{1}{s+2}$

$\therefore s^2+2s+5=2s^2+6s+4$

化簡爲 $s^2+4s-1=0$

解 s：

$$s=\frac{-4\pm\sqrt{16+4}}{2}=-2\pm\sqrt{5}=-2\pm 2.24$$

即 $s=0.24$ 與 -4.24

但 $s=0.24$ 不合。因此分叉點爲 $(-4.24, 0)$

方法二（利用規則五）：

考慮特徵方程式 $1+GH(s)=0$

$$1+\frac{K(s+2)}{s^2+2s+5}=0$$

$$\therefore K = -\frac{s^2+2s+5}{s+2} = -s - \frac{5}{s+2}$$

$$\therefore \frac{dK}{ds} = -1 + \frac{5}{(s+2)^2} = 0$$

$\therefore -s^2 - 4s + 1 = 0$，即 $s^2 + 4s - 1 = 0$

解爲 $s = 0.24$（不合）與 -4.24。

定義 根軌跡在開環共軛 $\begin{Bmatrix}\text{極點}\\\text{零點}\end{Bmatrix}$ 處之切線與實軸（σ 軸）正方向所成之角稱爲 $\begin{cases}\text{離開角（Departure angle）。}\\\text{進入角（Arrival angle）。}\end{cases}$

由定義，根軌跡只有在共軛極（零）點處才有離開角或進入角，若極（零）點落在實數軸上便沒有離開角或進入角。

（根軌跡之離開角與到達角）

(1) 根軌跡在開環共軛極點 p_x 處之離開角 ϕ 爲

$$\phi = 180° + \sum_{j=1}^{m} \angle(p_x - z_j) - \sum_{\substack{i=1 \\ i \neq x}}^{n} \angle(p_x - p_i)$$，m 爲零點個數，n 爲極點個數。

(2) 根軌跡在開環共軛零點 z_y 處之到達角 ϕ 爲

$$\phi = 180° + \sum_{i=1}^{m} \angle(z_y - p_i) - \sum_{\substack{j=1 \\ j \neq y}}^{n} \angle(z_y - z_j)$$

說明 我們考慮一個開環系統之零點與極點，其分布如圖 a。

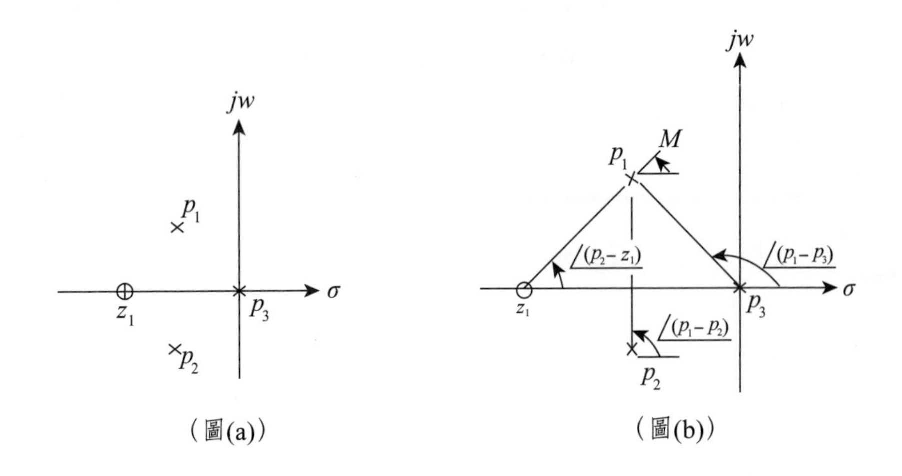

（圖(a)） （圖(b)）

在此開環系統僅 p_1, p_2 為共軛開環極點故有離開角，現我們只需求出 p_1 之離開角，即可利用對稱而得到 p_2 之離開角。為求 p_1 之離開角，我們在距 p_1 無限小之處取一點 M，依根軌跡之幅角條件：由圖 (b)，

$$\angle(M-z_1)-\angle(M-p_1)-\angle(M-p_2)-\angle(M-p_3)=(2k+1)180°$$

但 M 無限靠近 p_1 因此上式可近似地

$$\angle(p_1-z_1)-\phi-\angle(p_1-p_2)-\angle(p_1-p_3)=(2k+1)180°$$

$$\therefore \phi=-(2k+1)180°+\angle(p_1-z_1)-\angle(p_1-p_2)-\angle(p_1-p_3)$$

取 $k=-1$，

得 $\phi=180°+\angle(p_1-z_1)-\angle(p_1-p_2)-\angle(p_1-p_3)$

p_2 之離開角即為 $-\phi$

例 8 設系統之開環轉移函數 $GH(s)=\dfrac{K(s^2+2s+4)}{s(s^2+5s+4)}$，求根軌跡在 $s=-1-j\sqrt{3}$ 之到達角。

解

$$GH(s)=\frac{s^2+2s+4}{s(s^2+5s+4)}=\frac{(s+(1+j\sqrt{3}))(s+(1-j\sqrt{3}))}{s(s+1)(s+4)}$$

得 $z_y=-1-j\sqrt{3}$，$z_2=-1+j\sqrt{3}$，$p_1=0$，$p_2=-1$，$p_3=-4$

$\therefore\ s=-1+j\sqrt{3}$ 之到達角 ϕ 為

$$\begin{aligned}\phi&=180^\circ+\angle(z_y-p_1)+\angle(z_y-p_2)+\angle(z_y-p_3)-\angle(z_y-z_2)\\&=180^\circ+\angle(-1-j\sqrt{3})+\angle(-j\sqrt{3})+\angle(3-j\sqrt{3})-\angle(-j2\sqrt{3})\\&=180^\circ+60^\circ-90^\circ-30^\circ-90^\circ=30^\circ\end{aligned}$$ *

例 8 之 * 我們應用 $\tan^{-1}x=-\tan^{-1}x$ 之三角恒等式讀者亦可根據 $a+jb$ 之所在象限決定，則

$$\begin{aligned}\phi&=180^\circ+240^\circ+270^\circ+330^\circ-270^\circ\\&=750^\circ=360^\circ\times2+30^\circ\quad\therefore\phi=30^\circ\end{aligned}$$

例 9 設系統之開環轉移函數 $GH(s)=\dfrac{s+1}{(s+2)^2(s^2+2s+2)}$，求根軌跡在 $s=-1+j$ 之離開角，又 $s=-1-j$ 之離開角為何？

解

$$GH(s)=\frac{s+1}{(s+2)^2(s^2+2s+2)}=\frac{s+1}{(s+2)^2[s+(1+j)][s+(1-j)]}$$

$z_1=-1$，$p_1=-2$，$p_2=-1-j$，$p_x=-1+j$

$\therefore\ s=-1+j$ 之離開角 ϕ 為

$$\phi = 180° + \angle(p_x - z_1) - \angle(p_x - p_1) - \angle(p_x - p_2)$$
$$= 180° + \angle j - \angle(1+j) - \angle 2j$$
$$= 180° + 90° - 45° - 90° = 135°$$

由對稱性知 s = $-1 - j$ 之離開角爲 $-135°$ 或 $225°$。

規則八 （根軌跡與虛軸之交點）根軌跡與虛軸之交點直覺的方法是令 $s = j\omega$ 以解出根軌跡與虛軸之交點，但此方法未必可行，此時可用 Routh 表，令表中含 K 的行爲 0，並利用該列的前一列元素構成之偶次多項式形成之方程式解出 ω。

例 10 設系統之開環轉移函數 $GH(s) = \dfrac{K}{s(s+1)(s+2)}$，求 (a) 根軌跡與虛軸之交點；(b) $K =$ ？

方法一：

代 $s = j\omega$ 入 $1 + GH(s) = 0$

$$\therefore 1 + \frac{K}{j\omega(j\omega+1)(j\omega+2)} = 0$$

$$j\omega(j\omega+1)(j\omega+2) + K = -j\omega^3 - 2\omega^2 - \omega^2 + 2j\omega + K$$
$$= j(-\omega^3 + 2\omega) + (3\omega^2 - K)$$
$$= j\omega(-\omega^2 + 2) + (3\omega^2 - K) = 0$$

因此我們可建立下列方程組：

$$\begin{cases} \omega(-\omega^2+2)=0 & ① \\ 3\omega^2-K=0 & ② \end{cases}$$

由① $\omega = 0, \pm\sqrt{2}$，代 $\omega = \pm\sqrt{2}$ 入②，得 $K = 6$

∴根軌跡與虛軸之交點爲 $(0, \pm j\sqrt{2})$

根軌跡圖如圖 (a)。

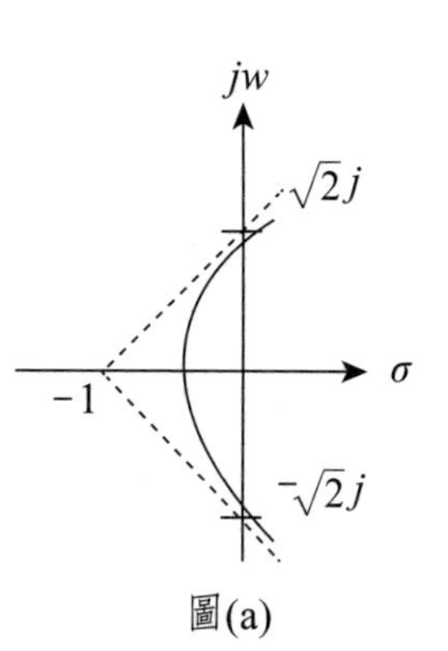

圖(a)

方法二：

我們用 Routh 表

$1+GH(s)=1+\dfrac{K}{s(s+1)(s+2)}=0$ 之特

特徵方程式爲

$s^3 + 3s^2 + 2s + K = 0$

由 Routh 表

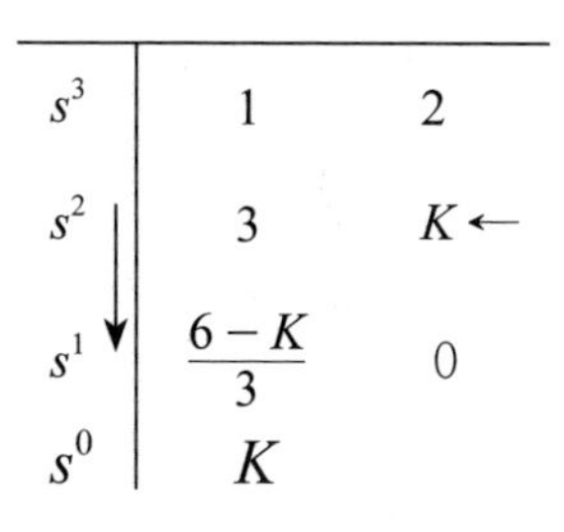

s^3	1	2
s^2	3	$K \leftarrow$
s^1	$\dfrac{6-K}{3}$	0
s^0	K	

$\dfrac{6-K}{3}=0$ 得 $K = 6$

令 $3s^2 + 6 = 0$（即 Routh 表有「←」之列）

代 $s = j\omega$ 入上述得

$3(j\omega)^2 + 6 = -3\omega^2 + 6 = 0$，得 $\omega = \pm\sqrt{2}$

∴根軌跡與虛軸之交點爲 $(0, j\sqrt{2}), (0, -j\sqrt{2})$

例11 求系統之開環轉移函數 $GH(s)=\dfrac{K}{(s+1)^2(s+2)}$ 之根軌跡與虛軸之交點。

方法一

代 $s=j\omega$ 入 $1+GH(s)=1+\dfrac{K}{(s+1)^2(s+2)}=0$ 得

$$1+\frac{K}{(j\omega+1)^2(j\omega+2)}=0$$

$$\therefore (j\omega+1)^2(j\omega+2)+K=-\omega(\omega^2-5)j+(2-4\omega^2+K)=0$$

因此有下列方程組

$$\begin{cases}\omega(\omega^2-5)=0 & ① \\ 2-4\omega^2+K=0 & ②\end{cases}$$

由①，$\omega=0, \omega=\pm\sqrt{5}$

∴根軌跡與虛軸之交點爲 $(0, j\sqrt{5})$，$(0, -j\sqrt{5})$

方法二

利用 Routh 表：$1+GH(s)$ 之特徵方程式爲 $s^3+4s^2+5s+K+2=0$

s^3	1	5
s^2	4	$K+2\leftarrow$
s^1	$\dfrac{K+2-20}{4}\left(=\dfrac{K-18}{4}\right)$	0
s^0	$K+2$	

由 s^1 列 $\dfrac{K-18}{4}=0 \quad \therefore K=18$

令 $4s^2+20=0$

∴令 $s=j\omega$ 代入上式

解之　$\omega=\pm\sqrt{5}$

得根軌跡與虛軸之交點爲 $(0, j\sqrt{5})$，$(0, -j\sqrt{5})$

練習 5.3

1. 給定負回授系統開環轉移函數 $GH(s)=\dfrac{K}{s(s+1)(s+2)}$

   求 (a) 根軌跡在實軸之區間

   (b) 漸近中心與交角

   (c) 分叉點

   (d) 根軌跡與虛軸之交點

2. 若系統之開環轉移函數為 $GH(s)=\dfrac{K}{s(s+2)^2}$，求根軌跡之 (a) 起點　(b) 終點　(c) 根軌跡在實軸之區間　(d) 與虛軸之交點。

3. 若一特徵方程式 $(s+1)(s^2+2s+2)+K(s+2)=0$，其根軌跡在 (a) $s=1-j$ 時之離開角　(b) 根軌跡漸近中心。

4. 若單位負回授系統其開環轉移函數 $GH(s)=\dfrac{K(s+3)}{s^2+2s+2}$，$K>0$ 之根軌跡圖求 (a) 開路起點　(b) 開路交點　(c) 漸近中心與漸近線　(d) 分叉點。

5. 若系統之開環轉移函數 $GH(s)=\dfrac{s+5}{s(s+2)(s^2+4s+8)}$，求 (a) 根軌跡之漸近線實軸之交點與 (b) 與實軸之交角。

6. 設一單位負回授系統之開環轉移函數 $GH(s)=\dfrac{K(s+2)}{s(s+3)(s^2+2s+2)}$，

求 (a) 根軌跡在實軸之區間　(b) 根軌跡與實軸之交角　(c) 根軌跡在實軸之交點　(d) 與 $s=-1+j$ 之離開角　(e) 與 $s_2=-1-j$ 之離開角　(f) 求根軌跡增益 K　(g) 根軌跡與虛軸之交點。

7. 負回授系統之開環轉移函數 $GH(s)=\dfrac{K}{s(s+4)(s^2+4s+20)}$，

求 (a) 根軌跡在實數軸之區段

(b) 根軌跡漸近線與實軸上交角與交點

(c) 根軌跡分叉點

(d) 根軌跡之離開角（有二個）

(e) 根軌跡與虛軸之交點

第6章

頻域分析

6.1 引言
6.2 頻域特性
6.3 尼奎斯圖
6.4 波德圖

6.1 引言

時域分析雖然直觀，但不易用解析方法，尤其高階系統，本章之頻域分析是用圖解方法克服上述困擾。

頻率分析法可由系統之開環頻率特性來獲得閉環系統有關性能，因它是一種圖解法，所以在系統之重要參數、暫態響應之影響以及穩定性判斷等之分析上尤爲方便，因此頻域分析也是古典控制理論之重要方法之一。

6.2 頻域特性

在作頻域分析前，我們先對頻域特性作一定義：

定義 系統之轉移函數為 $G(s)$，則頻率特性 $G(j\omega) = G(s)|_{s=j\omega}$

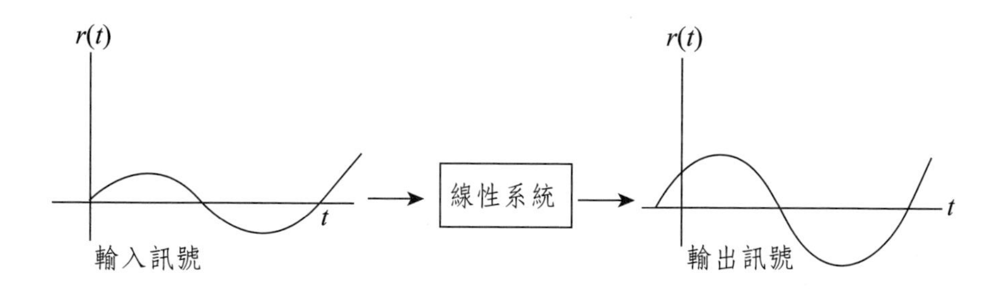

頻率特性 $G(j\omega) = M(\omega)e^{j\phi(\omega)}$，$M(\omega)$ 為幅頻特性，它表示不同頻率輸入之放大或縮小，$\phi(\omega)$ 為相頻特性，它表示了系統對不同頻率之正弦輸入在相位上是超前還是落後。

因為轉移函數是頻率特性之一般化之情形，因此，我們亦可由頻率特性導出對應之轉移函數。

由定義，我們很容易地由轉移函數求出頻率響應。

例 1 系統之單位步階響應爲 $x(t) = 1 - 1.8e^{-4t} + 0.8e^{-9t}$，求 $G(j\omega)$。

解 爲求系統之頻率特性，首先需知系統之轉移函數，又系統之轉移函數爲單位系統脈衝響應之拉氏反轉換，而單位步階響應之微分爲單位脈衝響應，由此向前逐步求解：

單位脈衝響應 $\delta(t) = \dfrac{d}{dt}x(t) = 7.2e^{-4t} - 7.2^{-9t}$

$$\therefore G(s) = \mathcal{L}^{-1}(\delta(t)) = \mathcal{L}^{-1}(7.2e^{-4t} - 7.2e^{-9t})$$

$$= \frac{7.2}{s+4} - \frac{7.2}{s+9} = \frac{36}{(s+4)(s+9)}$$

得 $G(j\omega) = \dfrac{36}{(j\omega+4)(j\omega+9)}$

例 2 若 $G(s) = \dfrac{s+1}{(s+2)(s+3)}$，求 $G(j\omega)$ 之振幅 $M(\omega)$ 及相位 $\phi(\omega)$。

解 $G(s) = \dfrac{s+1}{(s+2)(s+3)}$

$$\therefore G(j\omega) = \frac{j\omega+1}{(j\omega+2)(j\omega+3)} = M(\omega)\underline{/\phi(\omega)}$$

其中 $M(\omega) = |G(s)| = \left|\dfrac{j\omega+1}{(j\omega+2)(j\omega+3)}\right| = \dfrac{\sqrt{\omega^2+1}}{\sqrt{\omega^2+4}\sqrt{\omega^2+9}}$

$$\phi(\omega) = \underline{/G(j\omega)} = \underline{/(j\omega+1)} - \underline{/(j\omega+2)} - \underline{/(j\omega+3)}$$

$$= \tan^{-1}\left(\frac{\omega}{1}\right) - \tan^{-1}\left(\frac{\omega}{2}\right) - \tan^{-1}\left(\frac{\omega}{3}\right)$$

穩態正弦波響應

$G(s)=\dfrac{C(s)}{R(s)}$是一穩定系統之轉移函數，若輸入 $r(t)=A\sin\omega t$，則系統之穩態輸出為 $y_{ss}(t) = A|G(j\omega)|\sin(\omega t + \phi)$，在此$\phi = \arg G(j\omega)$（即$\phi = \angle G(j\omega)$）。

其中ϕ 為相位角，單位為度或弳。

證

$$r(t) = A\sin\omega t \Rightarrow R(s) = \frac{A\omega}{s^2+\omega^2}$$

又 $G(s)=\dfrac{C(s)}{R(s)}$

$$\therefore C(s)=G(s)R(s)=\frac{b_m s^m + b_{m-1}s^{m-1}+\cdots+b_o}{s^n+a_{n-1}s^{n-1}+\cdots+a_o}\cdot\frac{A\omega}{s^2+\omega^2}$$

$$=\frac{N(s)}{(s+p_1)(s+p_2)\cdots\cdots(s+p_n)}\cdot\frac{A\omega}{(s+j\omega)(s-j\omega)} \tag{1}$$

$$=\frac{\alpha}{s+j\omega}+\frac{\beta}{s-j\omega}+\underbrace{\sum_{i=1}^{n}\frac{\gamma_i}{s+p_i}}_{G(s)\text{極點之展開項}} \tag{2}$$

由 (1) 得

$$c(t) = \alpha e^{-j\omega t} + \beta e^{j\omega t} + \sum_{i=1}^{n}\gamma_i e^{jpt}$$

$\because$系統為穩定輸出，$p_1, p_2 \cdots p_n$ 均在 s 左半平面（即 $p_i < 0$, $i = 1, 2, \ldots n$），$\therefore \lim_{t\to\infty}\sum_{i=1}^{n}\gamma_i e^{-jp_it}=0$，從而

$$c_{ss}(t) = \alpha e^{-j\omega t}+ \beta e^{j\omega t} \tag{3}$$

現在我們要解穩態響應 $c_{ss}(t) = \alpha e^{-j\omega t} + \beta e^{j\omega t}$ 之 $\alpha, \beta =$ ？

$$C(s) = G(s)\frac{A\omega}{(s+j\omega)(s-j\omega)} \qquad \text{（由 (1)）} \tag{4}$$

$$= \frac{\alpha}{s+j\omega} + \frac{\beta}{s-j\omega} + \sum_{i=1}^{n}\frac{\gamma_i}{s+p_i} \qquad \text{（由 (2)）} \tag{5}$$

$$\therefore \alpha = \frac{G(-j\omega)A\omega}{-2j\omega} = \frac{AG(-j\omega)}{-2j} \tag{6}$$

$$\beta = \frac{G(j\omega)A\omega}{2j\omega} = \frac{AG(j\omega)}{2j} \tag{7}$$

代 (6), (7) 入 (3) 得：

$$C_s(t) = \frac{AG(-j\omega)}{-2j}e^{-j\omega t} + \frac{AG(j\omega)}{2j}e^{j\omega t} \tag{8}$$

又

$$G(j\omega) = |G(j\omega)|\, e^{j\phi}, \ \phi = \angle G(j\omega) \tag{9}$$

$$G(-j\omega) = |G(-j\omega)|\, e^{-j\phi} = |G(j\omega)|\, e^{-j\phi} \tag{10}$$

代 (9), (10) 入 (8) 得：

$$c_{ss}(t) = \frac{A|G(j\omega)|}{-2j}e^{-j(\phi+\omega t)} + \frac{A|G(j\omega)|}{2j}e^{j(\phi+\omega t)}$$

$$= A|G(j\omega)|\frac{1}{2j}\left(e^{j(\phi+\omega t)} - e^{-j(\phi+\omega t)}\right)$$

$$= A|G(j\omega)|\sin(\omega t + \phi)$$ ■

由命題 A，若將正弦波 $r(t) = A\sin\omega t$ 輸入到一線性系統，那麼輸出仍爲正弦波訊號，但二者之幅頻與相頻會有所改變。

例 3 設 $G(s)=\dfrac{C(s)}{R(s)}=\dfrac{2}{s+1}$，若輸入 $r(t)=\sin 3t$，求 $c(t)$ 之穩態輸出 $c_{ss}(t)$。

解 $G(j\omega)=\dfrac{2}{j\omega+1}$；$\omega=3$

$$\therefore G(j\omega)=\frac{2}{j3+1}=\frac{2}{\sqrt{3^2+1^2}}\angle{-\tan^{-1}\frac{3}{1}}=0.63\angle{-71.57^\circ}$$

即 $c_{ss}(t)=A|G(j\omega)|\sin(\omega t+\phi)=0.63\sin(3t-71.57^\circ)$

例 4 設系統之轉移函數 $G(s)=\dfrac{C(s)}{R(s)}=\dfrac{2}{s+1}$，若輸入 $r(t)=2\sin(t+16^\circ)$，求穩態輸出 $c_{ss}(t)$。

解 $$G(j\omega)=\frac{2}{j\omega+1}=\frac{2}{\sqrt{\omega^2+1}}\angle\frac{1}{\omega+1}=-\frac{2}{\sqrt{\omega^2+1}}\angle\tan^{-1}\omega$$

$$=\frac{2}{\sqrt{\omega^2+1}}\angle{-\tan^{-1}\omega}\text{，}\omega=1$$

$G(j1)=\dfrac{2}{\sqrt{2}}\angle{-\tan^{-1}1}=1.4\angle{-45^\circ}$，$|G(j\omega)|=1.4$，$\phi=-45^\circ$

$$y_{ss}(t)=A|G(j\omega)|\sin(\omega t+\phi)$$

$$=2(1.4)\sin(t+16^\circ-45^\circ)$$

$$=2.8\sin(t-29^\circ)$$

例 5 設系統之轉移函數 $G(s)=\dfrac{C(s)}{R(s)}=\dfrac{200}{s^2+10s+200}$，若輸入 $r(t)=2\sin(10t+40^\circ)$，求穩態輸出 $c_{ss}(t)$。

解 $G(j\omega)=\dfrac{200}{(j\omega)^2+10j\omega+200}$；$\omega=10$

$$\therefore G(j10)=\frac{200}{(j10)^2+10(j10)+200}=\frac{2}{1+j}$$

$$=\frac{2}{\sqrt{2}}\angle{-\tan^{-1}1}=1.41\angle{-45^\circ}$$

$$\therefore\ c_{ss}(t)=A|G(j\omega)|\sin(\omega t+\phi)$$

$$=2(1.41)\sin(10t+40^\circ-45^\circ)$$

$$=2.82\sin(10t-5^\circ)$$

例 6 考慮右列 RC 電路，設輸入信號爲 $r(t)=A\sin\omega t$，試求其穩態輸出 $c_{ss}(t)$

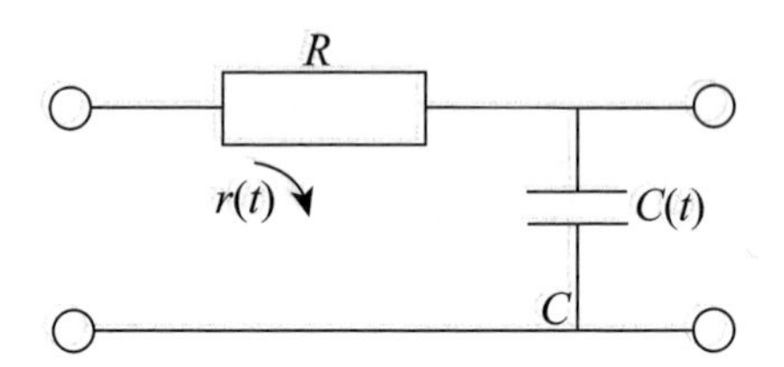

解 由$G(s)=\dfrac{1}{T_S+1}$，$T=RC$

知此電路系統

$$\therefore C(s)=G(s)R(s)=\frac{1}{T_S+1}\cdot\frac{A\omega}{s^2+\omega^2}$$

$$c(t)=\mathcal{L}^{-1}(C(s))=\mathcal{L}^{-1}\left(\frac{1}{T_S+1}\cdot\frac{A\omega}{s^2+\omega^2}\right)$$

$$=AT\int_0^t e^{-\frac{\lambda}{T}}\sin(t-\lambda)\,d\lambda$$

$$=\frac{AT\omega}{1+T^2\omega^2}e^{-\frac{t}{T}}+\frac{A}{\sqrt{1+T^2\omega^2}}\sin(\omega t-\tan^{-1}T\omega)$$

$$\because\ \lim_{t\to\infty}\frac{AT\omega}{1+T^2\omega^2}e^{-\frac{t}{T}}=0$$

$$\therefore 穩態輸出\ c_{ss}(t)=\frac{A}{\sqrt{1+T^2\omega^2}}\sin(\omega t-\tan^{-1}T\omega)$$

練習 6.2

1. 設系統之轉移函數$G(s)=\dfrac{2}{s+1}$，正弦信號 $r(t) = \sin(t + 26^\circ)$ 輸入此系統，求穩態輸出 $y_{ss}(t)$。

2. 設系統之轉移函數$G(s)=\dfrac{1}{\tau s+1}$，輸入正弦信號 $r(t) = A\sin\omega t$，試求穩態輸出 $y_{ss}(t)$。

3. 設系統之轉移函數$G(s)=\dfrac{Y(s)}{R(s)}=\dfrac{7}{3s+2}$，輸入正弦信號 $r(t) = \dfrac{1}{2}\sin(\dfrac{1}{3}t+45^\circ)$。試求穩態輸出 $y_{ss}(t)$。

4. 設系統之轉移函數$G(s)=\dfrac{Y(s)}{R(s)}=\dfrac{K(T_s+1)}{\tau s+1}$，輸入正弦信號 $r(t) = A\sin\omega t$，求系統之穩態輸出。

5. 設系統之轉移函數$G(s)=\dfrac{Y(s)}{R(s)}=\dfrac{2}{s+1}$，若輸入餘弦信號 $r(t) = \cos t$，求證輸出之穩態響應為 $y_{ss}(t)=\sqrt{2}\cos(t-45^\circ)$。

6. 給定二階系統之轉移函數$G(s)=\dfrac{1}{T^2s^2+2\xi T_s+1}$，驗證其頻率特性$G(j\omega)=\dfrac{1}{\sqrt{(1-T^2\omega^2)^2+(2\xi T\omega)^2}}e^{j\varphi(\omega)}$。

6.3 尼奎斯圖

$G(j\omega)$ 爲一複數，因此它可表爲向量式，在此意義下，$G(j\omega) = M(\omega)e^{j\phi(\omega)}$ 中，$M(\omega)$ 爲向量之模（即向量之長度），$\phi(\omega)$ 爲向量之幅角（即向量與 x 軸之夾角）。尼奎斯圖（Nyquist plot），就是由 $0 \to \infty$ 時向量 $G(j\omega)$ 的終點在 ω 之運動軌跡。

定義 $G(j\omega)$ 之向量終點由 $0 \to \infty$ 之運動軌跡即爲尼奎斯曲線。

例 1 （慣性環節）若系統之微分方程式爲 $T\dot{c}(t) + c(t) = r(t)$，則其轉移函數 $G(s) = \frac{1}{Ts+1}$，試繪其尼奎斯圖。

解

$$G(s) = \frac{1}{Ts+1}$$

$$\therefore G(j\omega) = \frac{1}{T(j\omega)+1} = \frac{1}{j(T\omega)+1}$$

$$= \frac{1}{\sqrt{T^2\omega^2+1}} \angle -\tan^{-1}\frac{T\omega}{1}$$

$$= \frac{1}{\sqrt{T^2\omega^2+1}} \angle -\tan^{-1}T\omega$$

至此，我們已完成了尼奎斯圖之架構，爲了繪出尼奎斯圖，我們需選取一些點以繪出曲線：

$$\therefore \omega = 0 \text{ 時，} \begin{cases} M(\omega)\Big|_{\omega=0} = \dfrac{1}{\sqrt{T^2\omega^2+1}}\Big|_{\omega=0} = \dfrac{1}{T} \\ \varphi(\omega)\Big|_{\omega=0} = \angle -\tan^{-1}T\omega\ \Big|_{\omega=0} = 0° \end{cases}$$

$$\omega = \frac{1}{T} \text{ 時，} \begin{cases} M(\omega)\Big|_{\omega=\frac{1}{T}} = \dfrac{1}{\sqrt{T^2\omega^2+1}}\Big|_{\omega=\frac{1}{T}} = \dfrac{1}{\sqrt{2}} = 0.71 \\ \varphi(\omega)\Big|_{\omega=\frac{1}{T}} = \angle -\tan^{-1}T\omega\ \Big|_{\omega=\frac{1}{T}} = -45° \end{cases}$$

$$\omega \to \infty \text{ 時，} \begin{cases} M(\omega)\Big|_{\omega=\infty} = \dfrac{1}{\sqrt{T^2\omega^2+1}}\Big|_{\omega=\infty} = 0 \\ \varphi(\omega)\Big|_{\omega=\infty} = \angle -\tan^{-1}T\omega\ \Big|_{\omega=\infty} = -90° \end{cases}$$

ω	0	$\frac{1}{T}$	$\frac{2}{T}$	$\frac{3}{T}$	$\frac{4}{T}$	……	∞
$M(\omega)$	1	0.71	0.44	0.32	0.24		0
$\phi(\omega)$	0°	-45°	-63°	-72°	-76°		-90°

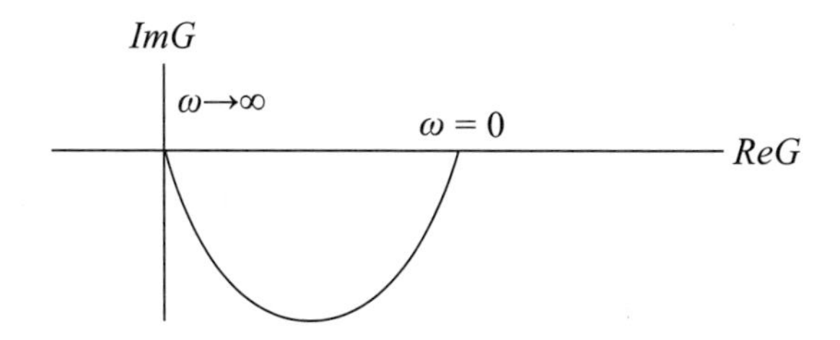

一般而言，尼奎斯圖在作圖之步驟大致爲 (1) $\omega = 0$ 及 $\omega = \infty$之點；(2) 與實軸、虛軸之交點；(3) 作表，我們看一些例子。

例 2　若系統之轉移函數 $G(s)=\dfrac{s+1}{s+3}$，試繪其尼奎斯圖。

解　先求系統之頻率響應

$$G(j\omega)=\frac{j\omega+1}{j\omega+3}=\left|\frac{j\omega+1}{j\omega+3}\right| \angle\left(\tan^{-1}\omega-\tan^{-1}\frac{\omega}{3}\right)$$

$$=\frac{\sqrt{1+\omega^2}}{\sqrt{10+\omega^2}} \angle\left(\tan^{-1}\omega-\tan^{-1}\frac{\omega}{3}\right)$$

(1) $\omega = 0$ 時

$$\lim_{\omega\to 0} G(j\omega)=\frac{1}{\sqrt{10}}\angle 0^\circ = 0.32\angle 0^\circ$$

$\omega = \infty$時

$$\lim_{\omega\to\infty} G(j\omega)=1\angle 0^\circ$$

(2) 求二軸之交點

$$G(j\omega)=\frac{j\omega+1}{j\omega+3}=\frac{(j\omega+1)(-j\omega+3)}{(j\omega+3)(-j\omega+3)}=\frac{(3+\omega^2)+2j\omega}{\omega^2+9}$$

$$=\frac{\omega^2+3}{\omega^2+9}+j\frac{2\omega}{\omega^2+9}$$

與實軸交點：令虛部$\dfrac{2\omega}{\omega^2+9}=0$　$\therefore \omega=0$

與虛軸交點：令實部$\dfrac{\omega^2+3}{\omega^2+9}=0$，$\omega=\pm j\sqrt{3}$（不合因$\omega$不爲虛數），故不與虛軸相交

(3) 作表

	ω	0	1	2	3	……	9	10	∞
Re	$G(j\omega)$	0.33	0.40	0.54	0.67	……	0.93	0.94	1
Im	$G(j\omega)$	0	0.20	0.31	0.33	……	0.20	0.18	0

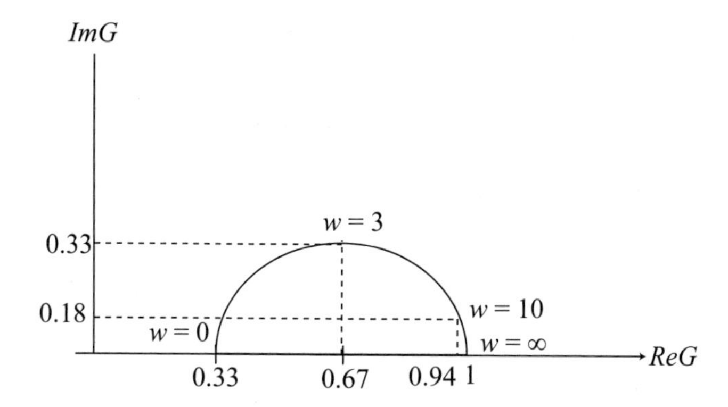

例 3 若系統之轉移函數為$G(s)=\dfrac{2}{s(s+1)}$，試繪對應之尼奎斯圖。

解 $$G(j\omega)=\frac{1}{j\omega(j\omega+1)}=\frac{1}{-\omega^2+j\omega}=\frac{1}{\sqrt{\omega^4+\omega^2}}\angle{-\tan^{-1}\left(-\frac{1}{\omega}\right)}$$

$$=\frac{1}{\omega\sqrt{1+\omega^2}}\angle{-90^\circ-\tan^{-1}\omega}$$

(1) 求 $\omega=0$，$\omega=\infty$之點

$$\lim_{\omega\to 0}M(\omega)=\lim_{\omega\to 0}\frac{1}{\omega\sqrt{1+\omega^2}}=\infty\ ;$$

$$\lim_{\omega\to 0}\varphi(\omega)=\lim_{\omega\to 0}(-90^\circ-\tan^{-1}\omega)=-90^\circ$$

即 $\lim\limits_{\omega\to 0}G(j\omega)=\infty\angle{-90^\circ}$

$$\lim_{\omega\to\infty}M(\omega)=\lim_{\omega\to\infty}\frac{1}{\omega\sqrt{1+\omega^2}}=0\ ;$$

$$\lim_{\omega\to\infty}\varphi(\omega)=\lim_{\omega\to\infty}(-90°-\tan^{-1}\omega)$$

即$\lim_{\omega\to\infty}G(j\omega)=0\underline{/-180°}$

(2) $G(j\omega)$ 圖形在實軸、虛軸之交點

$$G(j\omega)=\frac{2}{j\omega(j\omega+1)}=\frac{2}{-\omega^2+j\omega}=\frac{2(-\omega^2-j\omega)}{(-\omega^2+j\omega)(-\omega^2-j\omega)}$$

$$=\frac{-2\omega-2j}{\omega^3+\omega}=\frac{-2}{\omega^2+1}+\frac{-2j}{\omega(\omega^2+1)}$$

(i) 與實軸交點：令虛部 $\frac{-2}{\omega(\omega^2+1)}=0$，得 $\omega=\infty$

(ii) 與虛軸交點：令實部 $\frac{-2}{\omega^2+1}=0$，得 $\omega=\infty$

(3) 作表

	ω	1	2	3	……	∞
Re	$G(j\omega)$	-1	-0.4	-0.2		0
Im	$G(j\omega)$	-1	-0.2	-0.07		0

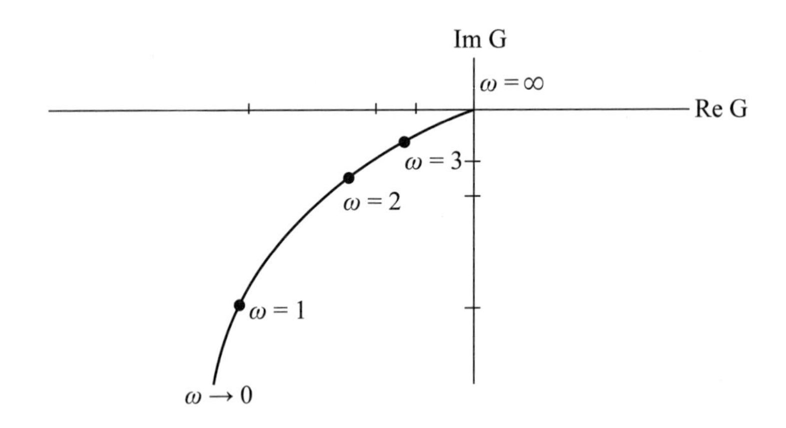

練習 6.3

1. 試繪 $G(s)=\frac{10}{s(s+1)(s+2)}$ 之尼奎斯圖。

6.4 波德圖

波德圖（Bode plot）也稱爲對數坐標圖（Logarithmic plot）顧名思義，波德圖是用雙對數圖來表現的，這裡所說的對數是以 10 爲底的對數。

分貝

系統之轉移函數爲 $GH(s)$，則分貝（db）定義爲

$db = 20 \log |GH(j\omega)|$

因爲分貝 db 是一種特殊之對數函數，因此 db 具有一般對數應有之性質。

定義 波德圖是分貝（db）值對 $\log \omega$ 之圖。

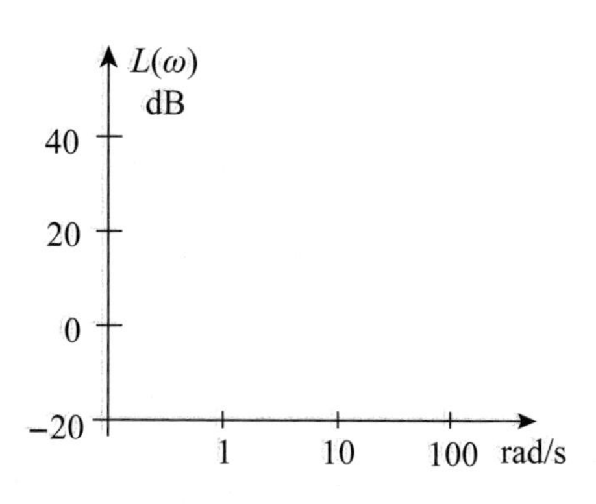

波德圖基本上是一個半對數坐標軸，橫軸爲 ω，它是對數坐標，而縱軸爲 $\log \omega$，如同我們熟知的十字坐標軸，呈等分的。因此波德圖之自變數爲 ω。

習慣上，頻率 ω 之單位爲 rad/s（強度／秒），而 $L(\omega)$ 之單位爲分貝（dB）。

1. 比例環節

比例環節之轉移函數 $G(s)=K$，故 $G(j\omega)=K$

得$\begin{cases} L(\omega)=20\log K \\ \varphi(\omega)=0 \end{cases}$

(i) $K>1$ 時 $L(\omega)>0$，此時波德圖爲 ω 軸上方之平行線

(ii) $K=1$ 時 $L(\omega)=0$

(iii) $K<1$ 時 $L(\omega)<0$

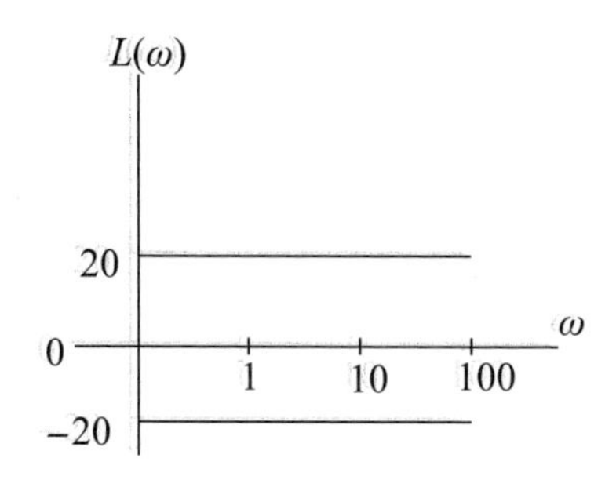

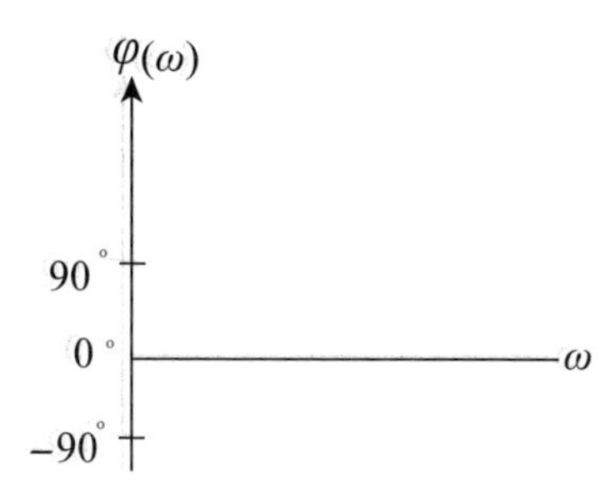

2. 積分環節

積分環節轉移函數$G(s)=\frac{1}{Ts}$，$G(j\omega)=\frac{1}{Tj\omega}=j\frac{1}{T\omega}=\frac{1}{T\omega}e^{-j\frac{\pi}{2}}$

$$\text{得}\begin{cases} L(\omega)=20\log\frac{1}{T\omega}=-20\log T\omega \\ \varphi(\omega)=-\frac{\pi}{2}=-90^\circ \end{cases}$$

因此我們可做出積分環節之頻率特性：

(a) ω-$L(\omega)$ 圖形：

積分環節之 ω-$L(\omega)$ 圖形爲一斜率是 -20dB/dec 之直線，$L(1)=-20\log 1=0$。∴直線與 ω 軸之交點爲 (1, 0)，因此我們可繪出圖形如圖 (a)。

(b) ω-$\varphi(\omega)$ 圖形：

$\varphi(\omega)=-90^\circ$，因此積分環節之 ω-$\varphi(\omega)$ 圖形爲一平行 ω 之直線，如圖 (b)。

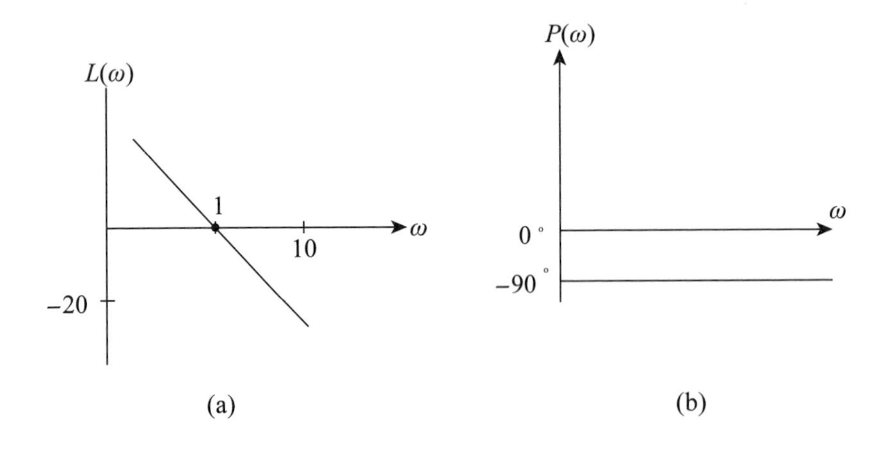

(a) (b)

3. 微分環節

系統之微分環節的轉移函數 $G(s)=s$，故 $G(j\omega)=j\omega=\omega e^{j\frac{\pi}{2}}$

$$\therefore \begin{cases} L(\omega)=20\log\omega \\ \varphi(\omega)=\dfrac{\pi}{2}=90^\circ \end{cases}$$

(a) ω-$L(\omega)$ 圖形

微分環節在 ω-$L(\omega)$ 圖形內為一斜率是 20dB/dec 之直線，$L(1)=20\log 1=0$ $\therefore$直線與 ω 軸之交點為 (1, 0)，因此我們可繪出圖形如圖 (a)。

(b) ω-$\varphi(\omega)$ 圖形

$\varphi(\omega)=-90^\circ$，因此，微分環節之 ω-$\varphi(\omega)$ 之圖形為一平行 ω 之直線如圖 (b)。

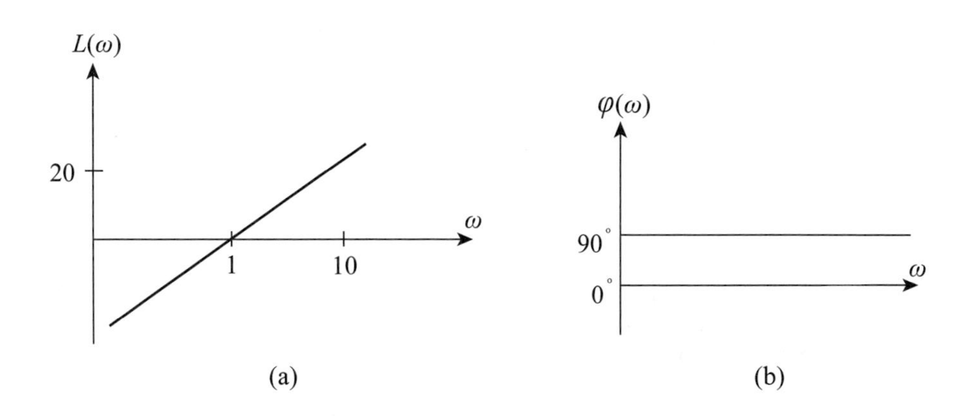

(a) (b)

4. 慣性環節

慣性環節之轉移函數 $G(s)=\dfrac{1}{T_S+1}$，故 $G(j\omega)=\dfrac{1}{Tj\omega+1}$

$=M(\omega)e^{j\varphi(\omega)}$；其中$M(\omega)=\dfrac{1}{\sqrt{T^2\omega^2+1}}$，$\varphi(\omega)=-\tan^{-1}T\omega$

(1) ω-$L(\omega)$ 圖形

$$\because L(\omega)=20\log\frac{1}{\sqrt{T^2\omega^2+1}}=-20\log\sqrt{T^2\omega^2+1}$$

$$\approx\begin{cases}-20\log 1=0 & \text{，}T\omega\text{遠較 1 為小} \quad (1)\\ -20\log\sqrt{T^2\omega^2}=-20\log T\omega & \text{，}T\omega\text{遠較 1 為大} \quad (2)\end{cases}$$

現研究圖形之性質：

(i) $\dfrac{1}{T}>\omega>0$ 時 $L(\omega)=0$ （由 (1)） (3)

(ii) $\omega=\dfrac{1}{T}$ 時 $L(\omega)=0$ (4)

(iii) $\omega>\dfrac{1}{T}$ 時，$L(\omega)=-20\log T\omega$，顯然 $L(\omega)=-20\log T\omega$ 為 $\log\omega$ 之一次函數，現只需在 $\omega>\dfrac{1}{T}$ 找到直線之另一點，例如我們取 $\omega=\dfrac{10}{T}$，則$L\left(\dfrac{10}{T}\right)=-20\log T\cdot\dfrac{10}{T}=-20$。因此圖形過點 ($\dfrac{10}{T}$, 20)，由 (3), (4) 及圖形過 ($\dfrac{10}{T}$, 20) 我們可繪出慣性環節 ω-L(ω) 圖形。

(2)ω-$\varphi(\omega)$ 圖形

為了求取 L-$\varphi(\omega)$ 之圖形，我們需取若干點連成一平滑曲線，因 $\varphi(\omega)=-\tan^{-1}T\omega$，$\omega=0$ 時 $\varphi(\omega)=0$, $\omega=\infty$時，$\varphi(\omega)=-90^\circ$。

ω	0	$\frac{0.25}{T}$	$\frac{0.50}{T}$	$\frac{0.75}{T}$	$\frac{1}{T}$	$\frac{2}{T}$	$\frac{6}{T}$	……	∞
$\mathcal{L}$(m)	0	-14°	-27°	-37°	-45°	-63°	81°	……	-90°

因此我們可繪出

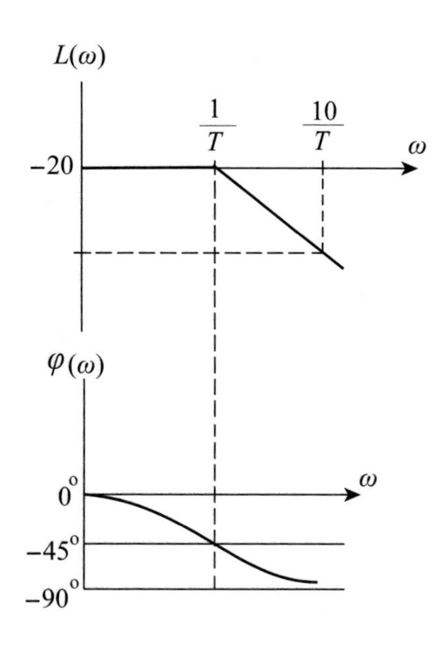

第7章

狀態空間分析

7.1 前言
7.2 系統動態方程式之矩陣表示
7.3 狀態轉移矩陣
7.4 狀態方程式之解
7.5 系統之可控制性與可觀測性

7.1 前言

前幾章介紹的單輸入與單輸出（SISO）之控制系統時，我們以時域分析、根軌跡分析、頻域分析等方法，透過微分方程式、拉氏轉換等數學工具去透析系統之穩定性與一些動態特性。

從工程現實的角度來看，多輸入多輸出（MIMO）更具一般性，因此前幾章單輸入單輸出（SISO）之古典控制理論便有擴張的必要。

現代控制理論涵蓋了線性系統與非線性系統二支，其中線性系統如今已有較成熟之發展，而一些現代控制理論如最優控制（Optimal control）、隨機控制（Stochastic control）、自適應控制（Self-adaptive control）等多建構在線性系統之基礎上，而非線性系統亦有相當程度受到線性系統理論之影響。

本書以入門書立場，故只介紹其中之線性系統，而線性控制理論是建立在狀態（state）、狀態空間（State space）概念之基礎上，矩陣代數是重要數學工具，因此本章就先從這裡開始。

矩陣代數簡介

因爲狀態空間分析是建立在矩陣理論上，但矩陣內容極爲廣泛，本節囿於篇幅自然無法盡述，因此只就與本章所需部分作一摘述，讀者可參閱黃學亮編著之《基礎線性代數》（第三版，五南出版）。

矩陣意義

定義 下列是一有 m 個列（Row），n 個行（Column）之陣列（Array），我們稱此陣列爲 $m\times n$ 階矩陣（Matrix）。

$$A = \text{行}\downarrow\overset{\text{列}\longrightarrow}{\begin{bmatrix} a_{11} & a_{12} & \cdots & a_{1n} \\ a_{21} & a_{22} & \cdots & a_{2n} \\ \cdots & \cdots & \cdots & \cdots \\ a_{m1} & a_{m2} & \cdots & a_{mn} \end{bmatrix}}$$

a_{ij} 爲第 i 列第 j 行之元素，A 有時以 $A=[a_{ij}]_{m\times n}$ 表示。

當 $m=n$ 時 A 稱爲 n 階方陣（或 m 階方陣）

定義中之 a_{ij} 可爲複數或爲 s 之函數。

例 1 $A=\begin{bmatrix} 1 & 0 & -2 & 3 \\ 2 & 1 & -1 & 0 \\ 4 & 3 & -2 & 1 \end{bmatrix}$，爲 3×4 矩陣，$a_{23}=-1, a_{31}=4$

有二個特殊方陣，本章用得到：

(1) 單位陣（Identity matrix）：若 $A = [a_{ij}]_{n\times n}$，$a_{ij}=\begin{cases}1, & i=j\\ 0, & i\neq j\end{cases}$ 時稱 A 為單位陣，以 I 表之。

(2) 對角陣（Diagonal matrix）：$A = [a_{ij}]_{n\times n}$ 之 $a_{11}, a_{22}\cdots a_{mn}$ 之連線稱主對角線（Diagonal），若 A 除主對角線上之元素外其他元素均為 0，稱 A 為對角陣。

$$\begin{bmatrix}1 & 0\cdots\cdots 0\\ 0 & 1\cdots\cdots 0\\ \vdots & \ddots \quad \vdots\\ 0\cdots & \cdots\cdots 1\end{bmatrix} \qquad \begin{bmatrix}a_{11} & 0\cdots\cdots 0\\ 0 & a_{22}\cdots\cdots 0\\ \vdots & \ddots \quad \vdots\\ 0\cdots & \cdots\cdots a_{nn}\end{bmatrix}$$

單位陣　　　　　　　主對角陣

因此，單位陣是主對角陣之特例。方陣 A 之主對角線上元素之和稱為跡（Trace）記做 $tr(A)$。

例 2　$A=\begin{bmatrix}a & b & c\\ d & e & f\\ g & h & i\end{bmatrix}$，則 $tr(A) = a + e + i$

二個矩陣有相同之階數，則稱此二矩陣為同階矩陣。$A = [a_{ij}]$，$B = [b_{ij}]$，若 A，B 為同階矩陣且 $a_{ij} = b_{ij}\ \forall i,j$ 則稱二矩陣 A, B 相等而記做 $A = B$。

矩陣之加減與乘法

$A=[a_{ij}]_{m\times n}$，$B=[b_{ij}]_{m\times n}$ 則

$$A+B=[a_{ij}+b_{ij}]_{m\times n}$$

$$A-B=[a_{ij}-b_{ij}]_{m\times n}$$

矩陣之乘法有二種：

1. 純量與矩陣之乘法

$A=[a_{ij}]_{m\times n}$，β 為任一純量（Scalar）則 $\beta A=[\beta a_{ij}]_{m\times n}$

2. 矩陣與矩陣之乘法

定義 $A=[a_{ij}]_{m\times n}$，$B=[b_{ij}]_{n\times p}$，令 $C=AB$，$C=[c_{ij}]_{m\times p}$，則

$$c_{ij}=\sum_{k=1}^{n}a_{ik}b_{kj}$$

在矩陣與矩陣之乘法中，應注意到 A、B 成立之條件為 A 之列數必須等於 B 之行數，我們可用下圖來幫助讀者記憶：

$$\begin{bmatrix} a & b & c \\ d & e & f \end{bmatrix} \cdot \begin{bmatrix} g & h \\ i & j \\ k & l \end{bmatrix} = \begin{bmatrix} a & b & c \\ d & e & f \end{bmatrix} \begin{bmatrix} g & h \\ i & j \\ k & l \end{bmatrix}$$

$a_{11} = ag + bi + ck$，其餘可類推。

若矩陣爲可乘，那麼其最後結果之階數爲：

$$A_{m \times n} \cdot B_{n \times p} = C_{m \times p}$$

$$A_{m \times n} \cdot B_{n \times p} \quad C_{p \times q} = D_{m \times q}$$

例 3　若$A = \begin{bmatrix} 1 & 2 \\ -1 & 0 \\ 0 & 3 \end{bmatrix}$，$B = \begin{bmatrix} a & b \\ c & d \end{bmatrix}$則

$$AB = \begin{bmatrix} 1 & 2 \\ -1 & 0 \\ 0 & 3 \end{bmatrix} \begin{bmatrix} a & b \\ c & d \end{bmatrix} = \begin{bmatrix} a+2c & b+2d \\ -a & -b \\ 3c & 3d \end{bmatrix}$$

$BA = \begin{bmatrix} a & b \\ c & d \end{bmatrix} \begin{bmatrix} 1 & 2 \\ -1 & 0 \\ 0 & 3 \end{bmatrix}$不可乘。

A, B 爲可乘 $AB = BA$ 不恒成立，若 $AB = BA$ 時稱 A, B 爲可交換（Commute）。

矩陣之轉置

$A=[a_{ij}]_{m\times n}$，$B=[b_{ij}]_{n\times m}$，若 $b_{ij}=a_{ji}$ 則稱 B 爲 A 之轉置矩陣，記做 $B=A^T$。

例 4 若$A=\begin{bmatrix}1 & 2\\ -1 & 0\\ 0 & 3\end{bmatrix}$ 則 $A^T=\begin{bmatrix}1 & -1 & 0\\ 2 & 0 & 3\end{bmatrix}$

線性聯立方程組與基本列運算

考慮下列聯立方程組：

$$\begin{cases} a_{11}x_1+a_{12}x_2+\cdots+a_{1n}x_n=b_1\\ a_{21}x_1+a_{22}x_2+\cdots+a_{2n}x_n=b_2\\ \cdots\cdots\cdots\cdots\cdots\cdots\cdots\cdots\cdots\cdots\\ a_{m1}x_1+a_{m2}x_2+\cdots+a_{mn}x_n=b_m \end{cases} \quad *$$

＊可寫成矩陣－向量（行矩陣）之形式：$Ax=b$，其中

$$A=\begin{bmatrix} a_{11} & a_{12} & \cdots & a_{1n}\\ a_{21} & a_{22} & \cdots & a_{2n}\\ \cdots & \cdots & \cdots & \cdots\\ a_{m1} & a_{m2} & \cdots & a_{mn} \end{bmatrix},\ x=\begin{bmatrix}x_1\\ x_2\\ \vdots\\ x_n\end{bmatrix},\ b=\begin{bmatrix}b_1\\ b_2\\ \vdots\\ b_m\end{bmatrix}$$

在線性代數，我們是利用基本列運算（Elementary row operation）去解上述聯立方程式。

定義 基本列運算有

(1) 任二列對調；

(2) 任一列乘上異於 0 之數；

(3) 任一列乘上異於 0 之數再加上另一列。

上述運算亦稱列等值（Row equivalence）。

我們以一個簡單的例子說明基本列運算：

例 5 考慮方程組

$$\begin{cases} x+y=3\cdots\cdots① \\ 2x+3y=8\cdots\cdots② \end{cases}$$ 這組方程式之解為 $x=1$，$y=2$

(1) ①，②對調 $\begin{cases} 2x+3y=8 \\ x+y=3 \end{cases}$

(2) 2× ① $\begin{cases} 2x+2y=6 \\ 2x+3y=8 \end{cases}$

(3) 2× ① + ② $\begin{cases} x+y=3 \\ 4x+5y=14 \end{cases}$

顯然，這三個方程組之解都沒改變，換言之，基本列運算只是方便我們解方程組，它不會改變原方程組的解答。

許多演算法可解方程組＊，但我們只介紹其中之 Gauss-Jordan 法，它是利用基本列運算逐列地化成簡化之列梯形式（Row-reduced echelon form）。

定義 矩陣若滿足下列三條件則稱簡化之列梯形式

(1) 每列之左邊之第一個非零元素必為 1，且包含該元素（即「1」）之同行其它元素均為 0。

(2) 若第 k 列與第 $k+1$ 列均不為零列，若 a_{ki}，$a_{k+1,j}$ 均為各該列異於 0 之第一個元素，則 $i<j$。

(3) 所有零列必在非零列之下方。

我們在例 6 說明列梯形式之解法。

矩陣的秩

A 為一 $m \times n$ 階矩陣，A 之線性獨立列向量組最大者，其列向量之個數稱為 A 之秩（Rank），以 rank(A) 表之。

秩在線性代數中是很重要的，命題 A 是判斷矩陣秩之最容易之方法

命題 A 若 A 經基本列運算得到列梯形式（即將矩陣簡化之列梯形式定義中之 (1) 每列左邊第 1 個非零元素不須爲 1），其非零列之個數即爲 A 之秩。

例 6 求 $A=\begin{bmatrix}1 & 0 & 2 & 3\\ 2 & -1 & -3 & 0\\ 5 & -1 & 3 & 9\end{bmatrix}$ 求 rank(A)

解

$$A=\begin{bmatrix}1 & 0 & 2 & 3\\ 2 & -1 & -3 & 0\\ 5 & -1 & 3 & 9\end{bmatrix}\sim\begin{bmatrix}1 & 0 & 2 & 3\\ 0 & -1 & -7 & -6\\ 0 & -1 & 7 & 6\end{bmatrix}\sim\begin{bmatrix}1 & 0 & 2 & 3\\ 0 & 1 & 7 & 6\\ 0 & 1 & 7 & 6\end{bmatrix}$$

$$\sim\begin{bmatrix}1 & 0 & 2 & 3\\ 0 & 1 & 7 & 6\\ 0 & 0 & 0 & 0\end{bmatrix}$$

A 已化爲列梯形式，A 有二個非零列

$\therefore$ rank $(A) = 2$

行列式

方陣 A 之行列式以 $|A|$ 或 det(A) 表之，它的定義涉及抽象代數，因此只列二、三階行列式計算及重要性質。

二、三階行列式之計算如下列命題。

命題 B

(1) 二階方陣 $A=\begin{bmatrix} a & b \\ c & d \end{bmatrix}$ 則 $|A|=\begin{vmatrix} a & b \\ c & d \end{vmatrix}=ad-bc$

(2) 三階方陣 $A=\begin{bmatrix} a & b & c \\ d & e & f \\ g & h & i \end{bmatrix}$ 則

$$|A|=\begin{vmatrix} a & b & c \\ d & e & f \\ g & h & i \end{vmatrix}=\begin{matrix} a & b & c & a & b \\ d & e & f & d & e \\ g & h & i & g & h \end{matrix}$$

$$=aei+bfg+cdh-gec-hfa-idb$$

命題 C

任一 n 階行列式，若：

(1) 有一列或行之元素均爲 0；

(2) 任意二列、二行之對應元素成比例。

則行列式爲 0。

例 7 下列行列式均爲 0

$$\begin{vmatrix} a & b & c \\ 0 & 0 & 0 \\ d & e & f \end{vmatrix}=0,\ \begin{vmatrix} a & 0 & d \\ b & 0 & e \\ c & 0 & f \end{vmatrix}=0,\ \begin{vmatrix} a & b & c \\ d & e & f \\ ka & kb & kc \end{vmatrix}=0\cdots$$

餘因式

定義 設 A 為 n 階行列式，若 A 除去第 i 列、第 j 行後剩下之 $n-1$ 階行列式以 $\det(M_{ij})$ 表之。A 之任一元素 a_{ij} 之餘因式（Cofactor）以 A_{ij} 或 $\text{cof}(a_{ij})$ 表示，定義為：

A_{ij} 或 $\text{cof}(a_{ij}) = (-1)^{i+j} \det(M_{ij})$

餘因式在求行列式與反矩陣上很有用。

A 為 n 階方陣，則行列式 $|A|$ 為：

$$|A| = \sum_{k=1}^{n} a_{ik}A_{ik} = \sum_{k=1}^{n} a_{ik}(-1)^{i+k} \det(M_{ik})$$

上述命題乍看很複雜，其實我們可拆解如下：

第 1 步：選擇某一列或某一行為基準，通常找 0 比較多的行或列

第 2 步：求 $\det(M_{ik})$

第 3 步：求 A_{ik}，$A_{ik} = (-1)^{i+k}\det(M_{ik})$

第 4 步：$|A| = \sum_{k=1}^{n} a_{ik}A_{ik}$

$$\begin{vmatrix} + & - & + \\ - & + & - \\ + & - & + \end{vmatrix}, \quad \begin{vmatrix} + & - & + & - \\ - & + & - & + \\ + & - & + & - \\ - & + & - & + \end{vmatrix}, \quad \cdots\cdots$$

餘因式正負規則表

例 8 求$\Delta = \begin{vmatrix} 1 & 1 & 1 & 1 \\ 1 & x & 0 & 0 \\ 1 & 0 & y & 0 \\ 1 & 0 & 0 & z \end{vmatrix}$

解 我們取第二列為基準

$$\begin{vmatrix} 1 & 1 & 1 & 1 \\ 1 & x & 0 & 0 \\ 1 & 0 & y & 0 \\ 1 & 0 & 0 & z \end{vmatrix} = (-1)^{2+1}\begin{vmatrix} 1 & 1 & 1 \\ 0 & y & 0 \\ 0 & 0 & z \end{vmatrix} + x(-1)^{2+2}\begin{vmatrix} 1 & 1 & 1 \\ 1 & y & 0 \\ 1 & 0 & z \end{vmatrix}$$

$$= -\begin{vmatrix} 1 & 1 & 1 \\ 0 & y & 0 \\ 0 & 0 & z \end{vmatrix} + x\begin{vmatrix} 1 & 1 & 1 \\ 1 & y & 0 \\ 1 & 0 & z \end{vmatrix} \qquad *$$

(1) $\begin{vmatrix} 1 & 1 & 1 \\ 0 & y & 0 \\ 0 & 0 & z \end{vmatrix} = 1(-1)^{1+1}\begin{vmatrix} y & 0 \\ 0 & z \end{vmatrix} = yz$

（以第 1 行為基準）

(2) $\begin{vmatrix} 1 & 1 & 1 \\ 1 & y & 0 \\ 1 & 0 & z \end{vmatrix} = (-1)^{1+1}\begin{vmatrix} y & 0 \\ 0 & z \end{vmatrix} + (-1)^{1+2}\begin{vmatrix} 1 & 0 \\ 1 & z \end{vmatrix} + (-1)^{1+3}\begin{vmatrix} 1 & y \\ 1 & 0 \end{vmatrix}$

（以第 1 列為基準）

$= yz - z - y$

代 (1)，(2) 入 * 得

$\Delta = -1 \cdot yz + x(yz - z - y) = xyz - (xy + xz + yz)$

讀者亦可嘗試用其他列、行為基準展開，結果應一樣。

有二個特殊行列式可能很有用，結果如下命題

$$\begin{vmatrix} a & 0 & 0 \\ 0 & b & 0 \\ 0 & 0 & c \end{vmatrix} = abc, \begin{vmatrix} a & x & y \\ 0 & b & z \\ 0 & 0 & c \end{vmatrix} = abc$$

命題 E 之結果可一般化到 n 階行列式，讀者可用餘因式展開法輕易證出。

反矩陣

A 為一 n 階方陣，若存在一個 n 階方陣 B，使得 $AB = BA = I_n$ 則稱 B 為 A 之反矩陣，以 A^{-1} 表之，我們稱 A 為非奇異陣（Non-singular matrix）或 A 為可逆（Invertible）。

我們由行列或性質可證明：A 為方陣，若 A 為可逆則 $|A| \neq 0$，同時有：

1. A 為非奇異陣 $\Leftrightarrow$ A 為可逆 $\Leftrightarrow$ A^{-1} 存在 $\Leftrightarrow |A| \neq 0$。

2. A 為奇異陣 $\Leftrightarrow$ A 為不可逆 $\Leftrightarrow$ A^{-1} 不存在 $\Leftrightarrow |A| = 0$。

反矩陣之求法有二種：

(1) 利用基本列運算將 $[A \mid I] \rightarrow [I \mid A^{-1}]$

(2) 利用伴隨矩陣（Adjoint）：A 為一 n 階方陣，其伴隨矩陣，記做 $\text{adj}(A)$，定義為：

$$\text{adj}(A) = \begin{bmatrix} A_{11} & A_{12} & \cdots & A_{1n} \\ A_{21} & A_{22} & \cdots & A_{2n} \\ \cdots & \cdots & \cdots & \cdots \\ A_{n1} & A_{n2} & \cdots & A_{nn} \end{bmatrix}^T$$

，A_{ij} 為 a_{ij} 之餘因式。

則 $A^{-1} = \left(\dfrac{1}{\det(A)}\right)\text{adj}(A)$

例 9 若 $A = \begin{bmatrix} 1 & 0 & 1 \\ 2 & -1 & 1 \\ 3 & 2 & -1 \end{bmatrix}$，求 A^{-1}

解 $A^{-1} = \left(\dfrac{1}{\det(A)}\right)\text{adj}(A)$，我們先求 $\text{adj}(A)$：

$$A_{11} = (-1)^{1+1}\begin{vmatrix} -1 & 1 \\ 2 & -1 \end{vmatrix} = -1 \quad A_{12} = (-1)^{1+2}\begin{vmatrix} 2 & 1 \\ 3 & -1 \end{vmatrix} = 5$$

$$A_{13} = (-1)^{1+3}\begin{vmatrix} 2 & -1 \\ 3 & 2 \end{vmatrix} = 7 \quad A_{21} = (-1)^{2+1}\begin{vmatrix} 0 & 1 \\ 2 & -1 \end{vmatrix} = 2$$

……

$$\therefore \operatorname{adj}(A)=\begin{bmatrix}-1 & 2 & 1\\ 5 & -4 & 1\\ 7 & -2 & -1\end{bmatrix}$$

讀者可驗證 $|A|=6$

$$\therefore A^{-1}=\frac{1}{6}\begin{bmatrix}-1 & 2 & 1\\ 5 & -4 & 1\\ 7 & -2 & -1\end{bmatrix}$$

定義 $A=[a_{ij}(s)]_{n\times n}$，$a_{ij}(s)$ 爲 s 之函數，若 $\mathcal{L}^{-1}(a_{ij}(s))$ 存在，則

$$\mathcal{L}^{-1}(A)=[\,\mathcal{L}^{-1}(a_{ij}(s))]_{n\times n}$$

例10 若 $A=\begin{bmatrix}1 & \frac{1}{s}\\ \frac{1}{1+s^2} & \frac{s}{1+s^2}\end{bmatrix}$，求 $\mathcal{L}^{-1}(A)$

解 $A=\begin{bmatrix}1 & \frac{1}{s}\\ \frac{1}{1+s^2} & \frac{s}{1+s^2}\end{bmatrix}$，則 $\mathcal{L}^{-1}(A)=\begin{bmatrix}\mathcal{L}^{-1}(1) & \mathcal{L}^{-1}\left(\frac{1}{s}\right)\\ \mathcal{L}^{-1}\left(\frac{1}{1+s^2}\right) & \mathcal{L}^{-1}\left(\frac{s}{1+s^2}\right)\end{bmatrix}$

$$=\begin{bmatrix}\delta(t) & 1\\ \sin t & \cos t\end{bmatrix}$$

方陣之特徵值

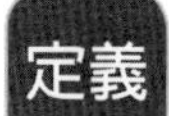

A 為一 n 階方陣，若存在一個非零向量 x，及一純量 λ 使得 $Ax=\lambda x$，則 λ 為 A 之特徵值（Characteristic value），x 為對應 λ 之特徵向量（Characteristic vector）。

由定義，一個 n 階方陣，它應有 n 個特徵值，其中可能有若干重根或共軛複根。由定義：$Ax=\lambda x$，稍事移項得$(A-\lambda I)x=\underset{\sim}{0}$，又$x\neq\underset{\sim}{0}$ $\therefore |A-\lambda I|=0$，或$|\lambda I-A|=0$ 之 λ 解即為 A 之特徵值，有了 λ 值即可解出對應之特徵向量 x。

我們令$P(\lambda)=\lambda^n+s_1\lambda^{n-1}+s_2\lambda^{n-2}+\cdots+s_n$，則 $P(\lambda)$ 稱為 A 之特徵多項式，$P(\lambda)=0$ 便為特徵方程式。

(1) 2 階方陣：$P(\lambda)=\lambda^2+s_1\lambda+s_2=0$

$$A=\begin{bmatrix}a & b\\ c & d\end{bmatrix}，則\ P(\lambda)=|\lambda I-A|=\left|\lambda\begin{bmatrix}1 & 0\\ 0 & 1\end{bmatrix}-\begin{bmatrix}a & b\\ c & d\end{bmatrix}\right|$$

$$=\begin{vmatrix}\lambda-a & -b\\ -c & \lambda-d\end{vmatrix}$$

$$=\lambda^2-(a+d)\lambda+(ad-bc)=0$$

$$\therefore s_1=-\underbrace{(a+d)}_{A\text{ 之跡}},\ s_2=\underbrace{\begin{vmatrix}a & b\\ c & d\end{vmatrix}}_{A\text{ 之行列式}}$$

(2) 3 階方陣：$P(\lambda)=\lambda^3+s_1\lambda^2+s_2\lambda+s_3=0$

$$A=\begin{bmatrix} a & b & c \\ d & e & f \\ g & h & i \end{bmatrix}，則 P(\lambda)=|\lambda I-A|=\left|\begin{bmatrix} \lambda & 0 & 0 \\ 0 & \lambda & 0 \\ 0 & 0 & \lambda \end{bmatrix}-\begin{bmatrix} a & b & c \\ d & e & f \\ g & h & i \end{bmatrix}\right|$$

$$=\begin{vmatrix} \lambda-a & -b & -c \\ -d & \lambda-e & -f \\ -g & -h & \lambda-i \end{vmatrix}$$

① λ^2 係數 s_1：

$$s_1=\begin{bmatrix} a & b & c \\ d & e & f \\ g & h & i \end{bmatrix} \quad s_1=-(a+e+i)$$

② λ^2 係數 s_2：

$$\begin{bmatrix} a & b & c \\ d & e & f \\ g & h & i \end{bmatrix} \quad \begin{bmatrix} a & b & c \\ d & e & f \\ g & h & i \end{bmatrix} \quad \begin{bmatrix} a & b & c \\ d & e & f \\ g & h & i \end{bmatrix}$$

$$\begin{vmatrix} a & b \\ d & e \end{vmatrix}+\begin{vmatrix} a & c \\ g & i \end{vmatrix}+\begin{vmatrix} e & f \\ h & i \end{vmatrix}$$

$$\therefore s_2=\begin{vmatrix} a & b \\ d & e \end{vmatrix}+\begin{vmatrix} a & c \\ g & i \end{vmatrix}+\begin{vmatrix} e & f \\ h & i \end{vmatrix}$$

③常數項係數 s_3：

$$s_3=-\begin{vmatrix} a & b & c \\ d & e & f \\ g & h & i \end{vmatrix}$$

因此，我們有以下命題：

命題 F A 爲 n 階方陣，$P(\lambda)=0$ 爲 A 之特徵方程式，則：
$P(\lambda)=|\lambda I-A|=\lambda^n+s_1\lambda^{n-1}+s_2\lambda^{n-2}+\cdots+s_n$ 之
$s_m=(-1)^m$（A 所有沿主對角線之 m 階行列式之和）。

一旦求出特徵值 λ_i 後，我們可將求出之 λ_i 代入 $(A-\lambda_i I)\,x=\underset{\sim}{0}$ 而解出 x。

例 10 求 $A=\begin{bmatrix}1 & 2\\ 3 & 0\end{bmatrix}$ 之特徵值與特徵向量

解 由命題 F，我們可視察出 $P(\lambda)=|\lambda I-A|=\lambda^2-\lambda-6=(\lambda-3)(\lambda+2)=0$ $\therefore\lambda=3,-2$

(i) $\lambda=-2$ 時

$$(A+2I)\,x=\underset{\sim}{0}\Rightarrow\begin{bmatrix}3 & 2\\ 3 & 2\end{bmatrix}x=\underset{\sim}{0},\ x=\begin{bmatrix}x_1\\ x_2\end{bmatrix}$$

$\left[\begin{array}{cc|c}3 & 2 & 0\\ 3 & 2 & 0\end{array}\right]\to\left[\begin{array}{cc|c}3 & 2 & 0\\ 3 & 2 & 0\end{array}\right]$ 此相當於 $3x_1+2x_2=0$ 取 $x_1=2t_1$，$x_3=-3t_1$ $\therefore x_1=t_1\begin{bmatrix}2\\ -3\end{bmatrix}$

(ii) $\lambda=3$ 時

$$(A-3I)\,x=\underset{\sim}{0}\Rightarrow\begin{bmatrix}-2 & 2\\ 3 & -3\end{bmatrix}x=\underset{\sim}{0}$$

$$\therefore\left[\begin{array}{cc|c}-2 & 2 & 0\\ 3 & -3 & 0\end{array}\right]\to\left[\begin{array}{cc|c}1 & -1 & 0\\ 3 & -3 & 0\end{array}\right]\to\left[\begin{array}{cc|c}1 & -1 & 0\\ 0 & 0 & 0\end{array}\right]$$

$$\therefore x = t_2\begin{bmatrix}1\\1\end{bmatrix}$$

對角化

對角化問題是給定一方陣 A 去找一個非奇異陣 S 使得 $SA^{-1}S = \text{diag}[\lambda_1, \lambda_2 \cdots \lambda_n]$，$\text{diag}[\lambda_1, \lambda_2 \cdots \lambda_n]$ 是以 A 之特徵值 $\lambda_1, \lambda_2 \cdots \lambda_n$ 爲元素之對角陣。

我們現在對方陣對角化問題做一介紹，它可分二個部分：(1) A 可對角化之條件；(2) 若 A 可對角化，則要如何對角化？

$\lambda_1, \lambda_2 \cdots \lambda_k$ 爲 n 階方陣之 k 個相異特徵值，設 $\lambda_1, \lambda_2 \cdots \lambda_k$ 各有 $c_1, c_2 \cdots c_k$ 個重根，則 A 可對角化之充要條件爲 $\text{rank}(A - \lambda_i I) = n - c_i$，$i = 1, 2 \cdots k$

若 A 有均爲互異之特徵值則 A 必可對角化。

例 11 $A = \begin{bmatrix} 3 & -3 & 1 \\ 7 & 0 & 2 \\ 12 & 4 & 3 \end{bmatrix}$ 是否可對角化？

解　A 之特徵方程式 $(\lambda-1)^2(\lambda-3)=0$ 有二個相異特徵值 $\lambda_1=1$（重根）及一個根 $\lambda=3$

先看 $\lambda=1$，它的重根數 $c=2$

$$\because A-1I=\begin{bmatrix}1&-3&1\\7&-1&2\\12&4&2\end{bmatrix}\to\begin{bmatrix}1&-3&1\\0&20&-5\\0&40&-10\end{bmatrix}\to\begin{bmatrix}1&-3&1\\0&20&-5\\0&0&0\end{bmatrix}$$

$$\therefore \operatorname{rank}(A-1\cdot I)=\operatorname{rank}\left(\begin{bmatrix}1&-3&1\\7&-1&2\\12&4&2\end{bmatrix}\right)=2$$

但 $n-c_i=3-2=1$

$\because \operatorname{rank}(A-I)\neq n-c_1$，$\therefore A$ 不能對角化。

對角化之求法

若方陣 A 可對角化，取 $s=[v_1, v_2\cdots v_n]$，$v_1, v_2\cdots v_n$ 爲對應特徵值 $\lambda_1, \lambda_2\cdots\lambda_n$ 之特徵向量，則

$$S^{-1}AS=\begin{bmatrix}\lambda_1&&0\\&\ddots&\\0&&\lambda_n\end{bmatrix}$$

承例 10

$$取S=\begin{bmatrix}2&1\\-3&1\end{bmatrix}，則S^{-1}AS=\begin{bmatrix}2&1\\-3&1\end{bmatrix}^{-1}\begin{bmatrix}1&2\\3&0\end{bmatrix}\begin{bmatrix}2&1\\-3&1\end{bmatrix}=\begin{bmatrix}3&0\\0&-2\end{bmatrix}$$

練習 7.1

1. 求$\begin{bmatrix}1&2&3&4\\3&5&7&9\\4&7&10&13\\5&9&13&17\end{bmatrix}$之秩

2. $A=\begin{bmatrix}a&b\\c&d\end{bmatrix}$求 A^{-1}，並說明 A^{-1} 存在之條件（本題之結果請記住）

3. 若$A=\begin{bmatrix}0&a&b\\0&0&c\\0&0&0\end{bmatrix}$，求 A^3

4. 用餘因式法求$\begin{vmatrix}a_1&0&0&b_1\\0&a_2&b_2&0\\0&b_3&a_3&0\\b_4&0&0&a_4\end{vmatrix}$

5. $A=\begin{bmatrix}1&0&1\\0&2&0\\0&0&1\end{bmatrix}$問 A 是否可對角化

6. $A=\begin{bmatrix}1&4\\5&2\end{bmatrix}$問 A 是否可對角化？若是求 S 使得 $S^{-1}AS=\Lambda$，Λ 爲 A 之特徵値形成之對角陣

7. $A=\begin{bmatrix}1&0&1\\2&-1&1\\3&2&-1\end{bmatrix}$求 $adj(A)$

8. 解（限用 Gauss-Jordan 法）

$$\begin{cases} 3x+2y+3z=9 \\ 2x+5y-7z=-12 \\ x-2y-2z=-3 \end{cases}$$

7.2 系統動態方程式之矩陣表示

如果系統之行為至少需要 n 個變量 x_1，$x_2 \cdots x_n$ 才能完全刻劃出，我們便可稱這 n 個變量為系統之一組狀態變數，以 $x_1(t)$，$x_2(t) \cdots x_n(t)$ 表之。若我們將所有狀態變數 $x_1(t)$，$x_2(t) \cdots x_n(t)$ 以向量形式表示，$X = [x_1(t)，x_2(t) \cdots x_n(t)]$，那麼 X 便稱為狀態向量，所有狀態向量所成之集合便構成系統之狀態空間。

動態方程式

動態方程式（Dynamic Equation）是狀態空間分析之核心。它包含了狀態方程式與輸出方程式兩部分，每個部分都與輸入變量、輸出變量與狀態變數有關。動態方程式對多輸入多輸出（MIMO）系統之描述與計算機處理有莫大方便。

考慮一個含有 m 個輸入（u_1，$u_2 \cdots u_m$），n 個狀態變數（x_1，$x_2 \cdots x_n$）與 p 個輸出（y_1，$y_2 \cdots y_p$）之線性動態系統（如圖 (a)）。

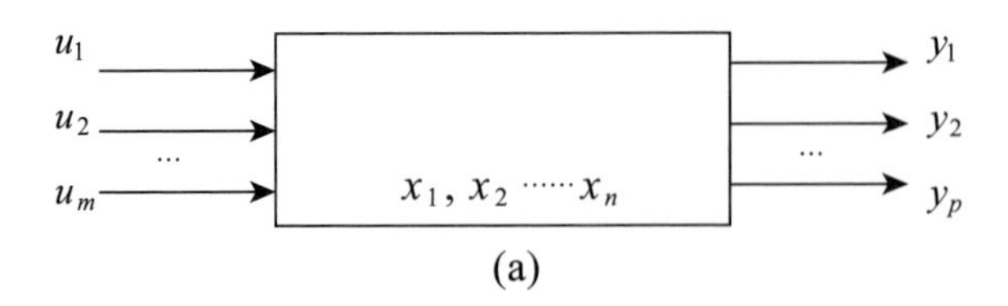

(a)

現在我們要建立此系統之動態方程式：

1. **狀態方程式**

$$\dot{x}_1 = a_{11}x_1 + a_{12}x_2 + \cdots a_{1n}x_n + b_{11}u_1 + b_{12}u_2 + \cdots + b_{1m}u_m$$

$$\dot{x}_2 = a_{21}x_1 + a_{22}x_2 + \cdots a_{2n}x_n + b_{21}u_1 + b_{22}u_2 + \cdots + b_{2m}u_m$$

$$\cdots\cdots\cdots\cdots\cdots$$

$$\dot{x}_n = a_{n1}x_1 + a_{n2}x_2 + \cdots a_{nn}x_n + b_{n1}u_1 + b_{n2}u_2 + \cdots + b_{nm}u_m$$

2. **輸出方程式**

$$y_1 = d_{11}x_1 + d_{12}x_2 + \cdots + d_{1n}x_n + e_{11}u_1 + e_{12}u_2 + \cdots + e_{1m}u_m$$

$$y_2 = d_{21}x_1 + d_{22}x_2 + \cdots + d_{2n}x_n + e_{21}u_1 + e_{22}u_2 + \cdots + e_{2m}u_m$$

$$\cdots\cdots\cdots\cdots\cdots$$

$$y_p = d_{p1}x_1 + d_{p2}x_2 + \cdots + d_{pn}x_n + e_{p1}u_1 + e_{p2}u_2 + \cdots + e_{pm}u_m$$

上面之狀態方程式，輸出方程式可寫成矩陣形式：

1. **狀態方程式**

$$\underbrace{\begin{bmatrix} \dot{x}_1 \\ \dot{x}_2 \\ \vdots \\ \dot{x}_n \end{bmatrix}}_{\dot{x}} = \underbrace{\begin{bmatrix} a_{11} & a_{12} & \cdots & a_{1n} \\ a_{21} & a_{22} & \cdots & a_{2n} \\ \cdots & \cdots & \cdots & \cdots \\ a_{n1} & a_{n2} & \cdots & a_{nn} \end{bmatrix}}_{A} \underbrace{\begin{bmatrix} x_1 \\ x_2 \\ \vdots \\ x_n \end{bmatrix}}_{x} + \underbrace{\begin{bmatrix} b_{11} & b_{12} & \cdots & b_{1m} \\ b_{21} & b_{22} & \cdots & b_{2m} \\ \cdots & \cdots & \cdots & \cdots \\ b_{n1} & b_{n2} & \cdots & b_{nm} \end{bmatrix}}_{B} \underbrace{\begin{bmatrix} u_1 \\ u_2 \\ \vdots \\ u_m \end{bmatrix}}_{u}$$

即 $\dot{x} = Ax + Bu$

2. 輸出方程式

$$\underbrace{\begin{bmatrix} y_1 \\ y_2 \\ \vdots \\ y_p \end{bmatrix}}_{y} = \underbrace{\begin{bmatrix} d_{11} & d_{12} & \cdots & d_{1n} \\ d_{21} & d_{22} & \cdots & d_{2n} \\ \cdots & \cdots & \cdots & \cdots \\ d_{p1} & d_{p2} & \cdots & d_{pn} \end{bmatrix}}_{D} \underbrace{\begin{bmatrix} x_1 \\ x_2 \\ \vdots \\ x_n \end{bmatrix}}_{x} + \underbrace{\begin{bmatrix} e_{11} & e_{12} & \cdots & e_{1m} \\ e_{21} & e_{22} & \cdots & e_{2m} \\ \cdots & \cdots & \cdots & \cdots \\ e_{p1} & e_{p2} & \cdots & e_{pm} \end{bmatrix}}_{E} \underbrace{\begin{bmatrix} u_1 \\ u_2 \\ \vdots \\ u_m \end{bmatrix}}_{u}$$

輸出方程式之矩陣表示爲

$y = Dx + Eu$

若線性非時變系統可用$\dfrac{d^n y}{dt^n} + a_{n-1}\dfrac{d^{n-1}y}{dt^{n-1}} + \cdots + a_1\dfrac{dy}{dt} + a_0 y$
$= b_0 x$ 表示，則系統之動態方程式爲：

狀態方程式

$$\begin{bmatrix} \dot{x}_1 \\ \dot{x}_2 \\ \vdots \\ \vdots \\ \vdots \\ \dot{x}_{n-1} \\ \dot{x}_n \end{bmatrix} = \begin{bmatrix} 0 & 1 & 0 & 0 & \cdots\cdots & 0 \\ 0 & 0 & 1 & 0 & & \vdots \\ \vdots & 0 & 0 & 1 & & \vdots \\ \vdots & \vdots & \vdots & 0 & & \vdots \\ \vdots & \vdots & \vdots & \vdots & & \vdots \\ 0 & 0 & 0 & 0 & & 1 \\ -a_0 & -a_1 & -a_2 & \cdots\cdots & & -a_{n-1} \end{bmatrix} \begin{bmatrix} x_1 \\ x_2 \\ \vdots \\ \vdots \\ \vdots \\ x_{n-1} \\ x_n \end{bmatrix} + \begin{bmatrix} 0 \\ 0 \\ \vdots \\ \vdots \\ \vdots \\ 0 \\ b_0 \end{bmatrix} x$$

輸出方程

$$y=[1 \quad 0 \quad 0 \quad 0\cdots\cdots 0]\begin{bmatrix} x_1 \\ x_2 \\ \vdots \\ x_n \end{bmatrix}$$

證　取$\begin{cases} x_1 = y \\ x_2 = \dfrac{dy}{dt} \\ x_3 = \dfrac{d^2y}{dt^2} \\ \quad\vdots \\ x_n = \dfrac{d^ny}{dt^{n-1}} \end{cases}$ 則有$\begin{cases} \dot{x}_1 = \dfrac{dy}{dt} = x_2 \\ \dot{x}_2 = \dfrac{d^2y}{dt^2} = x_3 \\ \quad\vdots \\ \dot{x}_{n-1} = \dfrac{d^{n-1}y}{dt^{n-1}} = x_n \\ \dot{x}_n = \dfrac{d^ny}{dt^n} = -a_0x_1 - a_1x_2 - \cdots - a_{n-1}x_n + b_0x \end{cases}$

∴上述聯立方程組可寫成下列矩陣形式：

$$\begin{bmatrix} \dot{x}_1 \\ \dot{x}_2 \\ \vdots \\ \vdots \\ \vdots \\ \dot{x}_{n-1} \\ \dot{x}_n \end{bmatrix} = \begin{bmatrix} 0 & 1 & 0 \cdots\cdots & 0 \\ 0 & 0 & 1 \cdots\cdots & 0 \\ \vdots & 0 & 0 & \vdots \\ \vdots & \vdots & \vdots & \vdots \\ \vdots & \vdots & \vdots & \vdots \\ 0 & 0 & 0 \cdots\cdots & 1 \\ -a_0 & -a_1 & -a_2 \cdots\cdots & -a_{n-1} \end{bmatrix} \begin{bmatrix} x_1 \\ x_2 \\ \vdots \\ \vdots \\ \vdots \\ x_{n-1} \\ x_n \end{bmatrix} + \begin{bmatrix} 0 \\ 0 \\ \vdots \\ \vdots \\ \vdots \\ 0 \\ b_0 \end{bmatrix} x$$

而輸出方程爲

$$y=[1 \quad 0 \quad 0 \cdots\cdots 0]\begin{bmatrix} x_1 \\ x_2 \\ \vdots \\ \vdots \\ \vdots \\ x_n \end{bmatrix}$$ ■

命題 A 之結果可用下列方塊圖表示：

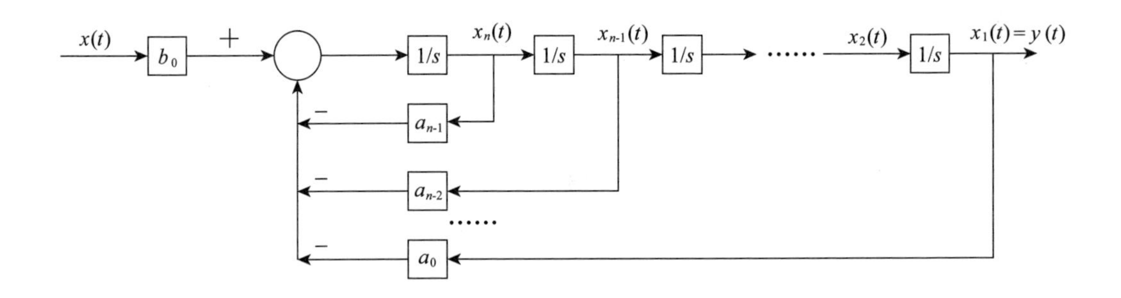

例 1　考慮下列 3 階系統

$y'''+a_1y''+a_2y'+a_3y=bu$，試求系統之動態方程式

解　由命題 A，系統之動態方程式為

狀態方程式：

$$\begin{bmatrix} \dot{x}_1 \\ \dot{x}_2 \\ \dot{x}_3 \end{bmatrix}=\begin{bmatrix} 0 & 1 & 0 \\ 0 & 0 & 1 \\ -a_3 & -a_2 & -a_1 \end{bmatrix}\begin{bmatrix} x_1 \\ x_2 \\ x_3 \end{bmatrix}+\begin{bmatrix} 0 \\ 0 \\ b \end{bmatrix}u$$

輸出方程式：

$$y=[1 \quad 0 \quad 0]\begin{bmatrix} x_1 \\ x_2 \\ x_3 \end{bmatrix}$$ 或 $y=Cx, C=[1 \quad 0 \quad 0]$

例 2 考慮 4 階系統，$y^{(4)} + 2y^{(3)} - 3y'' + y = u$ 求系統之動態方程式。

解 由命題 A，系統之動態方程式為

$$\begin{cases} \text{狀態方程式：} \\ \begin{bmatrix} \dot{x}_1 \\ \dot{x}_2 \\ \dot{x}_3 \\ \dot{x}_4 \end{bmatrix} = \begin{bmatrix} 0 & 1 & 0 & 0 \\ 0 & 0 & 1 & 0 \\ 0 & 0 & 0 & 1 \\ -1 & 0 & 3 & -2 \end{bmatrix} \begin{bmatrix} x_1 \\ x_2 \\ x_3 \\ x_4 \end{bmatrix} + \begin{bmatrix} 0 \\ 0 \\ 0 \\ 1 \end{bmatrix} u \\ \text{輸出方程式：} \\ y = \begin{bmatrix} 1 & 0 & 0 & 0 \end{bmatrix} \begin{bmatrix} x_1 \\ x_2 \\ x_3 \\ x_4 \end{bmatrix} \end{cases}$$

例 3 給定系統之轉移函數$G(s) = \dfrac{Y(s)}{X(s)} = \dfrac{3}{s^3 + 2s^2 + 3s + 5}$，試求動態方程式。

解 由 $G(s)$ 我們有

$$(s^3 + 2s^2 + 3s + 5)Y(s) = 3X(s)$$

由反拉氏轉換：

$$\mathcal{L}^{-1}(s^3 Y(s) + 2s^2 Y(s) + 3sY(s) + 5Y(s)) = 3\mathcal{L}^{-1}(Y_1(s))$$

$$\therefore \dddot{y} + 2\ddot{y} + 3\dot{y} + 5y = 3x$$

$$\text{令} \begin{cases} x_1 = y \\ x_2 = \dot{y} \\ x_3 = \ddot{y} \end{cases} \quad \text{則} \begin{cases} \dot{x}_1 = \dot{y} = x_2 \\ \dot{x}_2 = \ddot{y} = x_3 \\ \dot{x}_3 = \dddot{y} = -2x_3 - 3x_2 - 5x_1 + 3x \end{cases}$$

由 7.1 節命題 A，可得狀態方程式為

$$\begin{bmatrix} 0 & 1 & 0 \\ 0 & 0 & 1 \\ -5 & -3 & -2 \end{bmatrix}\begin{bmatrix} x_1 \\ x_2 \\ x_3 \end{bmatrix}+\begin{bmatrix} 0 \\ 0 \\ 3 \end{bmatrix}x$$

輸出方程式為　$y=\begin{bmatrix} 1 & 0 & 0 \end{bmatrix}\begin{bmatrix} x_1 \\ x_2 \\ x_3 \end{bmatrix}$

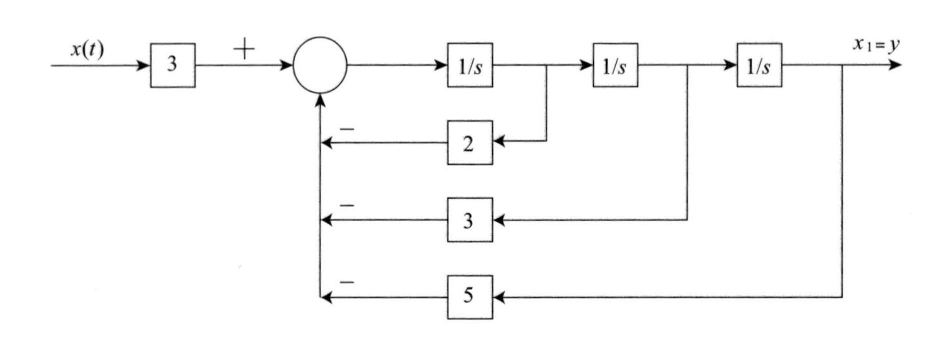

例 4　設系統之微分方程式 $\ddot{x}+2\dot{x}+3x=u$。(a) 試求出系統之狀態方程式。(b) 如果以 $x_1=y_1+y_2$，$x_2=-y_1-2y_2$ 行變數變換，求變換後之狀態方程式。

解　(a) 由命題 A，系統之狀態方程式為

$$\begin{bmatrix} \dot{x}_1 \\ \dot{x}_2 \end{bmatrix}=\begin{bmatrix} 0 & 1 \\ -3 & -2 \end{bmatrix}\begin{bmatrix} x_1 \\ x_2 \end{bmatrix}+\begin{bmatrix} 0 \\ 1 \end{bmatrix}u$$

(b) 在解之前，我們不妨先作分析：

$x_1=y_1+y_2$，$x_2=-y_1-2y_2$ 行變數變換結果如下：

$$\begin{bmatrix} x_1 \\ x_2 \end{bmatrix} = \begin{bmatrix} 1 & 1 \\ -1 & -2 \end{bmatrix}\begin{bmatrix} y_1 \\ y_2 \end{bmatrix}$$，即 $x = Cy$，$C = \begin{bmatrix} 1 & 1 \\ -1 & -2 \end{bmatrix}$

又 $\dot{x} = Ax + Bu$，$x = Cy$

$\therefore C\dot{y} = \dot{x} = Ax + Bu = ACy + Bu$

得 $\dot{y} = C^{-1}ACy + C^{-1}Bu$

因此

$$\dot{y} = \begin{bmatrix} \dot{y}_1 \\ \dot{y}_2 \end{bmatrix} = \begin{bmatrix} 1 & 1 \\ -1 & -2 \end{bmatrix}^{-1}\begin{bmatrix} 0 & 1 \\ -3 & -2 \end{bmatrix}\begin{bmatrix} 1 & 1 \\ -1 & -2 \end{bmatrix}\begin{bmatrix} y_1 \\ y_2 \end{bmatrix} + \begin{bmatrix} 1 & 1 \\ -1 & -2 \end{bmatrix}^{-1}\begin{bmatrix} 0 \\ 1 \end{bmatrix}u$$

$$= \begin{bmatrix} -3 & -3 \\ 2 & 1 \end{bmatrix}\begin{bmatrix} y_1 \\ y_2 \end{bmatrix} + \begin{bmatrix} 1 \\ -1 \end{bmatrix}u$$

命題 B　系統之狀態方程式爲 $\dot{x} = Ax + Bu$，P 爲 A 之特徵向量所形成之方陣，今取 $x = Pz$ 行變數變換，則可將狀態方程式對角化。

證　考慮下列之狀態方程式

$$\dot{x} = Ax + Bu \tag{1}$$

若我們取轉換 $x = Pz$，則有

$$\dot{x} = P\dot{z} \tag{2}$$

$\therefore P\dot{z} = APz + Bu$

從而 $\dot{z} = P^{-1}APz + P^{-1}Bu$ ■

由線性代數可知，若 A 可對角化，則可找到一個非奇異陣 P ，P 爲方陣 A 之特徵向量所成之方陣，使得 $P^{-1}AP = Diag[\lambda, \cdots \lambda_n]$ ，換言之，$P^{-1}AP$ 是以 A 特徵值 λ_1，$\lambda_2 \cdots \lambda_n$ 爲元素之對角陣。 ■

例 5　設系統之狀態方程式

$$\begin{bmatrix} \dot{x}_1 \\ \dot{x}_2 \end{bmatrix} = \begin{bmatrix} -2 & 3 \\ 1 & 0 \end{bmatrix} \begin{bmatrix} x_1 \\ x_2 \end{bmatrix} + \begin{bmatrix} -3 \\ 1 \end{bmatrix} u$$

試求轉換矩陣 P 對角化後之狀態方程式。

解　(1) 先求 $A = \begin{bmatrix} -2 & 3 \\ 1 & 0 \end{bmatrix}$ 之特徵值：

$\because \lambda^2 + 2\lambda - 3 = (\lambda + 3)(\lambda - 1) = 0$ 得 $\lambda = 1, -3$ 。

(2) 因 $\lambda = 1, -3$ 爲相異根，$\therefore A$ 可被對角化。

(3) 求 P：

$\lambda = 1$ 時　$(A - \lambda I)v = (A - I)v = 0$

$\therefore \begin{bmatrix} -3 & 3 \\ 1 & -1 \end{bmatrix} \begin{bmatrix} 0 \\ 0 \end{bmatrix}$　得一解 $v_1 = \begin{bmatrix} 1 \\ 1 \end{bmatrix}$

$\lambda = -3$ 時　$(A - \lambda I)v = (A - 3I)v = 0$

$\therefore \begin{bmatrix} 1 & 3 \\ 1 & 3 \end{bmatrix} \begin{bmatrix} 0 \\ 0 \end{bmatrix}$　得一解 $v_1 = \begin{bmatrix} -3 \\ 1 \end{bmatrix}$，故轉換矩陣爲 $P = \begin{bmatrix} 1 & -3 \\ 1 & 1 \end{bmatrix}$

即 $P^{-1}AP = \begin{bmatrix} \lambda_1 & 0 \\ 0 & \lambda_2 \end{bmatrix} = \begin{bmatrix} 1 & 0 \\ 0 & -3 \end{bmatrix}$

$$又P^{-1}B=\begin{bmatrix}1 & -3\\1 & 1\end{bmatrix}^{-1}\begin{bmatrix}-3\\1\end{bmatrix}=\frac{1}{4}\begin{bmatrix}1 & 3\\-1 & 1\end{bmatrix}\begin{bmatrix}-3\\1\end{bmatrix}=\begin{bmatrix}0\\1\end{bmatrix}$$

$$即\begin{bmatrix}\dot{\bar{x}}_1\\\dot{\bar{x}}_2\end{bmatrix}=\begin{bmatrix}1 & 0\\0 & -3\end{bmatrix}\begin{bmatrix}\bar{x}_1\\\bar{x}_2\end{bmatrix}+\begin{bmatrix}0\\1\end{bmatrix}\bar{u}$$

例 6 求下列機械系統之微分方程式，從而建立系統之狀態方程式與輸出方程式。

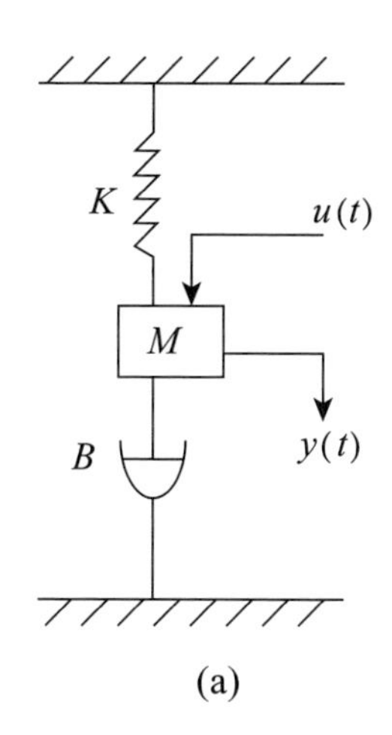

(a)

解 (a) 由 2.5 節例 7 知此機械系統之轉移函數

$$\frac{Y(s)}{U(s)}=\frac{1}{Ms^2+Bs+K}$$

∴對應之微分方程式爲

$$M\ddot{y}+B\dot{y}+Ky=u(t)$$

(b) 若 $x_1=y$，$x_2=\frac{dy}{dt}$則$x_2=\frac{dy}{dt}=\frac{d}{dt}x_1$

$$\frac{dx_2}{dt}=\frac{d^2y}{dt^2}=-\frac{B}{M}\frac{dy}{dt}-\frac{K}{M}y=\frac{1}{M}u(t)$$

$$\therefore\begin{bmatrix}\frac{d}{dt}x_1\\ \frac{d}{dt}x_2\end{bmatrix}=\underbrace{\begin{bmatrix}0 & 1\\ -\frac{K}{M} & -\frac{B}{M}\end{bmatrix}}_{A}\begin{bmatrix}x_1\\ x_2\end{bmatrix}+\underbrace{\begin{bmatrix}0\\ \frac{1}{M}\end{bmatrix}}_{B}$$

$$y=\underbrace{[1\quad 0]}_{c}\begin{bmatrix}x_1\\ x_2\end{bmatrix}+\underbrace{0\cdot u}_{d}$$

例 7 試求下列 RLC 電路方程之狀態方程式與輸出方程式

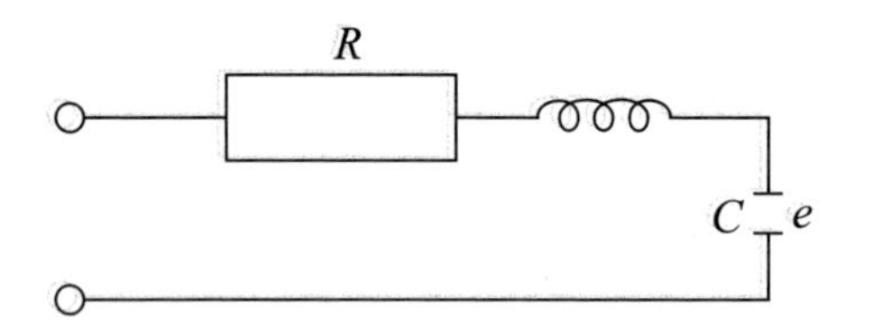

解 由科希荷夫定律

$$Ri+L\frac{di}{dt}+\frac{1}{C}\int_0^t idt=e$$

而電路系統之輸出量爲

$$y=e=\frac{1}{C}\int_0^t idt$$

令 $x_1=i$，$x_2=\frac{1}{C}\int_0^t idt$

$\therefore Rx_1+L\dot{x}_1+x_2=e$ 與 $y=x_2$

得 $\dot{x}_1=\frac{1}{L}e-\frac{R}{L}x_1-\frac{1}{L}x_2$

又$x_2=\frac{1}{C}\int_0^t idt \quad \therefore \dot{x}_2=\frac{1}{C}x_1$

狀態方程式

$$\begin{bmatrix}\dot{x}_1\\ \dot{x}_2\end{bmatrix}=\begin{bmatrix}-\frac{R}{L} & -\frac{1}{L}\\ \frac{1}{C} & 0\end{bmatrix}\begin{bmatrix}x_1\\ x_2\end{bmatrix}+\begin{bmatrix}\frac{1}{L}\\ 0\end{bmatrix}e$$

練習 7.2

若下列微分方程式表示某線性非時變系統，試寫出它們的狀態方程式，設 x 為輸出量，u 為輸入量。

1. $\ddot{y}+2\dot{y}+3y=u$
2. $\dddot{y}+3\ddot{y}+4\dot{y}+y=2u$
3. $\frac{d^4y}{dt^4}+\frac{2d^2y}{dt^2}+\frac{dy}{dt}+y=3u$
4. $\dddot{y}+6\ddot{y}+11\dot{y}+6y=2u$
5. 系統之狀態方程式為$\dot{x}(t)=\begin{bmatrix}1 & 1\\ 0 & 2\end{bmatrix}x(t)+\begin{bmatrix}0\\ 1\end{bmatrix}u$，$Y=[1 \quad 1]x(t)$，

   試求對角化後的狀態方程式。
6. 一個長度為 ℓ 之單擺，在重力常數為 g 之條件下，其運動方程式$\ddot{\theta}(t)+\frac{g}{\ell}\sin\theta(t)=0$ (1)

   若擺幅很小，即$\theta(t)\approx 0$，則由微積分知$\sin\theta(t)\approx\theta(t)$，則 (1) 可

寫成$\ddot{\theta}(t)+\dfrac{g}{\ell}\theta(t)=0$，試求出狀態方程式。

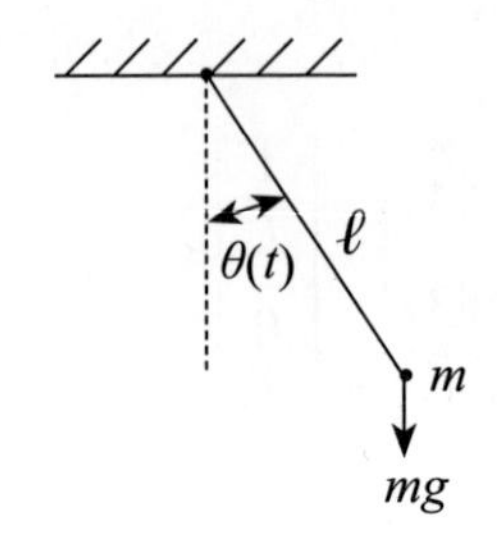

7.3 狀態轉移矩陣

齊次方程式 $\dot{x}(t)=Ax(t)$ 之解

微分方程式 $\dot{x}=ax$，x 為 t 之連續函數，它的解為 $x(t)=e^{at}x(0)$，e^{at} 為一指數函數，類似地我們稱 e^{At} 為矩陣指數函數，$x(t)$ 是由 $x(0)$ 經 e^{At} 而得到，因此，我們亦稱 e^{At} 為狀態轉移矩陣（State transition matrix），通常以 $\Phi(t)$ 表示，即 $\Phi(t)=e^{At}$，讀者由 $\dot{x}=ax$ 或許可猜到 $\dot{x}(t)=Ax(t)$ 之解 $x(t)=e^{At}$。

在線性系統狀態空間分析，是屬於核心地位，故其性質與求算是很重要的，因此本節一開始便討論 e^{At} 之性質與求算。

首先我們定義 e^{At}：

定義 $\Phi(t)=e^{At}=I+At+\frac{1}{2!}A^2t^2+\cdots+\frac{1}{n!}A^nt^n+\cdots=\sum_{n=0}^{\infty}\frac{1}{n!}A^nt^n$，$A$ 為 n 階方陣。

有了定義，我們建立命題 A。

命題A　矩陣微分方程式 $\dot{x}(t) = Ax(t)$ 之解爲 $x(t) = \Phi(t)x(0)$；其中 $\Phi(t) = e^{At}$。

證　設 $x(t) = b_0 + b_1 t + b_2 t^2 + \cdots + b_n t^n + \cdots$

則 $\dot{x}(t) = b_1 + 2b_2 t + \cdots + nb_n t^{n-1} + \cdots \quad (1)$

$= A(b_0 + b_1 t + b_2 t^2 + \cdots + b_n t^n + \cdots) \quad (2)$

比較 (1)，(2)，我們有

$b_1 = Ab_0$，$2b_2 = Ab_1 \therefore b_2 = \frac{1}{2}A(Ab_0) = \frac{1}{2!}A^2 b_0 \cdots$

……

$b_n = \frac{1}{n!}A^n b_0$

……

又 $b_0 = x(0)$

$\therefore x(t) = (I + At + \frac{1}{2}A^2 t^2 + \cdots + \frac{1}{n!}A^n t^n + \cdots)x(0)$

$= e^{At}x(0) = \Phi(t)x(0)$ ■

狀態轉移矩陣之性質

狀態轉移矩陣 $\Phi(t)$ 有一些基本性質，這些性質均基於矩陣代數之理由。

命題 B $\Phi(0)=I$

證　$\Phi(t)=e^{At}$，$\therefore \Phi(0)=e^{A\cdot 0}=e^{\underset{\sim}{0}}=I$。 ■

命題 B 之等價敘述為「若 $\Phi(0)\neq I$ 則 A 不為狀態轉換矩陣」

例如 $A(t)=\begin{bmatrix}1 & \frac{1}{2}(1+e^{-3t})\\ 0 & 1\end{bmatrix}$ 因

$A(0)=\begin{bmatrix}1 & 1\\ 0 & 1\end{bmatrix}\neq I$，$\therefore$ A 不可能為狀態轉移矩陣。

命題 C $\Phi^{-1}(t)=\Phi(-t)$

證　$\because \Phi(t)\cdot\Phi(-t)=e^{At}\cdot e^{A(-t)}=e^{A(t-t)}=e^{A0}=e^{\underset{\sim}{0}}=I$

$\therefore \Phi^{-1}(t)=\Phi(-t)$ ■

命題 D $\dot{\Phi}(t)=A\Phi(t)=\Phi(t)A$

證　$\dot{\Phi}(t)=Ae^{At}$

又 $\Phi(t)=e^{At}$ 之冪級數為

$$\Phi(t)=e^{At}=\sum_{k=0}^{\infty}\frac{1}{k!}A^k t^k$$

$$\therefore A\Phi(t)=A\sum_{k=0}^{\infty}\frac{1}{k!}A^k t^k=\sum_{k=0}^{\infty}\frac{1}{k!}A^{k+1}t^k=\sum_{k=0}^{\infty}\frac{1}{k!}A^k t^k A$$

$$=\left(\sum_{k=0}^{\infty}\frac{1}{k!}A^k t^k\right)A=\Phi(t)A$$

■

由命題 D，我們可知 $\dot{\Phi}(0)=A$。

在此我們特別強調，若二矩陣 A，B 為可交換即 $AB=BA$ 則有 $e^A e^B=e^B e^A$ 及 $e^{At}e^{Bt}=e^{Bt}e^{At}$，即 e^{At} 與 e^{Bt} 為可交換。若 $AB\neq BA$ 則等述等式便不恒成立。

例 1 若狀態轉移矩陣如下：

$$\Phi(t)=\begin{bmatrix} e^{-t} & 0 & 0 \\ 0 & e^{2t} & 0 \\ 0 & 0 & e^{t} \end{bmatrix}$$，求 $\Phi^{-1}(t)$ 與 A

解 (a) 由命題 C

$$\therefore \Phi^{-1}(t)=\Phi(-t)=\begin{bmatrix} e^{t} & 0 & 0 \\ 0 & e^{-2t} & 0 \\ 0 & 0 & e^{-t} \end{bmatrix}$$

(b) $$A=\dot{\Phi}(0)=\begin{bmatrix} -e^{-t} & 0 & 0 \\ 0 & 2e^{2t} & 0 \\ 0 & 0 & e^{t} \end{bmatrix}_{t=0}=\begin{bmatrix} -1 & 0 & 0 \\ 0 & 2 & 0 \\ 0 & 0 & 1 \end{bmatrix}$$

命題 E 是求$\Phi(t)=e^{At}$最重要之計算公式。

命題 E

$$\Phi(t)=e^{At}=\mathcal{L}^{-1}[(sI-A)^{-1}]$$

證 $\because \Phi(t)=e^{At}$

$\therefore \Phi'(t)=Ae^{At}=A\Phi(t)$

兩邊同取拉氏轉換

$\mathcal{L}(\Phi'(t))=\mathcal{L}(\Phi(t))-\Phi(0)=s\mathcal{L}(\Phi(t))-I$，又

$\mathcal{L}(\dot{\Phi}(t))=\mathcal{L}(A\Phi(t))=A\mathcal{L}(\Phi(t))$

$\therefore s\mathcal{L}(\Phi(t))-I=A\mathcal{L}(\Phi(t))$

$\Rightarrow (sI-A)\mathcal{L}(\Phi(t))=I$

$\therefore \mathcal{L}(\Phi(t))=(sI-A)^{-1}$

從而 $\Phi(t)=\mathcal{L}^{-1}(sI-A)^{-1}$ ■

我們舉二個例子說明命題 E 的應用。

例 2 求對角陣$A=\begin{bmatrix} a & 0 \\ 0 & b \end{bmatrix}$之 e^{At}

解 先求

$$(sI-A)^{-1}=\left(\begin{bmatrix} s & 0 \\ 0 & s \end{bmatrix}-\begin{bmatrix} a & 0 \\ 0 & b \end{bmatrix}\right)^{-1}=\begin{bmatrix} s-a & 0 \\ 0 & s-b \end{bmatrix}^{-1}$$

$$=\frac{1}{(s-a)(s-b)}\begin{bmatrix} s-b & 0 \\ 0 & s-a \end{bmatrix}=\begin{bmatrix} \frac{1}{s-a} & 0 \\ 0 & \frac{1}{s-b} \end{bmatrix}$$

$$\therefore e^{At}=\mathcal{L}^{-1}[(sI-A)]^{-1}=\begin{bmatrix}\mathcal{L}^{-1}\left(\dfrac{1}{s-a}\right) & 0 \\ 0 & \mathcal{L}^{-1}\left(\dfrac{1}{s-b}\right)\end{bmatrix}=\begin{bmatrix}e^{at} & 0 \\ 0 & e^{bt}\end{bmatrix}$$

例 3 設線性定常系統之狀態方程式爲$\dot{x}=\begin{bmatrix}a & b \\ -b & a\end{bmatrix}x$，求系統之狀態轉移矩陣。

解 因 $\dot{x}=Ax$ 之解爲 $x=e^{At}$，所以本題相當於求 e^{At}，$A=\begin{bmatrix}a & b \\ -b & a\end{bmatrix}$，

$e^{At}=\mathcal{L}^{-1}[(sI-A)^{-1}]$

$$(sI-A)^{-1}=\left(\begin{bmatrix}s & 0 \\ 0 & s\end{bmatrix}-\begin{bmatrix}a & b \\ -b & a\end{bmatrix}\right)^{-1}=\begin{bmatrix}s-a & -b \\ b & s-a\end{bmatrix}^{-1}$$

$$=\frac{1}{(s-a)^2+b^2}\begin{bmatrix}s-a & b \\ -b & s-a\end{bmatrix}$$

$$=\begin{bmatrix}\dfrac{s-a}{(s-a)^2+b^2} & \dfrac{b}{(s-a)^2+b^2} \\ \dfrac{-b}{(s-a)^2+b^2} & \dfrac{s-a}{(s-a)^2+b^2}\end{bmatrix}$$

$$\therefore e^{At}=\mathcal{L}^{-1}\left(\begin{bmatrix}\dfrac{s-a}{(s-a)^2+b^2} & \dfrac{b}{(s-a)^2+b^2} \\ \dfrac{-b}{(s-a)^2+b^2} & \dfrac{s-a}{(s-a)^2+b^2}\end{bmatrix}\right)$$

$$=\begin{bmatrix}\mathcal{L}^{-1}\left(\frac{s-a}{(s-a)^2+b^2}\right) & \mathcal{L}^{-1}\left(\frac{b}{(s-a)^2+b^2}\right)\\ \mathcal{L}^{-1}\left(\frac{-b}{(s-a)^2+b^2}\right) & \mathcal{L}^{-1}\left(\frac{s-a}{(s-a)^2+b^2}\right)\end{bmatrix}$$

$$=\begin{bmatrix}e^{at}\mathcal{L}^{-1}\left(\frac{s}{s^2+b^2}\right) & e^{at}\mathcal{L}^{-1}\left(\frac{b}{s^2+b^2}\right)\\ -e^{at}\mathcal{L}^{-1}\left(\frac{b}{s^2+b^2}\right) & e^{at}\mathcal{L}^{-1}\left(\frac{s}{s^2+b^2}\right)\end{bmatrix}$$

$$=e^{at}\begin{bmatrix}\cos bt & \sin bt\\ -\sin bt & \cos bt\end{bmatrix}$$

例 4 系統之微分方程式滿足

$\dot{x}=\begin{bmatrix}\lambda & 1 & 0\\ 0 & \lambda & 1\\ 0 & 0 & \lambda\end{bmatrix}x$，$x(0)=\begin{bmatrix}1\\0\\1\end{bmatrix}$，求$x(t)$。

解 我們先求 $\Phi(t)=e^{At}=\mathcal{L}^{-1}[(sI-A)^{-1}]$，然後應用 $x(t)=\Phi(t)x(0)$

$$\mathcal{L}^{-1}((sI-A)^{-1})=\mathcal{L}^{-1}\left(\left\{\begin{bmatrix}s & 0 & 0\\ 0 & s & 0\\ 0 & 0 & s\end{bmatrix}-\begin{bmatrix}\lambda & 1 & 0\\ 0 & \lambda & 1\\ 0 & 0 & \lambda\end{bmatrix}\right\}^{-1}\right)$$

$$=\mathcal{L}^{-1}\left(\begin{bmatrix}s-\lambda & -1 & 0\\ 0 & s-\lambda & -1\\ 0 & 0 & s-\lambda\end{bmatrix}^{-1}\right) \qquad *$$

我們用餘因式法求 * 內之反矩陣

$$\begin{bmatrix} s-\lambda & -1 & 0 \\ 0 & s-\lambda & -1 \\ 0 & 0 & s-\lambda \end{bmatrix}^{-1} = \frac{1}{(s-\lambda)^3}\begin{bmatrix} (s-\lambda)^2 & 0 & 0 \\ (s-\lambda) & (s-\lambda)^2 & 0 \\ 1 & (s-\lambda) & (s-\lambda)^2 \end{bmatrix}^T$$

$$= \begin{bmatrix} \frac{1}{s-\lambda} & \frac{1}{(s-\lambda)^2} & \frac{1}{(s-\lambda)^3} \\ 0 & \frac{1}{(s-\lambda)} & \frac{1}{(s-\lambda)^2} \\ 0 & 0 & \frac{1}{s-\lambda} \end{bmatrix}$$

$$\therefore \mathcal{L}^{-1}((sI-A))^{-1} = \begin{bmatrix} \mathcal{L}^{-1}\left(\frac{1}{s-\lambda}\right) & \mathcal{L}^{-1}\left(\frac{1}{(s-\lambda)^2}\right) & \mathcal{L}^{-1}\left(\frac{1}{(s-\lambda)^3}\right) \\ 0 & \mathcal{L}^{-1}\left(\frac{1}{s-\lambda}\right) & \mathcal{L}^{-1}\left(\frac{1}{(s-\lambda)^2}\right) \\ 0 & 0 & \mathcal{L}^{-1}\left(\frac{1}{s-\lambda}\right) \end{bmatrix}$$

$$= \begin{bmatrix} e^{\lambda t} & te^{\lambda x} & \frac{1}{2}t^2e^{\lambda t} \\ 0 & e^{\lambda t} & te^{\lambda t} \\ 0 & 0 & e^{\lambda t} \end{bmatrix} = \Phi(t)$$

$\therefore$由命題 A，$x(t) = \Phi(t)x(0) = \begin{bmatrix} e^{\lambda t} & te^{\lambda x} & \frac{1}{2}t^2e^{\lambda t} \\ 0 & e^{\lambda t} & te^{\lambda t} \\ 0 & 0 & e^{\lambda t} \end{bmatrix}\begin{bmatrix} 1 \\ 0 \\ 1 \end{bmatrix}$

$$= \left[\left(1+\frac{t^2}{2}\right)e^{\lambda t} \quad te^{\lambda t} \quad e^{\lambda t}\right]^T$$

例 4 是 Jordan 典式形式，我們可由命題 G 而輕易讀出 $\Phi(t)$。

二個特殊方陣之 $\Phi(t)$

我們在此將介紹二個特殊方陣，一是對角陣，一是 Jordan 典式型式（Jordan canonical form），它們在求 $\Phi(t)$ 是有方便之處。

一、對角陣

命題 F 給定一三階對角陣

$$A=\begin{bmatrix}a & 0 & 0\\ 0 & b & 0\\ 0 & 0 & c\end{bmatrix}，則 e^{At}=\begin{bmatrix}e^{at} & 0 & 0\\ 0 & e^{bt} & 0\\ 0 & 0 & e^{ct}\end{bmatrix}$$

證

$$\Phi(t)=\mathcal{L}^{-1}[(sI-A)^{-1}]=\mathcal{L}^{-1}\left(\begin{bmatrix}s-a & & 0\\ & s-b & \\ 0 & & s-c\end{bmatrix}^{-1}\right)$$

$$=\mathcal{L}^{-1}\begin{bmatrix}\frac{1}{s-a} & & 0\\ & \frac{1}{s-b} & \\ 0 & & \frac{1}{s-c}\end{bmatrix}$$

$$=\begin{bmatrix}e^{at} & 0 & 0\\ 0 & e^{bt} & 0\\ 0 & 0 & e^{ct}\end{bmatrix}$$

■

二、Jordan 典式型式

若 A 爲 Jordan 典式型式，J_i 爲 Jordan 塊（Jordan block）。

$$A=J=\begin{bmatrix} J_1 & & & & \\ & J_2 & & 0 & \\ & & J_3 & & \\ & 0 & & \ddots & \\ & & & & J_n \end{bmatrix} \quad J_i=\begin{bmatrix} \lambda & 1 & & & & \\ & \lambda & 1 & & 0 & \\ & & \lambda & 1 & & \\ & 0 & & \ddots & & \\ & & & & \lambda & 1 \\ & & & & & \lambda \end{bmatrix}$$

Jordan 典式型式是一個分割矩陣。對其中任一 Jordan 塊 J_i 而言，e^{J_it}如命題 G。

命題 G

$$e^{J_it}=e^{\lambda t}\begin{bmatrix} 1 & t & \frac{1}{2!}t^2 & \cdots & \frac{1}{(n-1)!}t^{n-1} \\ 0 & 1 & t & \cdots & \frac{1}{(n-2)!}t^{n-1} \\ \vdots & \vdots & \vdots & & \vdots \\ 0 & 0 & 0 & \cdots & t \\ 0 & 0 & 0 & \cdots & 1 \end{bmatrix}$$

例 5 求$A=\begin{bmatrix} 1 & 1 & 0 \\ 0 & 1 & 0 \\ 0 & 0 & 2 \end{bmatrix}$之 $\Phi(t)$

解　$A=\left[\begin{array}{cc:c}1 & 1 & 0\\ 0 & 1 & 0\\ \hdashline 0 & 0 & 2\end{array}\right]$，$J_1=\begin{bmatrix}1 & 1\\ 0 & 1\end{bmatrix}$ $\therefore e^{J_1 t}=e^t\begin{bmatrix}1 & t\\ 0 & 1\end{bmatrix}$

在 $J_2=[2]$ 之 $e^{J_2 t}=e^{2t}[1]$

$$\therefore \Phi(t)=\left[\begin{array}{c:c}e^{J_1 t} & 0\\ \hdashline 0 & e^{J_2 t}\end{array}\right]=\begin{bmatrix}e^t & te^t & 0\\ 0 & e^t & 0\\ 0 & 0 & e^{2t}\end{bmatrix}$$

多輸入多輸出系統

當一個系統之輸入或輸出超過 1 個時，我們稱這個系統為多輸入多輸出系統（MIMO）轉移矩陣之求法如下：

例 6　設有一系統有 2 個輸入 r_1，r_2 及 2 個輸出 y_1，y_2，其微分方程組如下：

$$\begin{cases}\ddot{y}_1+\ddot{y}_2=r_1\\ \dot{y}_1+\dot{y}_2-y_1+y_2=r_2\end{cases}$$

求對應之轉移矩陣。

解　(a) 將題給之微分方程組各取拉氏轉換得：

$$\begin{cases}s^2Y_1(s)+s^2Y_2(s)=R_1(s)\\ sY_1(s)+sY_2(s)-Y_1(s)+Y_2(s)=R_2(s)\end{cases}$$

化簡得：

$$\begin{cases} s^2Y_1(s)+s^2Y_2(s)=R_1(s) \\ (s-1)Y_1(s)+(s+1)Y_2(s)=R_2(s)) \end{cases}$$

$$\therefore\begin{bmatrix} s^2 & s^2 \\ s-1 & s+1 \end{bmatrix}\begin{bmatrix} Y_1(s) \\ Y_2(s) \end{bmatrix}=\begin{bmatrix} R_1(s) \\ R_2(s) \end{bmatrix}$$

得$\begin{bmatrix} Y_1(s) \\ Y_2(s) \end{bmatrix}=\begin{bmatrix} s^2 & s^2 \\ s-1 & s+1 \end{bmatrix}^{-1}\begin{bmatrix} R_1(s) \\ R_2(s) \end{bmatrix}$

∴轉移矩陣

$$G=\begin{bmatrix} s^2 & s^2 \\ s-1 & s+1 \end{bmatrix}^{-1}$$

$$=\frac{1}{2s^2}\begin{bmatrix} s+1 & -s^2 \\ -s+1 & s^2 \end{bmatrix}$$

練習 7.3

1. $A=\begin{bmatrix} a & 1 & 0 \\ 0 & a & 1 \\ 0 & 0 & a \end{bmatrix}$之 e^{At}

2. $A=\begin{bmatrix} a & 1 & 0 \\ 0 & a & 0 \\ 0 & 0 & b \end{bmatrix}$之 e^{At}

（註第 1,2 題均為 Jordan 陣）

3. 若$A=\begin{bmatrix} 1 & 0 \\ 0 & 2 \end{bmatrix}$，試求 $\Phi(t)=e^{At}$

4. 若系統之狀態方程式為

$$\dot{x}=\begin{bmatrix}-5 & -1\\ 6 & 0\end{bmatrix}x+\begin{bmatrix}0\\ 2\end{bmatrix}u\,,\ y=[0\quad 1]x$$

求系統之矩陣 $\Phi(t)$

5. 若 $e^{At}=\begin{bmatrix}2e^{-t}-e^{-2t} & e^{-t}-e^{-2t}\\ -2e^{-t}+2e^{-2t} & -e^{-t}+2e^{-2t}\end{bmatrix}$ 求 $A=?$

6. 試證 $\Phi(t_1)\Phi(t_2)=\Phi(t_1+t_2)$

7. 試證 $\Phi^2(t)=\Phi(2t)$ 與 $\Phi^3=\Phi(3t)$，你可以將此結果作出一般化之結論，並用適當之方法證明結論之正確性（提示：教學歸納法是一可行方法）。

8. 試證 $\Phi(t_1-t_2)=\Phi(t_1-t_3)\Phi(t_3-t_2)$

9. 說明下列矩陣不是轉移矩陣

$$A(t)=\begin{bmatrix}1 & 0 & 0\\ 0 & \cos t & \cos 2t\\ 0 & \sin t & \sin 2t\end{bmatrix}$$（提示：$A(0)\overset{?}{=}I$）

10. $x(t_2)=\Phi(t_2-t_1)x(t_1)$

11. 求 $J_i=\begin{bmatrix}a & 1 & 0\\ 0 & a & 1\\ 0 & 0 & a\end{bmatrix}$ 之 e^{J_it}

12. 求 $A=\begin{bmatrix}a & 0 & 0\\ 0 & b & 1\\ 0 & 0 & b\end{bmatrix}$ 之 $\Phi(t)$

7.4 狀態方程式之解

本子節我們將解狀態方程式

$\dot{x} = Ax + Bu,\ x(0) = x_0$

爲此，我們分$Bu = \underset{\sim}{0}$與$Bu \neq \underset{\sim}{0}$二種：

1. $Bu = \underset{\sim}{0}$：我們已在 7.3 命題 A 導出解是

   $x(t) = x(0)e^{At} = x(0)\Phi(t)$

2. $Bu \neq \underset{\sim}{0}$：狀態方程式$\dot{x} = Ax + Bu,\ x(0) = x_0$之 $x(t)$ 的解如命題 A

$\dot{x} = Ax + Bu$之解爲

$$x(t) = \Phi(t)x(0) + \int_0^t \Phi(t-\lambda)Bu(\lambda)d\lambda$$

證　$\dot{x} = Ax + Bu$

$\therefore \mathcal{L}(\dot{x}(t)) = \mathcal{L}(Ax(t) + Bu(t))$

$sX(s) - x(0) = AX(s) + BU(s)$

$\therefore (sI - A)X(s) = x(0) + BU(s)$

$X(s) = (sI - A)^{-1}x(0) + (sI - A)^{-1}BU(s)$

$\therefore x(t) = \mathcal{L}^{-1}((sI - A)^{-1}x(0)) + \mathcal{L}^{-1}((sI - A)^{-1}BU(s))$

$$=x(0)\underbrace{\mathcal{L}^{-1}((sI-A)^{-1})}_{\Phi(t)}+\mathcal{L}^{-1}\underbrace{((sI-A)^{-1}BU(s))}_{\Phi(t)\text{與 }Bu(t)\text{之摺積}}$$

$$=\Phi(t)x(0)+\int_0^t\Phi(t-\lambda)Bu(\lambda)d\lambda$$ ■

例 1 若一系統之動態方程式爲

$$\begin{cases}\dot{x}=\begin{bmatrix}0 & 1\\ -1 & 0\end{bmatrix}x+\begin{bmatrix}0\\1\end{bmatrix}u\\ y=[1 \quad 0]x\end{cases}$$

求系統之單位步階響應輸入下之輸出響應 y，設初始條件 $x_1(0)=1$，$x_2(0)=0$

解 本題要求 y，y 與 x 有關，因此首先要解 $\dot{x}=\begin{bmatrix}0 & 1\\ -1 & 0\end{bmatrix}x+\begin{bmatrix}0\\1\end{bmatrix}u$；

$$\mathcal{L}^{-1}[(sI-A)^{-1}]=\mathcal{L}^{-1}\left(\begin{bmatrix}s & -1\\ 1 & s\end{bmatrix}^{-1}\right)=\mathcal{L}^{-1}\left(\frac{1}{s^2+1}\begin{bmatrix}s & 1\\ -1 & s\end{bmatrix}\right)$$

$$=\begin{bmatrix}\mathcal{L}^{-1}\left(\frac{s}{s^2+1}\right) & \mathcal{L}^{-1}\left(\frac{1}{s^2+1}\right)\\ \mathcal{L}^{-1}\left(\frac{-1}{s^2+1}\right) & \mathcal{L}^{-1}\left(\frac{s}{s^2+1}\right)\end{bmatrix}=\begin{bmatrix}\cos t & \sin t\\ -\sin t & \cos t\end{bmatrix}$$

$$\therefore x(t)=\Phi(t)x(0)+\int_0^t\Phi(t-\lambda)Bu(\lambda)d\lambda$$

$$=\begin{bmatrix}\cos t & \sin t\\ -\sin t & \cos t\end{bmatrix}\begin{bmatrix}1\\0\end{bmatrix}+\int_0^t\begin{bmatrix}\cos(t-\lambda) & \sin(t-\lambda)\\ -\sin(t-\lambda) & \cos(t-\lambda)\end{bmatrix}\begin{bmatrix}0\\1\end{bmatrix}d\lambda$$

$$=\begin{bmatrix}\cos t\\ -\sin t\end{bmatrix}+\int_0^t\begin{bmatrix}\sin(t-\lambda)\,d\lambda\\ \cos(t-\lambda)\,d\lambda\end{bmatrix}$$

$$=\begin{bmatrix}\cos t\\ -\sin t\end{bmatrix}+\begin{bmatrix}1-\cos t\\ \sin t\end{bmatrix}=\begin{bmatrix}1\\ 0\end{bmatrix}$$

（方法二）

$$X(s)=(sI-A)^{-1}X(0)+(sI-A)^{-1}BU(s)$$

$$=\begin{bmatrix}\frac{s}{s^2+1} & \frac{1}{s^2+1}\\ \frac{-1}{s^2+1} & \frac{s}{s^2+1}\end{bmatrix}\begin{bmatrix}1\\ 0\end{bmatrix}+\begin{bmatrix}\frac{s}{s^2+1} & \frac{1}{s^2+1}\\ \frac{-1}{s^2+1} & \frac{s}{s^2+1}\end{bmatrix}\begin{bmatrix}0\\ 1\end{bmatrix}\frac{1}{s}$$

$$=\begin{bmatrix}\frac{s}{s^2+1}\\ \frac{-1}{s^2+1}\end{bmatrix}+\begin{bmatrix}\frac{1}{s(s^2+1)}\\ \frac{1}{s^2+1}\end{bmatrix}=\begin{bmatrix}\frac{1}{s}\\ 0\end{bmatrix}$$

$$\therefore x(t)=\mathcal{L}^{-1}(X(s))=\begin{bmatrix}\mathcal{L}^{-1}\left(\frac{1}{s}\right)\\ \mathcal{L}^{-1}(0)\end{bmatrix}=\begin{bmatrix}1\\ 0\end{bmatrix}$$

例 2 求狀態方程式 $\dot{x}=\begin{bmatrix}1 & 1\\ 0 & 1\end{bmatrix}x+\begin{bmatrix}1\\ 1\end{bmatrix}u$，$x_1(0)=1$，$x_2(0)=0$，求單位步階輸入之輸出響應。

解 我們首先要求 $\Phi(t)$：

$$(sI-A)^{-1}=\left(\begin{bmatrix}s & 0\\ 0 & s\end{bmatrix}-\begin{bmatrix}1 & 1\\ 0 & 1\end{bmatrix}\right)^{-1}=\begin{bmatrix}s-1 & -1\\ 0 & s-1\end{bmatrix}^{-1}$$

$$=\frac{1}{(s-1)^2}\begin{bmatrix}s-1 & 0\\ 1 & s-1\end{bmatrix}=\begin{bmatrix}\frac{1}{s-1} & 0\\ \frac{1}{(s-1)^2} & \frac{1}{s-1}\end{bmatrix}$$

$$\therefore \Phi(t)=\mathcal{L}^{-1}[(sI-A)^{-1}]=\begin{bmatrix}\mathcal{L}^{-1}\left(\frac{1}{s-1}\right) & \mathcal{L}^{-1}(0)\\ \mathcal{L}^{-1}\left(\frac{1}{s-1}\right)^2 & \mathcal{L}^{-1}\left(\frac{1}{s-1}\right)\end{bmatrix}=\begin{bmatrix}e^t & 0\\ te & e^t t\end{bmatrix}$$

$$x(t)=\Phi(t)x(0)+\int_0^t \Phi(t-\lambda)Bu(\lambda)d\lambda$$

$$=\begin{bmatrix}e^t & 0\\ te^t & e^t\end{bmatrix}\begin{bmatrix}1\\0\end{bmatrix}+\int_0^t\begin{bmatrix}e^{t-\lambda} & 0\\ (t-\lambda)e^{t-\lambda} & e^{t-\lambda}\end{bmatrix}\begin{bmatrix}1\\1\end{bmatrix}d\lambda$$

$$=\begin{bmatrix}e^t\\ te^t\end{bmatrix}+\int_0^t\begin{bmatrix}e^{t-\lambda}\\ (t+1-\lambda)e^{t-\lambda}\end{bmatrix}d\lambda$$

$$=\begin{bmatrix}e^t\\ te^t\end{bmatrix}+\begin{bmatrix}\int_0^t e^{t-\lambda}d\lambda\\ \int_0^t (t+1-\lambda)e^{t-\lambda}d\lambda\end{bmatrix}$$

$$=\begin{bmatrix}e^t\\ te^t\end{bmatrix}+\begin{bmatrix}-1+e^t\\ te^t\end{bmatrix}=\begin{bmatrix}-1+2e^t\\ 2te^t\end{bmatrix}$$

（方法二）

$$X(s)=(sI-A)^{-1}x(0)+(sI-A)^{-1}BU(s)$$

$$=\begin{bmatrix}\frac{1}{s-1} & 0\\ \frac{1}{(s-1)^2} & \frac{1}{s-1}\end{bmatrix}\begin{bmatrix}1\\0\end{bmatrix}+\begin{bmatrix}\frac{1}{s-1} & 0\\ \frac{1}{(s-1)^2} & \frac{1}{s-1}\end{bmatrix}\begin{bmatrix}1\\1\end{bmatrix}\frac{1}{s}$$

$$=\begin{bmatrix}\frac{1}{s-1}\\ \frac{1}{(s-1)^2}\end{bmatrix}+\begin{bmatrix}\frac{1}{s(s-1)}\\ \frac{1}{(s-1)^2}\end{bmatrix}=\begin{bmatrix}\frac{s+1}{s(s-1)}\\ \frac{2}{(s-1)^2}\end{bmatrix}$$

$$\therefore x(t)=\mathcal{L}^{-1}(X(s))=\begin{bmatrix}\mathcal{L}^{-1}\left(\dfrac{s+1}{s(s-1)}\right)\\ \mathcal{L}^{-1}\left(\dfrac{2}{(s-1)^2}\right)\end{bmatrix}=\begin{bmatrix}-1+2e^t\\ 2te^t\end{bmatrix}$$

方法二似乎比較容易。

例 3 若系統之狀態空間如下：

$$\begin{cases}\dot{x}=\begin{bmatrix}-3 & -1\\ 2 & 0\end{bmatrix}x+\begin{bmatrix}0\\ 2\end{bmatrix}u\\ y=\begin{bmatrix}1 & 0\end{bmatrix}x\end{cases}$$

求 (a) 狀態轉移矩陣；(b) $\Phi^{-2}(t)$；(c) $x(0)=\begin{bmatrix}0\\ 1\end{bmatrix}$, $u(t)=0$ 時之系統輸出 $y(t)$。

解 (a) $(sI-A)^{-1}=\left(\begin{bmatrix}s & 0\\ 0 & s\end{bmatrix}-\begin{bmatrix}-3 & -1\\ 2 & 0\end{bmatrix}\right)^{-1}=\begin{bmatrix}s+3 & 1\\ -2 & s\end{bmatrix}^{-1}$

$$=\frac{1}{s^2+3s+2}\begin{bmatrix}s & -1\\ 2 & s+3\end{bmatrix}=\begin{bmatrix}\dfrac{s}{s^2+3s+2} & \dfrac{-1}{s^2+3s+2}\\ \dfrac{2}{s^2+3s+2} & \dfrac{s+3}{s^2+3s+2}\end{bmatrix}$$

$$\therefore \Phi(t)=\mathcal{L}^{-1}((sI-A)^{-1})$$

$$=\begin{bmatrix}\mathcal{L}^{-1}\left(\dfrac{s}{s^2+3s+2}\right) & \mathcal{L}^{-1}\left(\dfrac{-1}{s^2+3s+2}\right)\\ \mathcal{L}^{-1}\left(\dfrac{2}{s^2+3s+2}\right) & \mathcal{L}^{-1}\left(\dfrac{s+3}{s^2+3s+2}\right)\end{bmatrix}$$

$$=\begin{bmatrix} \mathcal{L}^{-1}\left(\frac{2}{s+2}-\frac{1}{s+1}\right) & \mathcal{L}^{-1}\left(\frac{1}{s+2}-\frac{1}{s+1}\right) \\ \mathcal{L}^{-1}\left(\frac{-2}{s+2}+\frac{2}{s+1}\right) & \mathcal{L}^{-1}\left(\frac{-1}{s+2}+\frac{2}{s+1}\right) \end{bmatrix}$$

$$=\begin{bmatrix} 2e^{-2t}-e^{-t} & e^{-2t}-e^{-t} \\ -2e^{-2t}+2e^{-t} & -e^{-2t}+2e^{-t} \end{bmatrix}$$

(b) $\Phi^{-2}(t)=\Phi(-2t)=\begin{bmatrix} 2e^{4t}-e^{2t} & e^{4t}-e^{2t} \\ -2e^{4t}+2e^{2t} & -e^{4t}-e^{2t} \end{bmatrix}$

(c) $y(t)=Cx(t)=C\Phi(t)x(0)$

$$=[0\quad 1]\begin{bmatrix} 2e^{-2t}-e^{-t} & e^{-2t}-e^{-t} \\ -2e^{-2t}+2e^{-t} & -e^{-2t}+2e^{-t} \end{bmatrix}\begin{bmatrix} 0 \\ 1 \end{bmatrix}$$

$$=[-2e^{-2t}+2e^{-t}\quad -e^{-2t}+2e^{-t}]\begin{bmatrix} 0 \\ 1 \end{bmatrix}=-e^{-2t}+2e^{-t}$$

系統轉移函數

線性系統之轉移函數

命題 B 若系統之動態方程式，

$\dot{x}(t) = Ax(t) + Bu(t)$

則系統轉移函數 $G(s) = \frac{X(s)}{U(s)} = (sI - A)^{-1}B$ 。

證 $\mathcal{L}(\dot{x}(t))=\mathcal{L}(Ax(t)+Bu(t))$

$\therefore\ sX(s) = AX(s) + BU(s)$

$(sI - A)X(s) = BU(s)$

得

$$G(s) = \frac{X(s)}{U(s)} = (sI - A)^{-1}B$$ ■

若系統之動態方程式，

$\dot{x}(t) = Ax(t) + Bu(t)$

$y(t) = Cx(t)$

則系統之轉移函數$G(s) = \dfrac{Y(s)}{U(s)} = C(sI - A)^{-1}B$。

證　考慮下列控制系統

$$\begin{cases} \dot{x}(t) = Ax(t) + Bu(t) \\ y(t) = Cx(t) \end{cases} \qquad \bigstar$$

現在我們要求的是轉移函數$G(s) = \dfrac{Y(s)}{U(s)}$

我們循例將方程組★各式取拉氏轉換

(1) $\mathcal{L}(\dot{x}(t)) = \mathcal{L}(Ax(t) + Bu(t))$

$$\Rightarrow sX(s) - \underbrace{x(0)}_{0} = A\mathcal{L}(x(t)) + B\mathcal{L}(u(t))$$

$$= AX(s) + BU(s)$$

$$(sI - A)X(s) = BU(s) \qquad ①$$

(2) $\mathcal{L}(y(t)) = \mathcal{L}(Cx(t)) = C\mathcal{L}(x(t))$

$$\therefore Y(s) = CX(s) \qquad ②$$

由①$X(s)=(sI-A)^{-1}BU(s)$

$\therefore \underbrace{CX(s)}_{Y(s)}=C(sI-A)^{-1}BU(s)$

$\therefore G(s)=\dfrac{Y(s)}{U(s)}=C(sI-A)^{-1}B$ ■

若系統之動態方程式為

$$\begin{cases}\dot{x}(t)=Ax(t)+Bu(t)\\ y(t)=Cx(t)+Du(t)\end{cases}$$

則系統之轉移函數$G(s)=\dfrac{Y(s)}{U(s)}=C(sI-A)^{-1}B+D$

證　考慮由下列系統之轉移函數：

$$G(s)=\frac{Y(s)}{U(s)} \tag{1}$$

若上述系統之狀態空間為

$$\dot{x}(t)=Ax(t)+Bu(t) \tag{2}$$

$$y(t)=Cx(t)+Du(t) \tag{3}$$

對 (2), (3) 分別取拉氏轉換：

$$\begin{cases}sX(s)-\underbrace{x(0)}_{0}=AX(s)+BU(s)\\ \qquad Y(s)\quad =CX(s)+DU(s)\end{cases} \tag{4}$$

$sX(s)-AX(s)=BU(s)$

$\therefore (sI-A)X(s)=BU(s)$

$$\Rightarrow X(s)=(sI-A)^{-1}BU(s) \tag{5}$$

代 (5) 入 (4) 得：

$$Y(s)=C(sI-A)^{-1}BU(s)+DU(s)$$

$$=[C(sI-A)^{-1}B+D]U(s) \tag{6}$$

$$\therefore\ G(s)=\frac{Y(s)}{U(s)}=C(sI-A)^{-1}B+D$$ ■

例 4 求下列系統之轉移函數

$$\begin{bmatrix}\dot{x}_1\\ \dot{x}_2\end{bmatrix}=\begin{bmatrix}-1 & 1\\ 0 & -1\end{bmatrix}\begin{bmatrix}x_1\\ x_2\end{bmatrix}+\begin{bmatrix}0\\ 1\end{bmatrix}u\text{；}y=\begin{bmatrix}1 & 0\end{bmatrix}\begin{bmatrix}x_1\\ x_2\end{bmatrix}$$

解 利用$G(s)=C(sI-A)^{-1}B+D$

(i) $(sI-A)^{-1}=\begin{bmatrix}s+1 & -1\\ 0 & s+1\end{bmatrix}^{-1}=\dfrac{1}{(s+1)^2}\begin{bmatrix}s+1 & 1\\ 0 & s+1\end{bmatrix}$

$$=\begin{bmatrix}\dfrac{1}{s+1} & \dfrac{1}{(s+1)^2}\\ 0 & \dfrac{1}{s+1}\end{bmatrix}$$

(ii) $C=[1\quad 0]$，$B=\begin{bmatrix}0\\ 1\end{bmatrix}$，$D=0$

$\therefore G(s)=C(sI-A)^{-1}B+D$

$$=[1\quad 0]\begin{bmatrix}\dfrac{1}{s+1} & \dfrac{1}{(s+1)^2}\\ 0 & \dfrac{1}{s+1}\end{bmatrix}\begin{bmatrix}0\\ 1\end{bmatrix}+0$$

$$=\begin{bmatrix}\frac{1}{s+1} & \frac{1}{(s+1)^2}\end{bmatrix}\begin{bmatrix}0\\1\end{bmatrix}=\frac{1}{(s+1)^2}$$

例 5 求系統之轉移函數

$$\begin{bmatrix}\dot{x}_1\\\dot{x}_2\end{bmatrix}=\begin{bmatrix}0 & 1\\-\frac{K}{M} & -\frac{B}{m}\end{bmatrix}\begin{bmatrix}x_1\\x_2\end{bmatrix}+\begin{bmatrix}0\\\frac{1}{M}\end{bmatrix}；y=[1 \quad 0]\begin{bmatrix}x_1\\x_2\end{bmatrix}$$

（與 2.4 節例 7 作一比較）

解 (i) $(sI-A)^{-1}=\begin{bmatrix}s & -1\\\frac{K}{M} & s+\frac{B}{M}\end{bmatrix}^{-1}=\alpha\begin{bmatrix}s+\frac{B}{M} & 1\\-\frac{K}{M} & s\end{bmatrix}$,

$$\alpha=\frac{1}{s^2+\frac{Bs}{M}+\frac{K}{M}}$$

(ii) $C=[1 \quad 0]$，$B=\begin{bmatrix}0\\\frac{1}{M}\end{bmatrix}$，$D=0$

$$\therefore G(s)=C(sI-A)^{-1}B+D$$

$$=[1 \quad 0]\,\alpha\begin{bmatrix}s+\frac{B}{M} & 1\\-\frac{K}{M} & s\end{bmatrix}\begin{bmatrix}0\\\frac{1}{M}\end{bmatrix}=\alpha\begin{bmatrix}s+\frac{B}{M} & 1\end{bmatrix}\begin{bmatrix}0\\\frac{1}{M}\end{bmatrix}$$

$$=\frac{\alpha}{M}=\frac{1}{M}\cdot\frac{1}{s^2+\frac{Bs}{M}+\frac{K}{M}}=\frac{1}{Ms^2+Bs+K}$$

練習 7.4

1. 試證 $\int_0^t \Phi(t-\lambda)Bu(\lambda)d\lambda = \int_0^t \Phi(\lambda)Bu(t-\lambda)d\lambda$。

2. 試證 $x(t) = \Phi(t)x(0) + \int_0^t \Phi(t-\lambda)Bu(\lambda)d\lambda$ 滿足 $\dot{x} = Ax + Bu$（提示：在等式右邊對 t 微分），$\Phi(t) = e^{At}$。

   若系統之狀態方程式為 $\dot{x} = Ax + Bu$，零初始狀態下試依指定之 $u(t)$ 解 $x(t)$（3～5 題）。

3. $u(t) = a\delta(t)$，$\delta(t)$：單位脈衝函數（提示：$\dot{x} = Ax + Ba\delta$，仿命題 A 之證法）。

4. $u(t) = au(t)$，$u(t)$：單位步階函數。

   （提示：$\int_0^t e^{At}\,dt = A^{-1}(e^{At} - I)$）

5. 解 $\dot{x} = Ax + Bu$，其中 $A = \begin{bmatrix} 0 & 1 \\ -3 & -4 \end{bmatrix}$，$B = \begin{bmatrix} 0 \\ 1 \end{bmatrix}$，$u = \delta(t)$。

6. 解下列系統：

   $\dot{x}(t) = \begin{bmatrix} 0 & 1 \\ 0 & 0 \end{bmatrix} x + \begin{bmatrix} 0 \\ 1 \end{bmatrix} u$，$x(0) = \begin{bmatrix} 1 \\ 1 \end{bmatrix}$

7. 設系統之動態方程式為：

   $\dot{x}(t) = \begin{bmatrix} -4 & 5 \\ 1 & 0 \end{bmatrix} x + \begin{bmatrix} -5 \\ 1 \end{bmatrix} u$，$y = cx$，$c = [1, 1]$

   試求系統之轉移函數。

8. 系統之狀態方程式為：

$$\dot{x}(t)=\begin{bmatrix} a & b \\ -b & a \end{bmatrix}x(t)，求 x(t)$$

9. 若單輸入單輸出系統之狀態方程式為：

$$\dot{x}=\begin{bmatrix} -4 & 5 \\ 1 & 0 \end{bmatrix}x+\begin{bmatrix} -1 \\ 1 \end{bmatrix}u。$$

求轉移函數$G(s)=\dfrac{X(s)}{U(s)}$。

10. 若狀態空間可用下列動態方程表示：

$$\dot{x}=\begin{bmatrix} 0 & 1 & 0 \\ 0 & 0 & 1 \\ -6 & -11 & -6 \end{bmatrix}x+\begin{bmatrix} 0 \\ 0 \\ 1 \end{bmatrix}u$$

$$y=[1, 1, 2]x$$

試求轉移函數$G(s)=\dfrac{Y(s)}{U(s)}$。

7.5 系統之可控制性與可觀測性

本節將討論線性系統之可控制性（Controllability）與可觀測性（Observability），在線性系統之研究上是很重要的，它們大約在上世紀六〇年代前後由 Kalman 提出。

可控制性

可控制性之概念是很簡明的，它是指如果一個系統之每一個非零狀態（即 $x(t) \neq 0$），若在控制信號 $u(t)$ 之作用下能在有限時間 T 內到達狀態 $x(T) = 0$，那我們稱此系統在 $t = 0$ 時爲可控制，否則便稱系統爲不可控制的，因此可控制性可用作評量 $u(t)$ 對 $x(t)$ 之影響程度。

有了初步之概念後，我們接著就要從我們熟悉之線性非時變系統之狀態方程式與輸出方程式以數學方式建立系統之可控制性模式。

考慮線性非時變之系統之狀態方程式

$$\dot{x}(t) = Ax(t) + Bu(t)$$

$$y(t) = Cx(t) + Du(t)$$

則系統為可控制之充要條件為

$$\text{Rank}[B \quad AB \quad A^2B \quad \cdots\cdots \quad A^{n-1}B] = n$$

證 由 7.4 節命題 A，我們知 $\dot{x} = Ax + Bu$ 之解為

$$x(t) = \Phi(t)x(0) + \int_0^t \Phi(t-\lambda)Bu(\lambda)d\lambda$$

$$\therefore x(T) = \Phi(T)x(0) + \int_0^T \Phi(T-\lambda)Bu(\lambda)d\lambda$$

若系統為可控制則 $x(T) = 0$，代入上式得：

$$0 = \Phi(T)x(0) + \int_0^T \Phi(T-\lambda)Bu(\lambda)d\lambda$$

$$x(0) = -\Phi^{-1}(T)\int_0^T \Phi(T-\lambda)Bu(\lambda)d\lambda$$

$$= -\Phi(-T)\int_0^T \Phi(T-\lambda)Bu(\lambda)d\lambda$$

$$= -\int_0^T \Phi(-T)\Phi(T-\lambda)Bu(\lambda)d\lambda$$

$$= -\int_0^T \Phi(-T+T-\lambda)Bu(\lambda)d\lambda$$

$$x(0) = -\int_0^T \Phi(-\lambda)Bu(\lambda)d\lambda$$

但 $\Phi(-\lambda) = \sum_{k=0}^{n-1} \frac{1}{k!}A^k(-\lambda)^k = \sum_{k=0}^{n-1} \frac{(-1)^n}{k!}A^k\lambda^k = \sum_{k=0}^{n-1} f_k(\lambda)A^k$；

$$f_k(\lambda) = \frac{(-1)^k\lambda^k}{k!}$$

$$\therefore x(0) = -\sum_{k=0}^{n-1}\int_0^T f_k(\lambda)A^kBu(\lambda)d\lambda$$

$$= -\sum_{k=0}^{n-1} A^k B \underbrace{\int_0^T f_k(\lambda)u(\lambda)d(\lambda)}_{g_k}$$

$$= -\sum_{k=0}^{n-1} (A^k B) g_k \quad g_k \neq 0, k=0,1,\cdots n-1$$

$$= -[B \quad AB \quad A^2B \cdots\cdots A^{n-1}B]\begin{bmatrix} g_0 \\ g_1 \\ \vdots \\ g_{n-1} \end{bmatrix} \qquad *$$

由＊，$x(0)$ 有解之充要條件爲

$\text{rank}[B \quad AB \quad A^2B \cdots A^{n-1}B] = n$ ■

若爲單輸入單輸出（SISO）系統命題 A 之結果亦可等值爲 $|B \quad AB \quad A^2B \quad \cdots A^{n-1}B| \neq 0$。

例 1 設系統之狀態方程式爲

$$\begin{bmatrix} \dot{x}_1 \\ \dot{x}_2 \end{bmatrix} = \begin{bmatrix} 1 & 2 \\ 0 & 1 \end{bmatrix}\begin{bmatrix} x_1 \\ x_2 \end{bmatrix} + \begin{bmatrix} 1 \\ 0 \end{bmatrix} u$$

試判斷其可控制性

解 $A = \begin{bmatrix} 1 & 2 \\ 0 & 1 \end{bmatrix}$，$B = \begin{bmatrix} 1 \\ 0 \end{bmatrix}$，現要求 $\text{rank}[B \quad AB]$

$$\therefore AB = \begin{bmatrix} 1 & 2 \\ 0 & 1 \end{bmatrix}\begin{bmatrix} 1 \\ 0 \end{bmatrix} = \begin{bmatrix} 1 \\ 0 \end{bmatrix}$$

$\because \text{rank}[B \quad AB] = \text{rank}\left(\begin{bmatrix} 1 & 1 \\ 0 & 0 \end{bmatrix}\right) = 1 \neq 2$，$\therefore$不可控制性。

例 2 設系統之狀態方程式爲：

$$\begin{bmatrix} \dot{x}_1 \\ \dot{x}_2 \end{bmatrix} = \begin{bmatrix} 1 & 2 \\ 0 & k \end{bmatrix} \begin{bmatrix} x_1 \\ x_2 \end{bmatrix} + \begin{bmatrix} 0 \\ 1 \end{bmatrix} u$$

若系統可控制，求 k 之範圍。

解 $A = \begin{bmatrix} 1 & 2 \\ 0 & k \end{bmatrix}$，$AB = \begin{bmatrix} 1 & 2 \\ 0 & k \end{bmatrix} \begin{bmatrix} 0 \\ 1 \end{bmatrix} = \begin{bmatrix} 2 \\ k \end{bmatrix}$

$$\det[B \quad AB] = \det\left(\begin{bmatrix} 0 & 2 \\ 1 & k \end{bmatrix}\right) = -2 \neq 0$$

$\therefore$不論 k 爲何值，系統均爲可控制

例 3 判斷下列系統之可控制性。

$$\dot{x} = \begin{bmatrix} a & 1 & 0 \\ 0 & b & 0 \\ 0 & 0 & c \end{bmatrix} x + \begin{bmatrix} 0 \\ 1 \\ 0 \end{bmatrix} u$$

解 $A = \begin{bmatrix} a & 1 & 0 \\ 0 & b & 0 \\ 0 & 0 & c \end{bmatrix}$，$B = \begin{bmatrix} 0 \\ 1 \\ 0 \end{bmatrix}$

$$\therefore AB = \begin{bmatrix} a & 1 & 0 \\ 0 & b & 0 \\ 0 & 0 & c \end{bmatrix} \begin{bmatrix} 0 \\ 1 \\ 0 \end{bmatrix} = \begin{bmatrix} 1 \\ b \\ 0 \end{bmatrix}$$

$$A^2B = A \cdot AB = \begin{bmatrix} a & 1 & 0 \\ 0 & b & 0 \\ 0 & 0 & c \end{bmatrix}\begin{bmatrix} 1 \\ b \\ 0 \end{bmatrix} = \begin{bmatrix} a+b \\ b^2 \\ 0 \end{bmatrix}$$

$$P = [B \quad AB \quad A^2B] = \begin{bmatrix} 0 & 1 & a+b \\ 1 & b & b^2 \\ 0 & 0 & 0 \end{bmatrix}$$

因 $|P| = 0$ 或 $\text{rank}(P) < 3$，∴不論 a, b 爲何值均不可控制。

例 4 設系統之狀態方程如下：

$$\begin{bmatrix} \dot{x}_1 \\ \dot{x}_2 \\ \dot{x}_3 \end{bmatrix} = \begin{bmatrix} 1 & 2 & 1 \\ 0 & 1 & 0 \\ 1 & 0 & 1 \end{bmatrix}\begin{bmatrix} x_1 \\ x_2 \\ x_3 \end{bmatrix} + \begin{bmatrix} 1 & 0 \\ 0 & 1 \\ 0 & 0 \end{bmatrix} u$$

試判斷其可控制性。

解 $S = [B \quad AB \quad A^2B]$

$$B = \begin{bmatrix} 1 & 0 \\ 0 & 1 \\ 0 & 0 \end{bmatrix}，AB = \begin{bmatrix} 1 & 2 & 1 \\ 0 & 1 & 0 \\ 1 & 0 & 1 \end{bmatrix}\begin{bmatrix} 1 & 0 \\ 0 & 1 \\ 0 & 0 \end{bmatrix} = \begin{bmatrix} 1 & 2 \\ 0 & 1 \\ 1 & 0 \end{bmatrix},$$

$$A^2B = A(AB)$$

$$= \begin{bmatrix} 1 & 2 & 1 \\ 0 & 1 & 0 \\ 1 & 0 & 1 \end{bmatrix}\begin{bmatrix} 1 & 2 \\ 0 & 1 \\ 1 & 0 \end{bmatrix} = \begin{bmatrix} 2 & 4 \\ 0 & 1 \\ 2 & 2 \end{bmatrix}$$

$$\therefore S=\begin{bmatrix}1 & 0 & 1 & 2 & 2 & 4\\ 0 & 1 & 0 & 1 & 0 & 1\\ 0 & 0 & 1 & 0 & 2 & 2\end{bmatrix}$$

$\underbrace{\quad}_{B}\ \underbrace{\quad}_{AB}\ \underbrace{\quad}_{A^2B}$，因 S 為列梯形式，且無零列

$\text{rank}(S)=3$，∴系統是可控制性。

可觀測性

所謂可觀測性指的是系統之每一個狀態變數都會影響到其輸出量則稱此系統為可觀測，否則此系統便不具可觀測性。

系統

$$\begin{cases}\dot{x}(t)=Ax(t)+Bu(t)\\ y(t)=Cx(t)+Du(t)\end{cases}$$

之可觀測性通常是由 A, C 所決定，因此，判斷系統之觀測性，討論 $\dot{x}(t)=Ax(t)$，$y(t)=Cx(t)$ 即可。

系統

$\dot{x}(t)=Ax(t)$

$y(t)=Cx(t)$

則系統為可觀測性之充要條件為

$$\operatorname{rank}\begin{bmatrix} C \\ CA \\ \vdots \\ CA^{n-1} \end{bmatrix} = n$$

證

$$\begin{cases} \dot{x} = Ax \\ y = Cx \end{cases}$$

$$\because x(t) = \Phi(t)x(0)$$

$$\begin{aligned}
\therefore y &= C\Phi(t)x(0) \\
&= Ce^{At}x(0) \\
&= C\left[\sum_{K=0}^{n-1} f_K(t)A^K\right]x(0) \\
&= \left[\sum_{K=0}^{n-1} Cf_K(t)A^K\right]x(0) \\
&= [f_0(t)\underbrace{CA^0}_{C} + f_1(t)CA + f_2(t)CA^2 + \cdots f_{n-1}(t)CA^{n-1}]x(0) \\
&= \left\{[f_0(t) \quad f_1(t) \cdots f_{n-1}(t)]\begin{bmatrix} C \\ CA \\ \vdots \\ CA^{n-1} \end{bmatrix}\right\}x(0) \qquad *
\end{aligned}$$

已知輸出量 y，則 $x(0)$ 可由上式（即＊）求得

∴系統之可觀測的充要條件為

$$\operatorname{rank}\begin{bmatrix} C \\ CA \\ \vdots \\ CA^{n-1} \end{bmatrix} = n$$

■

命題 B 之一個等值的說法是 $\det\begin{bmatrix} C \\ CA \\ \vdots \\ CA^{n-1} \end{bmatrix} \neq 0$

例 5 若系統

$\begin{bmatrix} \dot{x}_1 \\ \dot{x}_2 \end{bmatrix} = \begin{bmatrix} a & 1 \\ 1 & b \end{bmatrix} \begin{bmatrix} x_1 \\ x_2 \end{bmatrix}$，$y = [1 \quad -1] \begin{bmatrix} x_1 \\ x_2 \end{bmatrix}$ 爲可觀測性，求 a, b 之關係。

解 $C = [1 \quad -1]$

$$CA = [1 \quad -1] \begin{bmatrix} a & 1 \\ 1 & b \end{bmatrix} = [a-1 \quad 1-b]$$

$$\therefore \begin{bmatrix} C \\ CA \end{bmatrix} = \begin{bmatrix} 1 & -1 \\ a-1 & 1-b \end{bmatrix}$$

$$\begin{vmatrix} 1 & -1 \\ a-1 & 1-b \end{vmatrix} = 1 - b + a - 1 = a - b$$

$\therefore$系統可觀測性之條件爲 $a \neq b$。

例 6 試判斷下列系統之可觀測性。

$$\dot{x} = \begin{bmatrix} 1 & 0 & 0 \\ 0 & 1 & 0 \\ 0 & -1 & 1 \end{bmatrix} x，y = [1, 0, 1] x$$

解 $A = \begin{bmatrix} 1 & 0 & 0 \\ 0 & 1 & 0 \\ 0 & -1 & 1 \end{bmatrix}$，$C = [1, 0, 1]$

$$\therefore CA=[1,0,1]\begin{bmatrix}1&0&0\\0&1&0\\0&-1&1\end{bmatrix}=[1,-1,1]$$

$$CA^2=CA\cdot A=[1,-1,1]\begin{bmatrix}1&0&0\\0&1&0\\0&-1&1\end{bmatrix}=[1,-2,1]$$

$$\therefore S=\begin{bmatrix}C\\CA\\CA^2\end{bmatrix}=\begin{bmatrix}1&0&1\\1&-1&1\\1&-2&1\end{bmatrix}$$

$$又\ |S|=\begin{vmatrix}1&0&1\\1&-1&1\\1&-2&1\end{vmatrix}=0$$

∴系統不可觀測

系統之轉移函數$G(s)=\dfrac{C(s)}{R(s)}$之$C(s)$與$R(s)$若有公因式存在，則系統之不可控制性與不可觀測性至少有一不存在。

由命題 C ，若轉移函數 G(s) 之分子與分母間有公因式即可視察出系統之可控制性、可觀測性至少有一不存在，至於哪一個不存在則需由命題 A ，B 判斷之，若 G(s) 之分子、分母無公因式則可判定系統同時滿足可觀測性與可控制性。

例 7 若系統之$G(s)=\dfrac{s+a}{s^3+3s^2+2s}$爲可控制且可觀測時之 a。

解 $$G(s)=\frac{s+a}{s^3+3s^2+2s}=\frac{s+a}{s(s+1)(s+2)}$$

$\therefore\ a\neq 0, 1, 2$ 時系統爲可控制且可觀測。

例 8 若系統之狀態空間，$\dot{x}=\begin{bmatrix}-5 & -1\\ 6 & 0\end{bmatrix}x+\begin{bmatrix}0\\1\end{bmatrix}u$，$y=[0\quad 1]x$。

(a) 求出系統之轉移函數 $G(s)$；(b) 由 (a) 利用命題 C 判斷系統之可觀測性與可控制性；(c) 若$x(0)=\begin{bmatrix}0\\2\end{bmatrix}$，$u(t)=0$ 時求輸出量 $y(t)$。

解 (a) $\dot{x}=\begin{bmatrix}-5 & -1\\ 6 & 0\end{bmatrix}x+\begin{bmatrix}0\\1\end{bmatrix}u$，$y=[0\quad 1]x$

$$\therefore A=\begin{bmatrix}5 & -1\\ -6 & 0\end{bmatrix},\ B=\begin{bmatrix}0\\1\end{bmatrix},\ C=[0, 1]$$

$$\therefore G(s)=C(sI-A)^{-1}B$$

$$=[0,1]\left(\begin{bmatrix}s & 0\\ 0 & s\end{bmatrix}-\begin{bmatrix}-5 & -1\\ 6 & 0\end{bmatrix}\right)^{-1}\begin{bmatrix}0\\1\end{bmatrix}$$

$$=[0,1]\begin{bmatrix}s+5 & 1\\ -6 & s\end{bmatrix}^{-1}\begin{bmatrix}0\\1\end{bmatrix}=[0,1]\cdot\frac{1}{s^2+5s+6}\begin{bmatrix}s & -1\\ 6 & s+5\end{bmatrix}\begin{bmatrix}0\\1\end{bmatrix}$$

$$=\frac{1}{s^2+5s+6}[6, s+5]\begin{bmatrix}0\\1\end{bmatrix}=\frac{s+5}{s^2+5s+6}$$

(b) $G(s)=\dfrac{s+5}{s^2+5s+6}=\dfrac{s+5}{(s+2)(s+3)}$因分子、分母無公因式，故

此系統為可觀測且可控制

(c) $\Phi(t)=\mathcal{L}^{-1}[(I-A)^{-1}]=\mathcal{L}^{-1}\left(\begin{bmatrix}\dfrac{s}{s^2+5s+6} & \dfrac{-1}{s^2+5s+6}\\ \dfrac{6}{s^2+5s+6} & \dfrac{s+5}{s^2+5s+6}\end{bmatrix}\right)$

$$=\begin{bmatrix}3e^{-3t}-2e^{-2t} & e^{-3t}-e^{-2t}\\ -6e^{-3t}+6e^{-2t} & -2e^{-3t}+3e^{-2t}\end{bmatrix}$$

$\therefore\ y(t)=Cx(t)=C\Phi(t)x(0)$

$$=[0,1]\begin{bmatrix}3e^{-3t}-2e^{-2t} & e^{-3t}-e^{-2t}\\ -6e^{-3t}+6e^{-2t} & -2e^{-3t}+3e^{-2t}\end{bmatrix}\begin{bmatrix}0\\2\end{bmatrix}$$

$$=[-6e^{-3t}+6e^{-2t},\quad -2e^{-3t}+3e^{-2t}]\begin{bmatrix}0\\2\end{bmatrix}$$

$$=6e^{-2t}-4e^{-3t}$$

練習 7.5

判斷下列系統之可控制性。

1. $\dot{x}=\begin{bmatrix}1 & 1 & 0\\ 0 & 1 & 0\\ 0 & 1 & 1\end{bmatrix}x+\begin{bmatrix}0\\1\\0\end{bmatrix}u$

2. $\dot{x}=\begin{bmatrix}0 & 1\\ 4 & -3\end{bmatrix}x+\begin{bmatrix}1\\-4\end{bmatrix}u$

3. $\dot{x}=\begin{bmatrix}1 & 3 & 0\\0 & 1 & 1\\0 & 1 & 2\end{bmatrix}x+\begin{bmatrix}1 & 0\\0 & 1\\1 & 0\end{bmatrix}u$

4. 求$\dot{x}=\begin{bmatrix}0 & 1\\-1 & a\end{bmatrix}x+\begin{bmatrix}1\\b\end{bmatrix}u$為可控制之條件。

習題解答

第一章

1.2　控制系統之基本分類

1. 線性、時變、動態

2 線性、非時變、動態

3. 線性、時變、靜態

4. (a) $\ddot{c}(t)+2\dot{c}(t)+c(t)=r(t)$

(b) $c(t)=\begin{cases}0 & ,t<0\\ r(t) & ,t\geq a, a>0\end{cases}$

(c) $\ddot{c}(t)+2(\dot{c}(t))^2+tc(t)=r(t)$

(d) $\ddot{c}(t)+2t\dot{c}(t)+c(t)=r(t)$

(e) $c(t) = r(t)\ \sin wt + 14$

5. 自然響應$e^{-t}-\frac{1}{4}e^{-2t}$，強迫響應$\frac{t}{2}-\frac{3}{4}$

6. (a)、(c)、(d) 為非時變，(b) 為時變

第二章

2.2　Gamma 函數

1. $\frac{2}{27}$

2. $\frac{1}{4}$

4. 2

5. $\frac{1}{3}\Gamma\left(\frac{1}{3}\right)$

6. $\frac{1}{3}\Gamma\left(\frac{1}{3}\right)$

7. $\sqrt{\frac{\pi}{s}}$

2.3　拉氏轉換與反拉氏轉換

4. $\frac{1}{s(s+1)}$

5. $\frac{1}{s+1}e^{-3s}$

6. $\frac{6}{s^4}$

7. 不存在

8. $\frac{1}{s-a}$

9. $\frac{\pi}{2}-\tan^{-1}s$

10. $\frac{2\omega s}{(s^2+\omega^2)^2}$

11. $f(t)=\begin{cases}\cos 3(t-1)+\sin 3(t-1)\text{，}t>1\\ 0\text{，}t\le 1\end{cases}$

12. $(t-1)e^{-t}+e^{-2t}$

13. $e^{at}\cos bt$

14. $\frac{1}{2}(1-e^{-2t})$

15. $\frac{1}{2}(\cos t+\sin t-e^{-t})$

16. $\frac{1}{2}-e^{-t}+\frac{1}{2}e^{-2t}$

17. $e^{3t}\sin 2t$

21. $f(0)=1$，$f(\infty)=0$

22. (a) 0　(b) 不存在

23. (a) 2　(b)3

2.4　轉移函數

1. (a) $s^4+5s^3+6s^2=0$　(b) 0, 0, −2, −3　(c) −1　(d)3

2. (a) $s^3+s^2+s=0$　(b) $0, \frac{-1}{2}+\frac{j}{2}\sqrt{3}, \frac{-1}{2}-\frac{j}{2}\sqrt{3}$

   (c) −2　(d)2

3. (a) 輸出 $x_0(t)$ 與輸入 $x_i(t)$ 有 2 個單位時間之延滯　(b) $G(s) = e^{-\tau s}$

4. (b) $G(s)=\dfrac{K}{T^2s^2+2\xi Ts+1}$

5. $G(s)=\dfrac{2(s+3)}{(s-1)(s+2)}$

6. 不存在（因 $G(s)$ 是有理分式，其係數為實數，故不論極點或零點為複數時必須為共軛複數）

7. (a) $\dfrac{s^2+3s+1}{s^3+10s^2+5s+500}$

   (b) $\dfrac{s^2+2s}{s^3+s^2+4}$

8. (a) 同 7(a) 之題目

   (b) $\dddot{c}(t)+\ddot{c}(t)+4c(t)=\ddot{r}(t)+2\dot{r}(t)$

9. $\dfrac{V_o(s)}{V_i(s)}=K_p$

10. $\dfrac{V_o(s)}{V_i(s)}=K_d s$

11. $\dfrac{V_o(s)}{V_i(s)}=\dfrac{K_i}{s}$

2.5　典型的輸入信號

1. $G(s)=\dfrac{1}{(s+1)(s+2)}$

2. $G(s)=\dfrac{1}{1+s^2}$

3. (a) $T\ln\dfrac{K}{\alpha T}$ (b) $T\ln\dfrac{K}{K-\beta}$

4. $G(s)=\dfrac{s^2+4s+2}{(s+1)(s+2)}$，脈衝響應為 $\delta(t)-e^{-t}+2e^{-2t}$

5. $\dfrac{1}{\tau s+1}$

6. (a) $y(t)=1-e^{-\frac{t}{\tau}}$，$t\geq 0$ (b) $y(t)=\dfrac{1}{\tau}e^{-\frac{t}{\tau}}$，$t\geq 0$

(c) $y(t)=t-\tau+\tau e^{-\frac{t}{\tau}}$，$t\geq 0$

7. (a) $c(t)=1-2e^{-t}+e^{-2t}$ (b) $c(t)=1-4e^{-t}+2e^{-2t}$

9. (a) $F(T-t)$ (b) 0 (c) 4 (d) 0 (e) e^{-Ts}

10. $\dfrac{2(1+2s+2s^2)}{s^3}e^{-2s}$

11. $\dfrac{1}{s}\cdot\dfrac{1}{1-e^{-s}}$

12. $\dfrac{1}{s^2}+\sqrt{2}\cdot\dfrac{s+3}{s^2+9}$

13. 1

第三章

3.2 方塊圖及其化簡（一）

1. $\dfrac{G_1}{1+G_1G_2G_3}$

2. $\dfrac{G_1G_2}{(1+G_1)(1+G_2)+G_1G_2G_3}$

4. $\dfrac{G+H}{1-(G+H)K}$

5. $\dfrac{H+G-HGK}{1-HK}$

6. 是

7. $\dfrac{G_1(G_3-G_4)}{1+G_1G_2+G_1(G_3-G_4)G_5}$

8. $\dfrac{G_1G_2}{1+G_1G_2(1+G_3)}$

3.3 方塊圖及其化簡（二）

1. $\dfrac{FG}{1+FK+GH+FKGH}$

2. $\dfrac{F_1F_2F_3}{1+F_1F_2+F_2F_3G}$

3. $\dfrac{G_1G_2}{1-G_2G_3}$

4. $(1+G_1)G_2+1$

6. $\dfrac{F_2(F_1+F_3)}{1+F_1F_2}$

7. $\dfrac{F_1F_2F_3}{1+F_2+F_3+F_1H+F_1F_3H}$

8. $\dfrac{G+F(1-GH)}{1-GH}$

9. $\dfrac{F}{1+FG+FH}$

10. $\dfrac{G}{1+G(H_1+H_2)}$

3.4 信號流程圖

1. $\dfrac{F_1F_2+F_2F_3}{1+F_1F_2}$

3. $\dfrac{G_1G_2G_3}{1+G_1H_1+G_1G_2H_2-G_2G_3G_4+G_3H_3}$

4. $\dfrac{G+K(1-HG)}{1-HK}$

5. $\dfrac{b}{(s+a)(s^2+s+0.1b)}$

6. $\dfrac{F_1F_2F_3}{1+F_2+F_3+F_1H+F_1F_3H}$

第四章

4.2 控制系統之時間響應

1. $y_{ss}=\dfrac{1}{3}$，$y_t=\dfrac{1}{4}e^{-t}\cos(t+36°)$

2. 1

3. $c_{ss}(t)=1$，$c_t(t)=e^{-t}, t\geq 0$

4. (b)$c_{ss}(t)=t-T$，$c_t(t)=Te^{-\frac{t}{T}}$

4.3 控制系統之時域性能指標

1. $\omega_n=1$，$\xi=0$

2. $\omega_n=17.32$，$\xi=1.15$

3. $t_r=2.42, t_p=3.62, MO=0.16, t_s=6$

4. $K\geq 0.3$

5.

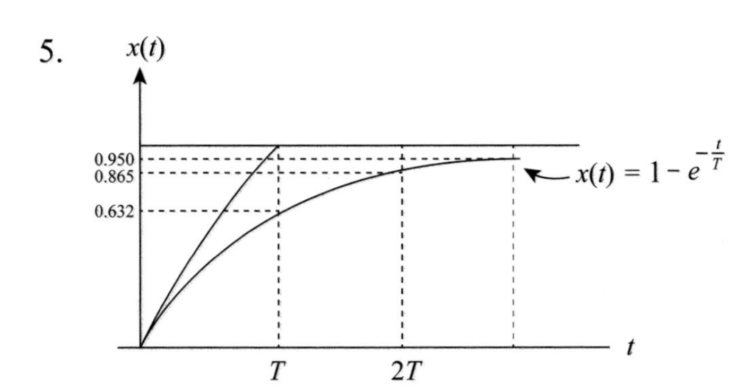

6. $\xi = 1.43$，$\omega_n = 24.5$

7. 4

8. $e^{-\pi} \times 100\% \approx 4\%$

9. (a) $t_d = T\left[\ln\left(\frac{2(T-\beta)}{T}\right)\right]$

   (b) $t_s = T \ln 9$

10. (a)1.96 (b)0.095 (c)2.5

4.4 控制系統之穩定性

1. 不穩定

2. 不穩定

3. 穩定

4. 不穩定

5. $6 > K > 0$

6. $K > -1 + \frac{\sqrt{84}}{6} = 0.528$

7. $K > 0.5$

8. $60 > K > -6$

9. $K > \frac{20}{3}$

4.5 穩態誤差分析

4. $\dfrac{G_1G_2}{1+G_1G_2}$

5. (b) $\lim_{s\to 0}\left[1-\dfrac{G(s)}{1+G(s)H(s)}\right]R(s)$

6. $\dfrac{2\xi}{\omega_n}$

7. (a) 穩定　(b) $\dfrac{6}{7}$

8. (a) 是 (b) $e_{ss}=\dfrac{8}{k+8}$

9. ∞

第五章

5.1 引言

1. 幅值 0.088　幅角 $-98.14°$

5.2 根軌跡之基本概念

2. $K=16$

3. (a) 幅角 $-198.43°$，(b) $s=-2+j2$ 不在根軌跡上。

5. 12

6. 否

5.3 根軌跡繪圖規則

1. (a) $(-1, 0), (-\infty, -2)$ (b) $(-1, 0), 60°, 180°, 300°$
   (c) -0.42 (d) $(0, \pm j\sqrt{2})$

2. (a) $0, -2$ (b) ∞ (c) $(-2, 0), (-\infty, -2)$ (d) $(0, j2), (0, -j2)$

3. (a) $45°$ (b) $(-\frac{1}{2}, 0)$

4. (a) $s = -1 \pm j$ (b) -3 (c) $\sigma = 1, \theta = 180°$ (d) $s = -3 - \sqrt{5}$

5. (a) $\sigma = \frac{-1}{3}$ (b) $\theta = 60°, 180°, 300°$

6. (a) $(-2, 0), (-\infty, -3)$ (b) $\pm 60°, 180°$ (c) $(-1, 0)$
   (d) $-26.6°$ (e) $26.6°$ (f) $K \approx 7$ (g) $s = \pm j1.613$

7. (a) $(-4, 0)$ (b) $\phi = 45°, 135°, 225°, 315°$ 或 $\pm 45°, \pm 135°, \sigma = -2$ (c) $-2, -2 \pm j2.45$ (d) $-90°, 90°$ (e) $(0, \pm \pm j\sqrt{10})$

第六章

6.2 頻域特性

1. $1.41\sin(t - 19°)$

2. $A\frac{1}{\sqrt{\tau^2\omega^2+1}}\sin(\omega t - \tan^{-1}\tau\omega)$

3. $1.57\sin\left(\frac{t}{3} + 18.43°\right)$

4. $AK\sqrt{\dfrac{T^2\omega^2+1}{\tau^2\omega^2+1}}\sin(\omega t+\tan^{-1}T\omega-\tan^{-1}\tau\omega)$

第七章

7.1 前言

1. 2

2. $\dfrac{1}{ad-bc}\begin{bmatrix} d & b \\ -c & a \end{bmatrix}$

   A^{-1} 成立之條件為 $ad\neq bc$

3. $\begin{bmatrix} 0 & 0 & 0 \\ 0 & 0 & 0 \\ 0 & 0 & 0 \end{bmatrix}$

4. $(a_1a_4-b_1b_4)(a_2a_3-b_2b_3)$

5. 否

6. 是，$S=\begin{bmatrix} 1 & 4 \\ -1 & 5 \end{bmatrix}$

7. $\begin{bmatrix} -1 & 2 & 1 \\ 5 & -4 & 1 \\ 7 & -2 & -1 \end{bmatrix}$

8. $x=1$，$y=0$，$z=2$

7.2 系統動態方程式之矩陣表示

1. $\begin{bmatrix} \dot{x}_1 \\ \dot{x}_2 \end{bmatrix}=\begin{bmatrix} 0 & 1 \\ -3 & -2 \end{bmatrix}\begin{bmatrix} x_1 \\ x_2 \end{bmatrix}+\begin{bmatrix} 0 \\ 1 \end{bmatrix}u$，$y=\begin{bmatrix} 1 & 0 \end{bmatrix}\begin{bmatrix} x_1 \\ x_2 \end{bmatrix}$

2. $\begin{bmatrix}\dot{x}_1\\ \dot{x}_2\\ \dot{x}_3\end{bmatrix}=\begin{bmatrix}0 & 1 & 0\\ 0 & 0 & 1\\ -1 & -4 & -3\end{bmatrix}\begin{bmatrix}x_1\\ x_2\\ x_3\end{bmatrix}+\begin{bmatrix}0\\ 0\\ 2\end{bmatrix}u$，$y=\begin{bmatrix}1 & 0 & 0\end{bmatrix}\begin{bmatrix}x_1\\ x_2\\ x_3\end{bmatrix}$

3. $\begin{bmatrix}\dot{x}_1\\ \dot{x}_2\\ \dot{x}_3\\ \dot{x}_3\end{bmatrix}=\begin{bmatrix}0 & 1 & 0 & 0\\ 0 & 0 & 1 & 0\\ 0 & 0 & 0 & 1\\ -1 & -1 & -2 & 0\end{bmatrix}\begin{bmatrix}x_1\\ x_2\\ x_3\\ x_4\end{bmatrix}+\begin{bmatrix}0\\ 0\\ 0\\ 3\end{bmatrix}u$，$y=\begin{bmatrix}1 & 0 & 0 & 0\end{bmatrix}\begin{bmatrix}x_1\\ x_2\\ x_3\\ x_4\end{bmatrix}$

4. $\begin{bmatrix}\dot{x}_1\\ \dot{x}_2\\ \dot{x}_3\end{bmatrix}=\begin{bmatrix}0 & 1 & 0\\ 0 & 0 & 1\\ -6 & -11 & -6\end{bmatrix}\begin{bmatrix}x_1\\ x_2\\ x_3\end{bmatrix}+\begin{bmatrix}0\\ 0\\ 2\end{bmatrix}u$，$y=\begin{bmatrix}1 & 0 & 0\end{bmatrix}\begin{bmatrix}x_1\\ x_2\\ x_3\\ x_4\end{bmatrix}$

5. $\dot{z}=\begin{bmatrix}1 & 0\\ 0 & 2\end{bmatrix}z+\begin{bmatrix}-1\\ 1\end{bmatrix}u$

6. $\begin{bmatrix}\dot{x}_1\\ \dot{x}_2\end{bmatrix}=\begin{bmatrix}x_2\\ -\frac{g}{\ell}\sin x_1\end{bmatrix}$

7.3 狀態轉移矩陣

1. $\begin{bmatrix}e^{at} & te^{at} & \frac{1}{2}t^2e^{at}\\ 0 & e^{at} & te^{at}\\ 0 & 0 & e^{at}\end{bmatrix}$

2. $\begin{bmatrix}e^{at} & te^{at} & 0\\ 0 & e^{at} & 0\\ 0 & 0 & e^{bt}\end{bmatrix}$

3. $\begin{bmatrix} e^t & 0 \\ 0 & e^{2t} \end{bmatrix}$

4. $\begin{bmatrix} 3e^{-3t}-2e^{-2t} & e^{-3t}-e^{-2t} \\ -6e^{-3t}+6e^{-2t} & -2e^{-3t}+3e^{-2t} \end{bmatrix}$

5. $\begin{bmatrix} 0 & 1 \\ -2 & -3 \end{bmatrix}$

9. 不是

10. $e^t \begin{bmatrix} 1 & t & \frac{1}{2}t^2 \\ 0 & 1 & t \\ 0 & 0 & 1 \end{bmatrix}$

7.4　狀態方程式之解

3. $e^{At}Ba$

4. $A^{-1}(e^{At}-I)Ba$

5. $\begin{bmatrix} \frac{1}{6}e^{-3t}-\frac{1}{2}e^{-t}-\frac{1}{3} \\ -\frac{1}{2}e^{-3t}+\frac{1}{2}e^{-t} \end{bmatrix}$

6. $\begin{bmatrix} 1+t+\frac{1}{2}t^2 \\ 1+t \end{bmatrix}$

7. $\dfrac{-4s+4}{s^2+4s-5}$

8. $e^{at}\begin{bmatrix} \cos bt & \sin bt \\ -\sin bt & \cos bt \end{bmatrix}$

9. $\dfrac{2s+9}{s^2+4s-5}$

10. $\dfrac{1+s+2s^2}{(s+1)(s+2)(s+3)}$

7.5 系統之可控制性與可觀測性

1. 不可控制

2. 不可控制

3. 可控制

4. $ab-b^2 \neq 1$

國家圖書館出版品預行編目資料

基礎自動控制／黃中彥著. ——初版. ——臺北市：五南，2016.10
面； 公分
ISBN 978-957-11-8780-8（平裝）

1.自動控制

448.9 105015297

5Q41

基礎自動控制

作　　者— 黃中彥（305.2）
發 行 人— 楊榮川
總 編 輯— 王翠華
主　　編— 王正華
責任編輯— 金明芬
封面設計— 陳翰陞
出 版 者— 五南圖書出版股份有限公司
地　　址：106台北市大安區和平東路二段339號4樓
電　　話：(02)2705-5066　傳　　真：(02)2706-6100
網　　址：http://www.wunan.com.tw
電子郵件：wunan@wunan.com.tw
劃撥帳號：01068953
戶　　名：五南圖書出版股份有限公司
法律顧問　林勝安律師事務所　林勝安律師
出版日期　2016年10月初版一刷
定　　價　新臺幣420元

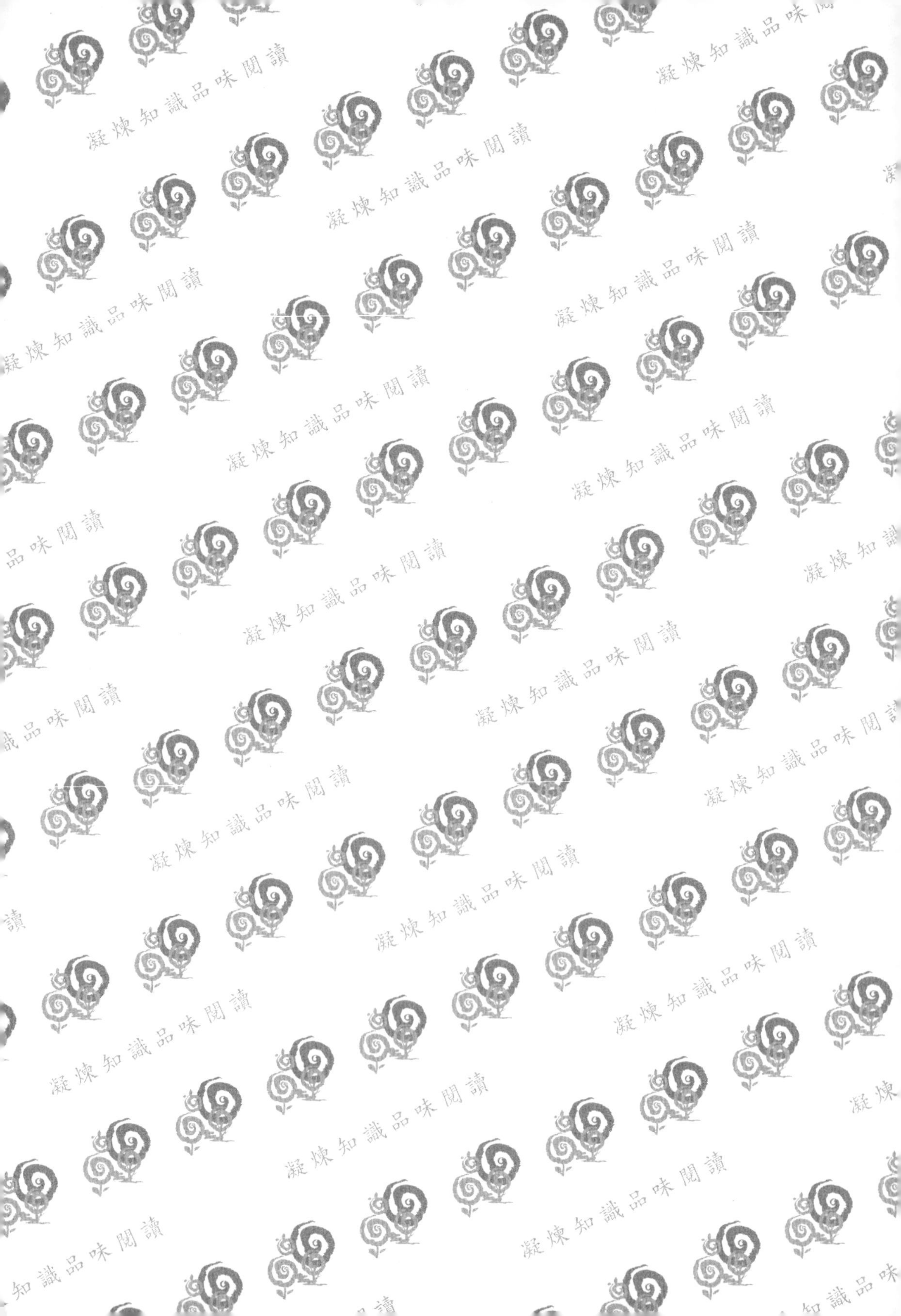